发酵工程

原理与技术

陶永清　王素英　编著

中国水利水电出版社

www.waterpub.com.cn

内 容 提 要

本教材理论体系全面,紧紧围绕发酵工程上、中、下游技术而展开。全书内容包括绪论、微生物菌种的选育与保藏、工业发酵培养基、发酵工业灭菌技术、种子扩大培养技术、微生物发酵动力学、发酵工艺的控制、发酵产物的分离与精制、与发酵工程相关的生物技术、发酵工业清洁生产与环境保护等。

本书可作为综合性大学和理工类院校生物工程专业及相关专业本科生使用的教材,也可供发酵工程、生物化工和生化工程等相关领域的科研人员和教学工作者参考。

图书在版编目(CIP)数据

发酵工程原理与技术/陶永清,王素英编著. --北京:中国水利水电出版社,2014.12(2022.10重印)

ISBN 978-7-5170-2789-8

Ⅰ.①发… Ⅱ.①陶… ②王… Ⅲ.①发酵工程—高等学校—教材 Ⅳ.①TQ92

中国版本图书馆 CIP 数据核字(2014)第 308690 号

策划编辑:杨庆川 责任编辑:陈洁 封面设计:崔蕾

书 名	发酵工程原理与技术
作 者	陶永清 王素英 编著
出版发行	中国水利水电出版社
	(北京市海淀区玉渊潭南路 1 号 D 座 100038)
	网址:www.waterpub.com.cn
	E-mail:mchannel@263.net(万水)
	sales@mwr.gov.cn
	电话:(010)68545888(营销中心)、82562819(万水)
经 售	北京科水图书销售有限公司
	电话:(010)63202643、68545874
	全国各地新华书店和相关出版物销售网点
排 版	北京鑫海胜蓝数码科技有限公司
印 刷	三河市人民印务有限公司
规 格	184mm×260mm 16 开本 17.25 印张 420 千字
版 次	2015年5月第1版 2022年10月第2次印刷
印 数	3001—4001册
定 价	62.00 元

前　言

　　发酵工程是一个由多学科交叉、融合而形成的技术性和应用性较强的开放性学科。发酵工程作为现代生物技术产业化的支撑技术体系，与分子生物学、微生物基因组学、蛋白质组学、生物信息学、系统生物学、生物催化工程和人工智能控制学等多种前沿学科密切交融，上述学科的发展拓宽了发酵工程学的研究领域，发酵工程成为解决人类面临的能源、资源和环境等持续性发展课题的关键技术。

　　发酵工业在我国国民经济中占有较高的比重，量大面广，直接关系着国计民生。我国具有国际上工业发酵产业中的所有主要产业，就其规模而言，某些产业（如谷氨酸、柠檬酸、维生素C）在世界上占据着非常重要的地位，但是，技术水平与发达国家相比进步空间依然比较大，主要体现在生产菌种水平较低，发酵工艺、分离精制方法和生产装置不够先进，这些都导致我国某些发酵产品的原料和能源消耗大，生产成本高，污染严重。中国是一个发酵大国，但还不是发酵强国。加强发酵工程技术研究，从菌种的高通量筛选、原料的高效利用、发酵过程的全局优化与控制、目标产品的高效提取以及代谢废物的分流处理与综合利用等层面进行系统研究，对进一步提升我国的发酵工程技术水平具有重要意义，也是作者撰写此书的内在原动力。

　　本书在写作过程中，力求简明扼要、易教易学、图文并茂、版式活泼，并突出以下特色。①系统性：本书将理论与实践相结合，力求使读者对发酵工程原理与技术有一个概括性的掌握和了解，能够便捷地利用本书知识开展相关工作；②前沿性：本书将新理论、新技术、新方法融为一体，力求反映该学科的最新发展动态；③科学性：本书按照学习规律，循序渐进，对发酵工程技术进行了深入浅出、简明扼要的介绍；④实践性：本书技术可靠，与实践结合紧密，适用于教学、生产和科研。

　　本书共十章，内容包括绪论、微生物菌种的选育与保藏、工业发酵培养基、发酵工业灭菌技术、种子扩大培养技术、微生物发酵动力学、发酵工艺的控制、发酵产物的分离与精制、与发酵工程相关的生物技术、发酵工业清洁生产与环境保护等。

　　全书由陶永清、王素英撰写，具体分工如下：

　　第一章、第三章、第四章、第八章、第十章：陶永清（天津商业大学）；

　　第二章、第五章至第七章、第九章：王素英（天津商业大学）。

　　本书的作者来自教学一线，他们长期从事着发酵工程的教学和相关科研工作，有着较为丰富的理论基础和实践经验。为了突出本书的学术性和应用价值，在撰写本书的过程中，参考了许多国内外相关的教材和文献资料，引用了其中部分重要的结论及相关的图表，在此向各位前辈及同行致以衷心的感谢。

　　由于作者学识和水平有限，加之时间仓促，书中难免存在不足之处，恳请广大读者给予批评指正。

作者

2014 年 9 月

目　录

第一章 绪论

第一节 发酵工程的概念

一、发酵的定义

发酵(fermentation),有史以来就被人类所认识。发酵的英文术语最初来自拉丁语"fervere"(发泡、沸涌)这个单词。主要是用来描述酵母菌作用于果汁或发芽谷物,产生CO_2而鼓泡的现象。尽管人类很早就已经掌握了"发泡"现象,但对其本质却长时间缺乏认识,而始终把它当作神秘的东西。被称为微生物学之父的法国科学家巴斯德(Louis Pasteur)第一个探讨了酵母菌酒精发酵的生理意义,将发酵现象与微生物生命活动联系起来考虑,并指出发酵是酵母菌在无氧状态下的呼吸过程,即无氧呼吸,是生物获得能量的一种方式。也就是说,发酵是在厌氧条件下,原料经过酵母等生物细胞的作用,菌体获得能量,同时将原料分解为酒精和CO_2的过程。从目前来看,巴斯德的观念还是正确的,但也不是很全面,因为发酵对于不同的对象具有不同的意义。

现代生化和生理学意义上的发酵是指微生物在无氧条件下,分解各种有机物质产生能量的一种方式。对生物化学家来说,发酵是微生物在无氧时的代谢过程。而对工业微生物学家来说,发酵是指借助微生物在有氧或无氧条件下的生命活动,来制备微生物菌体本身或代谢产物的过程。严格地说,发酵是指以有机物作为电子受体的氧化还原产能反应。因此,从这个意义来说,并非所有的发酵过程都可看见起泡(翻涌状)的现象。"发酵"这个词语已经被习惯性地延伸到所有利用微生物生产产品的过程,而且现代发酵工程还包括了利用动植物细胞(指微生物细胞、动物细胞、植物细胞、微藻)在有氧或无氧条件下的生命活动来大量生产或积累生物细胞、酶类和代谢产物的过程统称为发酵。

二、发酵工程的概念

微生物是地球上分布最广、物种最丰富的生物种群,种类之多,至今仍然是个难以估计的未知数,包括无细胞结构不能独立生活的病毒、亚病毒和具有原核细胞结构的真细菌、古菌以及具有真核细胞结构的真菌、单细胞藻类、原生动物等。发酵工程,狭义上也称为微生物工程,是指在人为控制的条件下通过微生物的生命活动而获得人们所需物质的技术过程。现代意义上的发酵工程是指利用生物细胞的特定性状,通过现代工程技术手段,在反应器中生产各种特定有用物质,或者把生物细胞直接用于工业化生产的一种工程技术系统。它更强调利用经基因工程、细胞工程、蛋白质工程等现代生物技术手段改造过的微生物来生产对人类有用的产品的过程。发酵工程涉及微生物学、生物化学、化学工程技术、机械工程、计算机工程等基本原理和技术,并将它们有机地结合在一起,利用生物细胞进行规模化生产。人类对于发酵工程这一概念的认识始终是处于不断发展和完善的过程中的。

发酵工程是生物加工与生物制造实现产业化的核心技术。发酵工程技术主要包括提供优质生产菌种的菌种技术、实现产品大规模生产的发酵技术和获得合格产品的分离纯化技术。其典型工艺流程如图 1-1 所示。

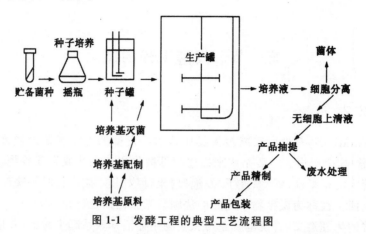

图 1-1 发酵工程的典型工艺流程图

从图中可以看出,发酵工程主要内容包括:发酵原料的选择及预处理,微生物菌种的选育及扩大培养,发酵设备选择及工艺条件控制,发酵产物的分离提取,废弃物的回收和利用等。

第二节 发酵工程的发展史

一、天然发酵阶段

早在公元前 6000 年,古巴比伦人就开始利用发酵的方法酿造啤酒;公元前 4000 年,埃及人就熟悉了酒、醋、面包的发酵制作方法,我国在距今 4200～4000 年前的龙山文化时期已有酒器出现,公元前 1000 多年前的殷商时期已有酿酒、制醋的文字记载。这些古老的发酵技术流传至今,属于这个时期的典型制品还有酱油、酸乳、泡菜、干酪和腐乳等。那时,人们并不知道这些现象是由微生物作用引起的,生产只能凭经验,因而很难人为控制发酵过程,产品质量不稳定。也正是由于长期对发酵的本质缺乏认识,导致发酵工程发展缓慢。

二、纯培养技术的建立

1680 年,荷兰人列文·虎克发明了显微镜,并发现了肉眼看不见的细菌、酵母等微生物。1857 年,法国著名生物学家巴斯德用巴氏瓶实验证明了酒精发酵是由活酵母引起的,从而将发酵过程与微生物的生命活动联系起来。1905 年,德国人柯赫首先发明了固体培养基,得到了细菌的纯培养物,由此奠定了微生物分离纯化和纯培养技术的基础,开创了人为控制发酵过程的时代,提高了产品的稳定性。由于采用纯种培养与无菌操作技术,再加上简单密封式发酵罐的发明以及发酵管理技术的改进,使发酵过程避免了杂菌的污染,从而扩大了生产规模,产品质量也得到了提高。这一时期典型的发酵产品有酵母、酒精、丙酮、丁醇、甘油、有机酸和酶制剂等。一般认为纯培养技术的建立是发酵工业发展的第一个转折。

三、通气搅拌液体发酵技术的建立

纯培养技术的出现扩大了发酵工程的生产规模,但同时也出现了大规模发酵过程供氧不足的难题,限制了发酵工业的进一步发展。以青霉素为例,青霉素合成需要大量的氧气。最初的生产方法是使用一个小容器,装入 1~2cm 厚的原料(液体培养基),青霉菌(Penicillium)在液体表面生长繁殖,分泌青霉素到液体内。由于液层薄,青霉菌很容易得到氧气,不必搅拌和通入空气,但是这种方法需要很多小容器和很大的培养室。后来人们想办法将小容器串联起来,使培养液在菌层下面流动进行更新。这些办法的目的都是要解决通气问题,但终因操作不便、产量不高和容易染杂菌而失败。迫于第二次世界大战对抗细菌感染药物的需要,1945 年在无菌条件下深层发酵生产青霉素的通气搅拌藏体技术终于被成功应用到大规模的工业生产中,标志着好氧菌的发酵生产从此走上了大规模的工业化生产途径,开创了发酵工程史上崭新的一页。在此阶段,发酵技术发生了突飞猛进的变化,开发出了许多新产品的发酵工艺,包括其他抗生素、维生素、氨基酸、酶和类固醇等产品,有力地促进了发酵工业的迅速发展。因而,通气搅拌液体技术的建立被认为是发酵工业发展史上的第二个转折点。

四、代谢控制发酵技术

随着人们对微生物代谢途径了解的加深,人们开始利用调控代谢的手段进行微生物选种育种和控制发酵条件。代谢工程是利用重组 DNA 技术或其他技术,有目的地改变生物中已有的代谢网络和表达调控网络,以更好地理解细胞的代谢途径,并用于化学转化、能量转移及大分子装配过程。Bailey 把代谢工程分为两类:①利用外源蛋白的活性实现菌株的改良;②重新分配代谢流。Nielsen 将其分为七类:①合成异源代谢产物;②扩大底物利用范围;③生产非天然的新物质,如新型药物;④降解环境有害物质;⑤改善和提高微生物的某种性能;⑥阻断或降低副产物的合成;⑦提高代谢产物产率。虽然在植物、昆虫和动物细胞中也开始进行代谢工程研究,但微生物由于其代谢途径相对简单、遗传操作比较容易,因而仍是目前代谢工程的主要研究对象。1956 年,日本首先成功地利用自然界存在的野生生物素缺陷型菌株进行谷氨酸的发酵生产。此后,赖氨酸、苏氨酸等一系列氨基酸都采用发酵法生产。这种以代谢调控为基础的新的发酵技术使发酵工业进入了一个新的阶段。随后,核苷酸、抗生素以及有机酸等产品也逐渐采用代谢调控技术进行生产。

微生物代谢工程是工业生物技术的核心技术之一。后基因组时代的代谢工程,是在系统生物学和功能基因组学的强力支撑下,通过对微生物代谢与调控网络的全面理解,将微生物作为细胞工厂生产有用物质或服务于人类社会的重要技术。代谢工程的应用遍及医药、化工、轻工、食品、农业、能源、环保等国民经济诸多领域,是生物技术产业化和规模化发展壮大的基础。目前,微生物代谢工程已进入一个借助于系统生物学、基因组学和功能基因组学技术平台、系统开展微生物代谢途径和基因表达调控网络研究的新阶段。

五、开拓发酵原料时期

传统的发酵原料主要是粮食、农副产品等糖质原料,随着饲料用酵母及其他单细胞蛋白的需要日益增多,急需开拓和寻找新的糖质原料。由于烃类化合物的纯度高、密度低、碳含量高、能为微生物有效利用,以及从成本上可与其他基质竞争,因此石油化工副产物石蜡、甲烷等碳氢化合物被用来作为发酵原料,开始了所谓石油发酵时代,使发酵罐的容量、供氧能力、发酵过程控制都达到了前所未有的规模。由于石油资源日益枯竭,近年来利用秸秆、玉米芯等生物质作为原料生产酒精等燃料能源已经引起越来越多的国家在发展战略上的重视。目前限制乙醇作为燃料使用的主要障碍还是成本问题,因而构建能够利用可再生物质生产乙醇的工程菌仍是主要的努力方向。美国把纤维废料制取乙醇作为可再生能源战略的重要项目。美国能源部和诺维信公司合作,研究以玉米秸秆为原料的生物乙醇生产技术,目前,其关键技术纤维素酶有了突破性的进展,从玉米秸秆酶解生产 1 US gal)燃料酒精的纤维素酶成本从 5 美元降至 50 美分。他们计划再经过两年努力,使每生产 1 US gal 燃料酒精的纤维素酶成本降至 10 美分,使纤维素酶不再是发展玉米秸秆水解生产燃料酒精的制约因素。

六、基因工程阶段

DNA 双螺旋结构发现之后,1973 年美国科学家 Herber Boyer 和 Stanley Cohen 首次对质粒进行了基因工程(genetic engineering)操作并成功转化了大肠杆菌,由此开拓了以基因工程为中心的生物工程时代。基因工程是指在基因水平上,采用与工程设计十分类似的方法,根据人们的意愿,主要是在体外进行基因切割、拼接和重新组合,再转入生物体内,生产出人们所期望的产物,或创造出具有新的遗传特征的生物类型,并使之稳定地遗传给后代。

基因工程不仅能够在不相关的微生物之间转移基因,而且可以非常精确地改造微生物的基因组,这样微生物细胞可以生产通常由高等生物细胞才能生产的有关化合物,如胰岛素、干扰素和乙肝疫苗。这样人们就能够根据自己的意愿将微生物以外的基因导入微生物细胞中,使发酵工业能够生产出自然界微生物所不能合成的产物,扩大了具有商业化潜力的微生物产品范围,并且为新的发酵工程打下基础,使发酵工业发生了革命性的变化并形成了许多新的发酵过程。

近年来,基因工程技术已开始由实验室走向工业生产。它不仅为我们提供了一种极为有效的菌种改良的技术和手段,也为攻克医学上的疑难杂症——癌症、遗传病及艾滋病的深入研究和最后的治愈提供了可能,还为农业的第三次革命提供了基础。现在由工程菌生产的珍稀药物,如胰岛素、干扰素、人生长激素、乙肝表面抗原等都已先后应用于临床,基因工程不仅保证了这些药物的来源,而且可使成本大大下降。另外,重组 DNA 技术和大规模培养技术的有机结合,使得原来无法大量获得的天然蛋白质能够规模生产。但研究也发现,工程菌在保存及发酵生产过程中表现出一定的不稳定性。因此,解决工程菌不稳定性的问题成为基因工程这一高技术成果转化为生产力的关键之一。

第三节　发酵工程的特点

发酵工程是生物反应过程,其本质是利用生物催化剂生产生物产品的过程。发酵工程与化学工程联系非常密切,化学工程中的许多单元操作在发酵工程中得到广泛应用,但是,由于发酵工程是培养和处理活的生物体,所以还具有以下几个特点:

①发酵工程使用的原料来源广泛,通常以淀粉、糖蜜等碳水化合物为主,多为农副产品,属

于生物质原料,规格不一、组成复杂,以碳源为主,只要不含毒物,一般不必进行精制,加入少量的有机和无机氮源就可进行反应。此外,还可利用碳氢化合物、废水和废物等作为原料进行发酵。可见,发酵工业对原料的要求较为粗放。

②发酵工程的反应过程比较温和,通常在常温、常压下进行。而且,反应过程是以生物体的自身调节方式进行,多个反应就像是一个反应一样,可在单一设备中进行,因此一种设备可有多种用途。

③由于生物体本身具有自动调节的反应机制,因此数十个反应过程能够像单一反应一样,在发酵罐的单一设备内就能很容易地完成。

④容易进行复杂的高分子化合物的生产,如酶、化学活性体等。

⑤发酵过程能够专一地和高度选择性地对某些较为复杂的化合物进行特定部位的氧化、还原、官能团导入等化学反应,可以产生化学工业难以合成或几乎不可能合成的复杂的化合物,并且反应的专一性强,可以得到较为单一的代谢产物。酶类的生产和光学活性体的有选择性生产是发酵工业最有特色的领域。

⑥生产产品的微生物菌体本身也可作为发酵产物。例如,富含蛋白质、酶、维生素的单细胞蛋白等。

⑦发酵过程是纯种培养过程,在操作上最需要防治的是杂菌的污染。生产中使用的设备、管道、截门和培养基都必须严格灭菌,通入的空气也应该是无菌空气。在操作中应特别注意严格防止染菌,尤其要防止噬菌体的侵入,一旦发生杂菌和噬菌体的污染,容易给发酵工业带来重大经济损失。

⑧微生物菌种是进行发酵的根本因素,菌种的性能是决定发酵工业生产水平最主要的因素。在不增加任何设备投资的情况下,通过菌种选育,改良菌种的生产性能来提高生产能力,可以达到事半功倍的效果。可通过自然选育、诱变、基因工程等菌种选育手段获得高产的优良生产菌株,生产按常规方法难以生产的产品,能够利用原有的生产设备提高生产的经济效益。

⑨在发酵生产中,还可以通过改进工艺技术和设备来提高产品的产量和质量。

⑩工业发酵与其他工业相比,投资少、见效快,并可以取得较显著的经济效益。

与传统发酵工程相比,现代发酵工程还具有以下几个特点:不完全依赖地球上的有限资源,而着眼于再生资源的利用,不受原料的限制;能解决传统技术或常规方法所不能解决的许多重大难题,并为能源、环境保护提供新的解决办法;可定向创造新品种、新物种,适应多方面的需要,造福于人类;除利用微生物外,还可以用动植物细胞和酶,也可以用人工构建的遗传工程菌进行反应;反应设备也不局限于常规的发酵罐,各种各样的生物反应器不断被研制出来,可实现自动化控制、连续化生产,使发酵工业的水平得到了很大的提高。

发酵工程也有一些问题需要引起重视:

①底物不可能完全转化为目的产物,而且会有很多副产物产生。如四环素发酵液中除了有四环素外,还会有金霉素、差向四环素、脱水四环素等副产物。这些副产物的存在,给提取和精制带来了一定的困难。

②由于发酵工程采用的是活细胞,其产物的生成率一方面受外界环境的影响,另一方面受细胞自身的影响,所以工艺控制比较困难,生产波动比较大。

③发酵工程需要的辅助设备多,如空气压缩机、空气净化系统、冷却水系统、灭菌用蒸汽系

统等。因此,动力费用比较高。

④发酵中,因为底物浓度不能过高,导致需要使用大体积的反应器。

⑤发酵废液中具有较高的 COD 和 BOD,排放前必须经过处理。

第四节 发酵工程的产品类型

无论采用何种发酵菌种及方式,其生产的发酵产物大致都可分为五类。

一、微生物菌体

此类型是以培养微生物并收获细胞作为发酵产品。如用于面包制作的酵母发酵、单细胞蛋白(SCP)饲料添加剂、灵芝和虫草菌丝体的生产等。

二、微生物代谢产物

微生物代谢产物称即将微生物生长代谢过程中的代谢产物作为发酵产品。代谢产物又可分为初级代谢产物(primary metabolism)和次级代谢产物(secondary metabolism)。初级代谢产物是指微生物在对数生长期产生、功能明确且必需的一类代谢产物,主要有氨基酸、核苷酸、蛋白质、核酸、脂类、碳水化合物等。次级代谢产物是以初级代谢的中间体为前体合成的、功能尚不明确、结构复杂的一类代谢产物,如抗生素、生物碱、毒素、激素、维生素等。

三、微生物酶

微生物酶即通过微生物培养获得其产生的酶作为发酵产品,如淀粉酶、糖化酶、蛋白酶、脂肪酶等。目前已经在自然界中发现的酶共有 2500 多种,其中有经济价值的 60 余种,工业化生产的微生物酶制剂仅 20 种左右。

四、微生物转化产物

它是利用微生物细胞将一种化合物转化成结构相关、更具经济价值的化合物。如利用菌体将乙醇转化成乙酸的发酵,利用微生物细胞将甾体、薯蓣皂甙转化成副肾上腺皮质激素、氢化可的松等。

五、工程菌(细胞)发酵

这是指利用以生物技术方法所获得的"工程菌(细胞)"进行培养的新型发酵。其产物多种多样,如用基因工程菌生产的胰岛素、干扰素等,用杂交细胞生产的用于诊断和治疗的各种单克隆抗体等。

第五节 发酵工程的发展趋势

从世界范围的发展情况看,生物技术是当前迅速发展的学科产业,已成为发达国家科技竞争的热点。生物工程包括基因工程、细胞工程、酶工程、蛋白质工程和发酵工程。美国、日本和欧洲主要发达国家和地区竞相开展了生物技术的研究和开发工作,许多国家建立了一系列的生物技术研究组织,制定了近期和中长期的发展规划,在政策和资金上给予大力支持。企业界也纷纷投入巨资进行生物技术的开发研究,取得了一系列的重大成果,从而使生物技术产业化得到迅速的发展。

从半合成抗生素的研究中可以看出,采用发酵与化学合成相结合的途径是优化产品生产的一个很好的方法。临床上的成效表明,利用半合成的方法改造抗生素的结构,研究它们的构效关系,有目的地去改变抗生素的性能是获得新抗生素的有效途径之一,尤其在高效、低毒的新抗生素难于发现的今天,更有其重要性;为了提高生产能力,将发酵工程与细胞固定化技术相结合,是发酵生产的一个趋向;将发酵工程与酶工程相结合,会起到更加有效的催化作用;将发酵与提取相偶合是当今的一个热门课题。例如,将萃取与发酵相偶合的萃取发酵;超临界CO_2萃取发酵以及膜过滤与发酵相偶合的膜过滤发酵等都会在发酵过程中,把产物提取出来,避免反馈抑制作用,以提高产物的产量。

发酵工程是生物技术的重要内容之一,是生物细胞产物通向工业化的必经之路。在生物技术与现代化工程技术相结合的基础上发展起来的新型工程技术,不仅为传统发酵工业、传统医药工业的改造及新型的生物技术工业提供了高效的生物反应器、新型分离技术和介质以及现代的工程装备技术,还提供了生产设备单元化、工艺过程最优化、在线控制自动化、系统综合设计等工程概念与技术以及用于生物过程优化控制的基础理论。生物化工技术在生物技术产业化方面起着重要作用,使生物技术的应用范围更加广泛。微生物在高新技术研究中,发挥了极重要的作用,如为基因工程的研究提供的质粒、黏粒和病毒载体及限制性内切核酸酶、连接酶、磷酸酶、磷酸激酶,以及医学诊断和发酵过程检测用的生物传感器和用于微电子中的生物芯片等。

发酵工程的下游加工由多种化工单元操作组成。由于生物产品品种多,性质各异,故用到的单元操作很多,如沉淀、萃取、吸附、干燥、蒸馏、蒸发和结晶等传统的单元操作,以及新近发展起来的单元操作,如细胞破碎、膜过滤技术和色层分离等。一些新技术、新工艺、新材料、新设备的使用,大大提高了生物技术产品的产量和质量。

发酵工程发展至今,经历了半个多世纪,已形成一个产业,即发酵工程产业。当前发酵工程的应用已深入国计民生的方方面面,包括农业生产、轻化业、医药卫生、食品、环境保护、资源和能源开发等领域。随着生物工程技术的发展,发酵工程技术也在不断改进和提高,其应用领域也在不断拓宽,显示出了强大潜力。

我国发酵工程产业的发展除了要引进和消化吸收国外先进技术之外,更需要具有国际竞争力的专业人才及具有自主知识产权的高水平的生产菌种和发酵工艺、产品后处理工艺。具体发展目标和方向有以下几个方面:

①开发和利用微生物资源。首先是设计和开发更多的自动化、定向化、快速化的菌种筛选技术和模型,筛选更多的新型菌种和代谢产物;其次是利用基因工程等先进技术,进行菌种改良。

②改进和完善发酵工程技术。例如,为了提高生产能力,将发酵工程与固定化技术相结合是发酵生产的一个趋势。将发酵工程与酶工程相结合,会起到更加有效的催化作用。将发酵与提取相偶合是当今的一个热门课题。例如,将萃取与发酵相偶合的萃取发酵。超临界CO_2

萃取发酵以及将膜过滤与发酵相偶合的膜过滤发酵等都会在发酵过程中把产物提取出来,避免反馈抑制作用,以提高产物的产量。生态发酵技术(混合培养工艺)不但可以提高发酵效率和产品数量、质量,甚至还可以获得新的发酵产品,它是一种不需要进行体外 DNA 重组也能获得类似效果的新型培养技术,它的意义并不逊色于基因工程,其前景也是十分广阔和诱人的。生态发酵技术的类型很多,主要有联合发酵、顺序发酵、共固定化细胞混合发酵、混合固定化细胞发酵等。

③研制和开发新型发酵设备。发酵设备正逐步向容积大型化、结构多样化、操作控制自动化的高效生物反应器方向发展。其目的在于节省能源、原材料和劳动力,降低发酵产品的生产成本。

④重视中、下游工程的研究。发酵工程的中、下游加工由多种化工单元操作组成。由于生物产品品种多,性质各异,故用到的单元操作很多,如沉淀、萃取、吸附、干燥、蒸馏、蒸发和结晶等传统的单元操作,以及细胞破碎、膜过滤和色谱分离等新近发展起来的单元操作。一些新技术、新工艺、新材料、新设备的使用,大大提高了生物技术产品的产量和质量。但对于高水平的后处理技术和设备的研究还有待加强,尤其是对有关基础理论和应用理论研究。例如,絮凝机理、离子交换的动力学和静力学理论、双水相萃取机理、超临界流体萃取原理等,都需要大批生物学家和化学家联合研究,协同作战。此外,对于新型分离介质,如超滤膜、均孔离子交换树脂、大网格吸附剂、无毒絮凝剂、亲和层析中的新型分离母体和配位体等,也应进一步深入研究。

生物工程的迅速发展提供了多种生物细胞,而这些生物细胞必须通过发酵才能转化为商业化的产品。因此,发酵工程是生物技术实现产业化及加快研究成果转化为现实生产力、获得经济效益的必不可少的手段。随着生物技术的快速发展,发酵工程必将发生新的变化,为人类创造出更大的经济效益。

第二章　微生物菌种的选育与保藏

第一节　菌种的来源

一、工业发酵常见微生物种类

发酵工业上常见的微生物有细菌、酵母菌、霉菌和放线菌等类群。以下分别介绍。

(一)细菌

细菌是自然界中分布最广、数量最多、与人类关系最为密切的一类微生物,也是发酵工业上使用最多的一种单细胞生物。发酵工业上常用的细菌大多是杆菌,如枯草芽孢杆菌、醋酸杆菌、棒状杆菌、乳酸杆菌、梭状芽孢杆菌、大肠杆菌等。

(1)醋酸杆菌(Acetobacter)

在自然界中分布较广,如醋醪、水果、蔬菜表面都可以找到。它是重要的工业用菌之一,能氧化酒精为醋酸,发酵调味品食醋、葡萄糖及维生素 C 的生产就是利用醋酸杆菌。目前国内醋酸生产菌株以中科 1.41 和沪酿 1.01 为主。

(2)假单胞菌(Pseudomonas)

荧光假单胞菌 A46 是多年来国内 2-酮基-D-葡萄糖酸(2KGA)、发酵生产的主要工业用菌,其发酵周期短,产酸率高,对噬菌体 KS502 和 KS503 具有稳定的抗性。

(3)乳酸菌

乳酸菌是一种靠发酵碳水化合物以获取能量,并能生成大量乳酸的一类细菌的总称,已知的乳酸菌有 40 多种,分类上归属于乳酸菌科(Lactobacillaceae)的 4 个属,即乳杆菌属(Lactobacillus)、链球菌属(Streptococcus)、明串珠菌属(Leuconostoc)、片球菌属(Pediococcus)。

(4)大肠杆菌

工业上利用大肠杆菌的谷氨酸脱羧酶,进行谷氨酸定量分析。还可以利用大肠杆菌制取天冬氨酸、苏氨酸和缬氨酸等。医药方面用它制造治疗白血症的天冬酰胺酶。另外,在研究细菌遗传变异方面,以及构建基因工程菌时,大肠杆菌是理想的研究材料。

(5)枯草芽孢杆菌

枯草芽孢杆菌是一类好气性的芽孢杆菌,可用于生产淀粉酶、蛋白酶、某些氨基酸、肌苷、5'-核苷酸酶等。例如,枯草杆菌 BF7658 是生产淀粉酶的主要菌种,枯草杆菌 Asl.398 是生产中性蛋白酶的主要菌种。

(二)酵母菌

酵母菌是工农业生产上极为重要的一类微生物,也是微生物遗传学研究中非常有价值的材料。除了广泛用于面包及酒精制造外,还应用在石油脱蜡、单细胞蛋白制造、酶制剂生产以及糖化饲料、猪血饲料发酵等许多方面。此外,从酵母菌体中还可以提取如核糖核酸、细胞色素 C、凝血质及辅酶 A 等医药产品。

能产生子囊孢子并进行芽殖的酵母菌,属于有性繁殖的类型,这是鉴别酵母种属之间差别的一个重要特征。

按照洛德(Lgdder)的分类系统,酵母菌共分 39 属,372 种。发酵工业上常用的酵母菌除了酵母属(Saccharomyces)外,还有假丝酵母属、汉逊氏酵母属、毕赤氏酵母属及裂殖酵母属等。

(1)酿酒酵母(Saccharomyces cerevisiae)

酿酒酵母属于酵母属,是酵母菌中最重要、应用最广泛的一类。酿酒酵母是与人类关系最密切的一种酵母,不仅因为传统上它用于制作面包和馒头等食品及酿酒,而且在现代分子和细胞生物学中用作真核模式生物,其作用相当于原核的模式生物大肠杆菌。

(2)异常汉逊氏酵母异常变种

异常汉逊氏酵母异常变种属于汉逊氏酵母属,异常汉逊氏酵母产生乙酸乙酯,故常在食品的风味中起一定作用。例如,无盐发酵酱油的增香,以薯干为原料酿造白酒时,经浸香和串香处理可酿造出味道更醇厚的酱油和白酒。该菌种氧化烃类能力强,可以煤油和甘油作碳源。培养液中它还能累积游离出 L-色氨酸。

(3)假丝酵母属(Candida)

假丝酵母属本属有的可用于生产酵母蛋白,供食用或饲料用,如产朊假丝酵母(C. utilis),其蛋白质及维生素 B 的含量均高于啤酒酵母,热带假丝酵母可氧化烃类,以石油为原料可生产酵母蛋白,也可利用工业废料。白色假丝酵母(C. albicans),医学上称白色念珠菌,可引起念珠菌病,为条件致病菌,常见于健康人的口腔及肠道中。

(4)毕赤氏酵母

毕赤氏酵母属于汉逊氏酵母属,这两个属的酵母都是产膜酵母,在液体表面形成白色的膜,使液体浑浊,常常是酒类饮料的污染菌,它们在饮料表面形成干而皱的菌蹼,是酒精发酵工业及酿造工业的有害菌。

(三)霉菌

霉菌与人类日常生活密切相关。除了用于传统的酿酒、制酱油外,近代广泛用于发酵工业和酶制剂工业。工业上常用的霉菌,有子囊菌纲的红曲霉、藻状菌纲的毛霉、根霉和犁头霉,以及半知菌纲的曲霉及青霉等。

(1)曲霉属(Aspergillus)

曲霉种类繁多、分布广泛,工业上利用曲霉生产各种酶制剂和有机酸。如米曲霉(Asp. oryzae)用于酿酒和 L-乳酸生产。制酱油用的酱油曲霉以及制造柠檬酸、草酸、葡萄糖酸和糖化酶、酸性蛋白酶、果胶酶、单宁酶等的黑曲霉(Asp. niger)。

(2)青霉属(Penicillium)

青霉属既是使果实腐败和实物变坏的有害菌,又是青霉素和葡萄糖酸的产生菌。

(3)根霉属(Rhizopus)

根霉属用于米酒、黄酒生产。此外,广泛用作淀粉糖化菌、有机酸发酵以及甾体转化等许多方面。

（4）毛霉属（Mucor）

毛霉属产生蛋白酶，有分解大豆蛋白的能力。可生产腐乳、酱油，转化甾族化合物。

（四）放线菌

放线菌是由不同长短的纤细菌丝所形成的单细胞微生物。放线菌是抗生素的主要产生菌。除抗生素外，放线菌在甾体激素生物合成和酶制剂生产上也有广泛应用。链霉菌属是放线菌研究中最为广泛的一类。放线菌产生的抗生素能抑制其他微生物的生长，这种作用称为颉抗作用；不同抗生素对其他微生物的抑制作用是有选择性的。

（五）担子菌

所谓担子菌（Basidiomycetes）就是人们通常所说的菇类（mushroom）微生物。担子菌资源的利用正引起人们的重视，如多糖、橡胶物质和抗癌药物的开发。近几年来，日本、美国的一些科学家对香菇的抗癌作用进行了深入的研究，发现香菇中 $1,2-\beta$-葡萄糖苷酶及两种糖类物质具有抗癌作用。

（六）藻类

藻类（Alga）是自然界分布极广的一类自养微生物资源，许多国家已把它用作人类保健食品和饲料。此外，还可通过藻类将 CO_2 转变为石油，培养单胞藻或其他藻类而获得的石油，可占细胞干重的 5%～50%，合成的油与重油相同，加工后可转变为汽油、煤油和其他产品。

二、工业微生物来源

工业微生物的来源总的说来可从以下几个途径进行收集和筛选。

①向菌种保藏机构索取有关的菌株，从中筛选所需菌株。有一些大型的发酵工厂也有其菌种保藏室。

②从自然界采集样品，如土壤、水、动植物体等，从中进行分离筛选。有时为了获取合适的微生物，必须去特定的生态环境中分离。

③从一些发酵制品中分离目的菌株，如从酱油中分离蛋白酶产生菌，从酒醪中分离淀粉酶或糖化酶的产生菌等。该类发酵产品具有悠久的历史，经过长期的自然选择已形成了特定的菌群或菌系，从这些传统发酵产品形成的特定环境中便容易筛选到理想的菌株。

三、微生物菌种的选择性分离

发酵工业上使用的微生物菌种，最初都是从自然界中分离筛选出来的。要从自然界找到我们所需要的优良菌种，首先必须把它们从许许多多的杂菌中分离出来，然后根据生产要求和菌种特性，采用各种不同的筛选方法，选出性能良好的菌种。

菌株分离就是将一个混杂着各种微生物的样品通过分离技术区分开，并按照实际要求和菌株的特性采取迅速、准确、有效的方法对它们进行分离、筛选，进而得到所需微生物的过程。菌株分离、筛选虽为两个环节，但却不能决然分开，因为分离中的一些措施本身就具有筛选作用。工业微生物产生菌的筛选一般包括两大部分：一是从自然界分离所需要的菌株；二是把分离到的野生型菌株进一步纯化并进行代谢产物鉴别。菌株的分离和筛选一般可分为采样、富集、分离、目的菌的筛选等几个步骤。

(一)微生物样品的采集

自然界含菌样品极其丰富，土壤、水、空气、枯枝烂叶、植物病株、烂水果等都含有众多微生物，种类数量十分可观。但总体来讲土壤样品的含菌量最多。这是因为：

①土壤具有微生物生长繁殖所需的各种环境条件，如碳源、氮源、水、无机盐，能源等（动、植物的尸体等）。

②水分条件适宜（随深度而有所变化）。

③pH：土壤的 pH 一般在 5.5～8.5 之间，适合各种微生物的生长。

④土壤的空隙有充足的空气。

⑤土壤具有保温性。

空气、水中的微生物也都来源于土壤，从土壤中几乎可以分离到任何所需的菌株。一般情况下，土壤中含细菌数量最多，且每克土壤的含菌量大体有如下的递减规律：细菌（10^8）＞放线菌（10^7）＞霉菌（10^6）＞酵母菌（10^5）＞藻类（10^4）＞原生动物（10^3）。其中，放线菌和霉菌指其孢子数。但各种微生物由于生理特性不同，在土壤中的分布也随着地理条件、养分、水分、土质、季节而有很大的变化。因此，在分离菌株前要根据分离筛选的目的，到相应的环境和地区去采集样品。

采样方法用取样铲，将表层 5cm 左右的浮土除去，取 5～25cm 处的土样 10～25g，装入事先准备好的塑料袋内扎好。北方土壤干燥，可在 10～30cm 处取样。给塑料袋编号，并记录地点、土壤质地、植被名称、时间及其他环境条件。一般样品取回后应马上分离，以免微生物死亡。但有时样品较多，或到外地取样，路途遥远，难以做到及时分离，则可事先用选择性培养基做好试管斜面，随身带走。到一处将取好的土样混匀，取 3～4g 撒到试管斜面上，这样可避免菌株因不能及时分离而死亡。

另外也可以根据微生物生理特点采样，每种微生物对碳、氮源的需求不一样，分布也有差异。如根据微生物营养类型研究表明，微生物的营养需求和代谢类型与其生长环境有着很大的相关性，如森林土有相当多枯枝落叶和腐烂的木头等，富含纤维素，适合利用纤维素作碳源的纤维素酶产生菌生长。在肉类加工厂附近和饭店排水沟的污水、污泥中，由于有大量腐肉、豆类、脂肪类存在。因而，在此处采样能分离到蛋白酶和脂肪酶的产生菌。若需要筛选代谢合成某种化合物的微生物，从大量使用、生产或处理这种化合物的工厂附近采集样品，容易得到满意的结果。也可以根据微生物的生理特性，在筛选一些具有特殊性质的微生物时，需根据该微生物独特的生理特性到相应的地点采样。如筛选高温酶产生菌时，通常到温度较高的南方，或温泉、火山爆发处及北方的堆肥中采集样品；分离低温酶产生菌时可到寒冷的地方，如南北极地区、冰窖、深海中采样。

(二)微生物样品的富集培养

在自然界获得的样品，是很多种类微生物的混杂物，一般采用平板划线或平板稀释法进行纯种分离。但大多数采集的样品中，所需微生物并不一定是优势菌或数量有限。为了增加分离成功率，可通过富集培养增加待分离菌的数量。主要是利用不同种类微生物生长繁殖对环境和营养的要求不同，人为控制这些条件，使之利于某类或某种微生物生长，而不利于其他种类微生物的生存，以达到使目的菌种占优势而得以快速分离纯化的目的。这种方法又被称为施加选择性压力分离法。

富集培养主要根据微生物的碳源、氮源、pH、温度、需氧等生理因素加以控制。一般可从以下几个方面来进行富集。

1. 控制培养基的营养成分

微生物的代谢类型十分丰富，其分布状态随环境条件的不同而不同。如果环境中含有较多某种物质，则其中能分解利用该物质的微生物也较多。因此，在分离该类菌株之前，可在增殖培养基中人为加入相应的底物作唯一碳源或氮源。那些能分解利用这些营养物质的菌株能生长繁殖，其他微生物则由于不能分解这些物质，生长受到抑制。当然，能在该种培养基上生长的微生物并非单一菌株，而是营养类型相同的微生物群。富集培养基的选择性只是相对的，它只是微生物分离中的一个环节。

2. 控制培养条件

在筛选某些微生物时，除通过培养基营养成分的选择外，还可通过它们对 pH、温度及通气量等其他一些特殊条件进行筛选，从而达到有效分离，如细菌、放线菌的生长繁殖一般要求偏碱(pH＝7.0～7.5)，霉菌和酵母菌要求偏酸(pH＝4.5～6)。因此，在富集培养过程中，通过对培养基 pH 的调节可有效分离到相应的微生物菌株类型。分离一放线菌时，可将样品液放置在 40℃恒温条件下预处理 20min，则有利于孢子的萌发，可以明显地促进放线菌的生长，达到放线菌富集的目的。若筛选极端微生物时，需针对其特殊的生理特性，设计适宜的培养条件，达到富集的目的。在发酵工业中使用的菌种大多数是好氧微生物类型，一般所筛选的微生物通常是好氧菌。如果分离厌氧菌，则仅通过限制通入氧气的条件就很容易得到厌氧菌。严格厌氧菌发酵过程既可省略通气、搅拌装置，又可节省能耗。但是需准备特殊的培养装置，创造一个有利于厌氧菌的生长环境，使其数量增加，易于分离。

3. 抑制不需要的菌类

在分离筛选的过程中，除了通过控制营养和培养条件，增加富集微生物的数量以有利于分离外，还可通过高温、高压、加入抗生素等方法减少非目的微生物的数量，使目的微生物的比例增加，同样能够达到富集的效果。

对于含菌数量较少的样品或分离一些稀有微生物时，采用富集培养以提高分离工作效率是十分必要的。但是如果按通常分离方法，在培养基平板上能出现足够数量的目的微生物，则不必进行富集培养，直接分离、纯化即可。

(三)目的菌种的分离

分离的效率取决于培养基养分、pH 和加入的选择性抑制剂。因大多数放线菌都是嗜中性的，分离培养基的 pH 常在 6.7～7.5 之间。如要分离嗜酸放线菌，pH 宜降低到 4.5～5.0。

在分离培养基中广泛采用加入抗生素的方法，来增加选择性。在筛选放线菌时，可加入抗真菌抗生素。这种抗生素对放线菌无作用。

分离后放线菌分离平板通常在 25℃～30℃培养。嗜热菌在 45℃～55℃，而嗜冷菌在 4℃～10℃。主要的变量是培养的时间。分离嗜温菌，如链霉菌和小单孢菌，一般培养 7～14 天。嗜热菌，如高温放线菌，只需 1～2 天。培养时间的延长可能有助于新的或不寻常的菌株的获得，如有人在 30℃和 40℃将培养时间延长到 1 个月，结果分离出一些不寻常的种属，也有人在 20℃ 培养 6 周从海水中获得放线菌。

(四)目的菌的筛选

经过分离培养,在平板上出现很多单个菌落,通过菌落形态观察,选出所需菌落,然后取菌落的一半进行菌种鉴定,对于符合目的菌特性的菌落,可将之转移到试管斜面进行纯培养。这种从自然界中分离得到的纯种称为野生型菌株,它只是筛选的第一步。所得菌种是否具有生产上的实用价值,能否作为生产菌株,还必须采用与生产相近的培养基和培养条件,通过三角瓶进行小型发酵试验,以得到适合于工业生产用的菌种。如果筛选到的野生型菌株产量偏低,达不到工业生产的要求,可以其作为出发菌株进行菌种改良。进一步的筛选可以采用以下两种方法。

1. 涂布法

将供试菌梯度稀释后以灭菌的涂布器涂布于平板培养基表面,这种方法称涂布法。涂布法可以在平板上形成一层单一的供试靶标菌,测定所筛选到的各个菌落对靶标菌的拮抗圈大小,初步确定其生产抗生素的能力。

2. 影印平板法

把长有许多菌落的母培养皿倒置于包有灭菌丝绒布的圆木柱上,然后把这一"印章"上的细菌一次接种到一系列选择培养基平板上,这就是影印平板法。

这两种方法都有缺点。涂布法会使所需要的菌落污染,并且只能在每个平板上铺上一种供试菌。影印平板法则对不长孢子的链霉菌不宜使用,也不适用于游动细菌的筛选。因而,需要设计一种更为有效的筛选新菌种的方法。

(五)未来的发展

近来发展了一些更为有效的微生物分离筛选技术,现已到实用阶段。如采用遗传或生理控制的技术有可能发现新的代谢物或提高现有分离菌株的生产能力。

1. 天然基质的选择

现已有可能做到较为定向的选择。在大的生态环境(如海洋)中还有不少新微生物待发掘。了解生态环境内的微环境变化会有助于分离出更多不同类型的菌株。

2. 对产生次级代谢物的天然微生态环境的了解

如果能了解并检测到抗生素或其他次级代谢物生产的天然微生态环境,便可以更为合理地选择那种含有所需菌种的材料。

3. 富集技术的发展

在分批培养中从混合天然菌群中富集所需菌种的方法有以下几种:
①在分离前改变天然菌群组成的平衡。可利用微生物生理方面的知识来增加某一类群的比例,如加入一已知次级代谢物的前体,可富集合成相应次级代谢物的菌株。
②富集所需菌种也可以用恒化器培养混合菌群的方法进行。

4. 定向分离培养基配方的选择

许多分离培养基的组成都是凭经验决定的,需要更多的有关放线菌和其他微生物类群营养需求的知识,以求选择更为合理的培养基成分。也可以在分离培养基中加入已知的代谢物的前体。

四、重要工业微生物菌种的分离

筛选具有潜在工业应用价值的微生物的第一个阶段是分离。接着筛选出那些能产生所需产物或具有某种生化反应的菌种。可以设计出一种在分离阶段便能识别所需菌种的方法。也有用特定的分离方法随后再去识别所需生产菌株。值得注意的是,我们要求获得高产菌株的同时,还应考虑推广到生产过程时的经济问题。

筛选菌株的一些重要指标:

①菌的营养特征。在发酵过程中,常会遇到要求采用廉价的培养基或使用来源丰富的原料,一般用含有这种成分的分离培养基便能筛选出能适应这种养分的菌种。

②菌的生长温度。应选择温度高于 40℃ 的菌种,这可以大大降低大规模发酵的冷却成本。

③菌对所采用的设备和生产过程的适应性。

④菌的稳定性。

⑤菌的产物得率和产物在培养液中的浓度。

⑥容易从培养液中回收产物。

③~⑥是用来衡量分离得到的菌种的生产性能,如能满足这几条便有希望成为效益高的生产菌种。但在投入生产之前还必须对其产物的毒性、菌种的生产性能作出评价。

以上所述菌种有些必须从自然环境中分离得到,但也可从菌种保藏委员会索取。尽管购买菌种的性能一般比较弱,但可作为模型来改良和发展分析技术,然后再用于评定天然分离株。

理想的分离步骤是从土壤环境开始的,土壤中富于各种所需的菌。设计分离步骤应有利于具有工业重要特性的菌株的生长,如加入对其他类型菌株生长不利的某些化合物或采用选择性培养条件。以下是常见的一些微生物菌种的分离方法。

(一)抗生素产生菌的筛选

筛选抗生素产生菌的方法包括抑菌圈法、稀释法、扩散法、生物自显影法等。在这些方法中,试验菌的选择是成功的关键,它直接与检出的灵敏性、抗菌素的活性和抗菌谱有关。把潜在的产生菌生长在含有试验菌的平板上可以鉴定产生菌的抗微生物作用。也可以使产生菌液体发酵,检测其无细胞滤液的抗菌活性。使用液体培养基作为初筛前提,这样可以避免在琼脂上培养与液体培养结果的不同,但其培养过程要更容易受到发酵硬件条件限制。

采用联合试验菌,用一种很专一的筛选技术可以检出新的抗菌药物。例如,采用联合试验菌枯草芽孢杆菌和绿色产色链霉菌或巴氏梭状芽孢杆菌,可以分离出抗菌活性低,但对其他试验菌抗菌活性高的新抗生素,而单独用枯草芽孢杆菌作试验菌不能检出它们。

除使用高灵敏度的试验菌外,采用专一性很强的筛选技术也可检出新的抗生素。主要是利用与抗生素作用机制相关的酶、酶抑制剂、激活剂、抗体等建立起来的高灵敏度、专一的筛选技术。例如,通过鉴定氨苄青霉素和待测样品对 β-酰胺酶产生菌——克雷氏菌的协同抑制作用,发现了 β-内酰胺酶抑制剂——棒酸。

(二)产生药理活性化合物菌株的筛选

一种化合物如果能在体外抑制某种代谢关键酶,它可能在体内也具有相同的药理作用。若将体外筛选出的活性化合物,再用于动物实验,便可筛选出新的药理活性化物质,利用这一原理,便可筛选出能形成新的药理活性物质的有价值菌株。

(三)生长因子产生菌的筛选

生长因子如氨基酸和核苷酸的生产不能作为分离步骤中的选择压力,可用随机办法分离产生菌,并通过随后的筛选试验检出产生菌。通过观察分离株能否促进营养缺陷型的生长,便可检出生长因子产生菌。

以氨基酸产生菌的筛选为例。大多数氨基酸产生菌属于节杆菌、微细菌、短杆菌、微球菌和棒杆菌属。因此,首先将待试菌接入加了抗真菌的化合物(如亚胺环己酮)的分离培养基中生长,然后采用影印法,将菌落复印到能支持氨基酸产生菌生长的培养基中,培养 2~3d 后,用紫外线杀死长好的菌落,再往此平板上面铺上一层含相应氨基酸营养缺陷的菌液,培养 16h 后,被杀死的氨基酸产生菌的菌落周围应有一检测菌的生长圈。这样在另一个复印的平板相应的位置上便可找出产生菌,进一步可测定产生菌产生氨基酸的能力。

(四)多糖产生菌的筛选

可以从各种环境中分离出多糖产生菌,尤其在制糖工业污水中含有很多这类菌种。从这种环境获得的分离株,可在适当的培养基中生长,并可从菌落的黏液状外观识别这类产生菌。

经自然界分离、筛选获得的有价值的菌种,在用于工业生产之前必须经人工选育以得到具一定生产能力的菌种。特别是用于医药上的抗生素,还需通过一系列的安全试验及临床试验,以确定是否是一种有效而安全的新药。

第二节　发酵菌种的改良

菌种改良技术的进步是发酵工业发展的技术支撑。来源于自然界的微生物菌种,在长期的进化过程中,形成了一整套精密的代谢控制机制,微生物细胞内具有反馈抑制、阻遏等代谢调控系统,不会过量生产超过其自身生长、代谢需要的酶或代谢产物。所以,从自然界分离得到的野生菌株,不论在产量上或质量上,均难适合工业化生产的要求。育种工作者的任务是设法在不损及微生物基本生命活动的前提下,采用物理、化学或生物学以及各种工程学方法,改变微生物的遗传结构,打破其原有的代谢控制机制,使之成为"浪费型"菌株。同时,按照人们的需要和设计安排,进行目的产物的过量生产,最终实现产业化的目的。

菌种选育改良的具体目标包括几部分。

①提高目标产物的产量。生产效率和效益总是排在一切商业发酵过程目标的首位,提高目标产物的产量是菌种改良的重要标准。

②提高目标产物的纯度,减少副产物。在提高目标产物产量的同时,减少色素等杂质含量以降低产物分离纯化过程的成本。

③改良菌种性状,改善发酵过程,包括改变和扩大菌种所利用的原料范围、提高菌种生长速率、保持菌株生产性状稳定、提高斜面孢子产量、改善对氧的摄取条件并降低需氧量及能耗、

增强耐不良环境的能力(如耐高温、耐酸碱、耐自身所积累的过量代谢产物)、改善细胞透性以提高产物的分泌能力等。

④改变生物合成途径,以获得高产的新产品。

一、菌种代谢生理与分子生物学

和所有的生物一样,微生物在其生长过程中不断地从外界吸收营养物质,又不断地分泌代谢产物,这就是新陈代谢。代谢包括分解代谢和合成代谢,同时涉及物质代谢和能量代谢过程。通常微生物具有极灵敏的自我控制能力和对环境的适应能力。这是由于微生物细胞内有一套可塑性极强和精确性极高的代谢调节系统,它控制着各种酶系进行有条不紊的生化反应,保证细胞的代谢具有相对稳定性。所以,在正常情况下,微生物细胞内的物质既不过量,又不会缺乏。但是,如果出现代谢调节系统失调,就会出现途径障碍,引起代谢紊乱,从而导致某些产物的过量积累。育种的目的就是采取各种手段获得代谢调节机制不完善的高产菌株,使之过量积累人们所需的目标产物。因此,在讨论育种的各种理论方法之前,先简要介绍菌种代谢生理及其调控的分子生物学机制。

(一)初级代谢和次级代谢

通常把微生物产生的对自身生长和繁殖必需的物质称为初级代谢产物,而产生这些物质的代谢体系或过程称为初级代谢(primary metabolism)。初级代谢体系具体可分为:①分解代谢体系,包括糖、脂、蛋白质等物质的降解,获取能量,并产生 5-磷酸核糖、丙酮酸等物质,这类物质是分解代谢途径的终产物,也是整个代谢体系的中间产物;②合成代谢体系,主要包括合成某些有机小分子物质,如氨基酸、核苷酸等,以及用这些小分子物质合成生物大分子物质,如蛋白质、核酸、多糖、脂类等。

次级代谢(secondary metabolism)产物也称为次生产物,最初的定义是指由生物体合成,但对其自身的生长、繁殖和发育并没有影响的一类物质,如抗生素、生物碱、色素、毒素等。近年来,人们逐渐认识到,这些次级代谢产物虽然不是生长所必需的,但可能对产生菌的生存有一定的作用。这些产物对人类的生活和生产实践具有重要应用价值。从菌体生化代谢角度来说,虽然次级代谢产物的化学结构是多种多样的,但其基本结构是由少数几种初级代谢产物构成的。次级代谢产物的合成途径并不是独立的,而与初级代谢产物合成途径有着密切的关系。由于它们的代谢途径是相互交错的,因此在代谢调控上也是相互影响的。当与次级代谢合成有关的初级代谢途径受到控制时,次级代谢的合成必然受到抑制。

(二)代谢调控机制

代谢调节方式很多,由于微生物细胞体内的所有生化反应都是在酶的催化下进行的,因此对酶的调节控制是最主要、最有效的调控方式。酶的调节控制有两种方式:一种是酶合成的调节,另一种是酶分子的催化活力的调节。

1.酶合成的调节

酶合成的调节是一种通过调节酶的合成量进而调节代谢速率的调节机制,这是一种在基因水平上(原核生物主要在转录水平上)的代谢调节。一般将能促进酶生物合成的调节称为诱导,而能阻碍酶生物合成的调节则称为阻遏。酶合成的调节是一类相对较慢的调节方式。

（1）诱导

根据酶的合成是否受环境中所存在的诱导物的诱导（induction）作用，可把酶划分为组成型酶（constitutive enzyme）和诱导型酶（induced enzyme）两类。组成型酶是微生物细胞在生长繁殖过程中一直存在的酶类，其合成不受诱导物诱导作用的影响。而诱导型酶则是微生物细胞在诱导物存在的情况下诱导合成的一类酶。通常初生代谢产物合成与组成型酶的活性密切相关，次级代谢产物则与诱导型酶的表达密切相关。

（2）阻遏

在微生物代谢过程中，当代谢途径中某末端产物过量时，通过阻遏（repression）作用来阻碍代谢途径中包括关键酶在内的一系列酶的生物合成，从而控制代谢以减少末端产物的合成。阻遏作用有利于生物体节省有限的养料和能量，阻遏的类型主要有末端代谢产物阻遏和分解代谢产物阻遏两种。末端产物阻遏（end-product repression）是指由某代谢途径末端产物过量累积而引起的阻遏。分解代谢物阻遏（catabolite repression）是指有两种碳源（或氮源）分解底物同时存在时，细胞利用快的那种分解底物会阻遏利用慢的底物的有关分解酶的合成和累积。例如，将 E. coli 培养在含乳糖和葡萄糖的培养基上，会发现该菌可优先利用葡萄糖，并在葡萄糖耗尽后才开始利用乳糖，其原因是葡萄糖的存在阻遏了分解乳糖酶系的合成和积累，这一现象又称为葡萄糖效应或分解阻遏效应。

目前认为，由 Monod 和 Jacob 提出的操纵子学说可以较好地解释酶合成的诱导和阻遏作用。操纵子是功能上相关的几个结构基因前后相连，再加上一个共同的调节基因和一组共同的控制位点即启动子（promoter，P）和操作子（operator，O），在基因转录时协同作用，对基因表达过程实行调控，这样一个完整的单元称为操纵子（operon）。例如，大肠杆菌中负责乳糖代谢的 β-半乳糖苷酶、半乳糖苷透性酶、半乳糖苷乙酰化酶等三种酶的基因 Z、Y、A 与控制位点 O、P 以及它们的调节基因一起组成半乳糖操纵子，如图 2-1 所示。

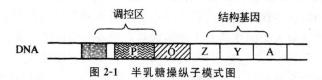

图 2-1　半乳糖操纵子模式图

其中，调节基因表达合成阻遏蛋白。当细胞内诱导物不存在时，阻遏蛋白以四聚体的形式与操纵子结合。由于操纵子与启动子有一定程度的重叠，妨碍了 RNA 聚合酶进行转录的起始。当细胞内有诱导物存在时，诱导物与阻遏蛋白迅速结合，从而改变了阻遏蛋白的构象，使之从操纵子上解离下来。这样，RNA 聚合酶就能与启动子牢固结合，从而开始转录 LacZYA 结构基因。

操纵子分两类，一类是诱导型操纵子，只有当存在诱导物时，其转录频率才最高，并随之转译出大量诱导酶，出现诱导现象，如乳糖、半乳糖等分解代谢的操纵子等。另一类是阻遏型操纵子，只有缺乏辅阻遏物时，其转录频率才最高。由阻遏型操纵子所编码的酶的合成，只有通过去阻遏作用才能启动。例如，组氨酸、精氨酸和色氨酸合成代谢的操纵子等就属于这一类。

2. 酶活性的调节

酶活性的调节是以酶分子的结构为基础,在酶的分子水平上进行的二种代谢调节。它是通过改变现成的酶分子活性来调节新陈代谢的速率,包括酶活性的激活和抑制两个方面。酶活性的激活指在分解代谢途径中,后面的反应可被前面的中间产物所促进,称为前体激活。酶活性的抑制主要是反馈抑制(feedback inhibition),主要表现在某代谢途径的末端产物(即终产物)过量时,这种产物可反过来直接抑制该途径和分支途径中第一个酶的活性,促使整个反应过程减慢甚至停止,从而避免了末端产物的过多累积。反馈抑制具有作用直接、效果快速以及当末端产物浓度降低时又可解除等优点。

尽管反馈抑制的类型很多,但其主要的作用方式在于末端产物对合成途径中调节酶的抑制。受反馈抑制的调节酶一般都是变构酶(allosteric enzyme),酶活力调控的实质就是变构酶的变构调节。变构酶的蛋白分子一般是由两个以上亚基组成的多聚体,具有四级结构,这是能够产生变构作用的物质基础。变构酶分子具有两个和底物分子物质相结合的位点,一个是与底物结合的催化中心(活性中心),另一个可与调节器因子(又称效应器)相结合的调节中心(变构中心)。当效应物与调节中心结合后,可引起酶蛋白分子发生构象变化,从而引起酶的活性中心对底物的亲和力和催化能力的改变,促进或阻碍了酶和它的底物的结合,促进或抑制了酶活力,使整个代谢途径的快、慢受到调节,这种现象称为变构效应。

二、常规育种

广义上说,菌种改良可描述为采用各种技术手段(物理、化学、生物学、工程学方法以及它们的各种组合)处理微生物菌种,从中分离得到能显示所要求表型的变异菌种。常规育种包括诱变和筛选,是最常用的菌种改良手段。其理论基础是基因突变。关键是用物理、化学或生物的方法修改目的微生物的基因组(genome),产生突变型。微生物的自发突变频率在 $10^{-8} \sim 10^{-5}$ 之间,经诱变剂处理微生物细胞后,可大幅度提高突变频率,达到 $10^{-6} \sim 10^{-3}$,比自发突变提高了上百倍。

当前发酵工业中使用的高产变异菌株,大部分都是通过诱变而大大提高了生产性能的菌株。诱变育种具有方法简便和收效显著等特点,所以仍然是目前被广泛使用的主要育种方法之一。

(一)菌种选育常用的诱变剂

凡能诱发微生物基因突变,使突变频率远远超过自发突变频率的物理因子或化学物质,称为诱变剂。菌种选育常用的诱变剂见表 2-1。

表 2-1　菌种选育常用的诱变剂

诱变剂	诱发 DNA 突变的类型	对 DNA 作用的结果	相对效果
辐射源			
电离辐射	DNA 单链或双链断裂、缺失	结构改变	高
X 射线、γ 射线			
短波长光线	DNA 嘧啶二聚体和交联	颠换、缺失、移码和 GC→AT 转换	中
紫外线			
化学因子			低
碱基类似物	碱基错配		低
5-氯尿嘧啶		AT→GC,GC→AT 转换	低
5-溴尿嘧啶	DNA 复制错误	AT→GC,GC→AT 转换	
2-氨基嘌呤			低
脱氨剂	胞嘧啶脱氨		中
羟胺(NH$_2$OH)	A、C 和 G 脱氨	GC→AT 转换	
亚硝酸(HNO$_2$)		双向转译、缺失、AT→GC	高
	甲基化,高 pH	GC→AT 转换	
NTG(N-甲基-N′-硝基-N-亚硝基胍)		GC→AT 转换	高
EMS(甲基磺酸乙酯)	C 和 A 烷基化		高
氮芥(二氯二乙硫醚)	C 和 A 烷基化	GC→AT 转换	
嵌入剂		GC→AT 转换	低
溴乙锭、吖啶类染料	在两碱基对间嵌入		
生物诱变剂		移码,丧失质粒,微小缺失	高
噬菌体、质粒、DNA 转座子	碱基取代、DNA 重组	缺失、重复、插入	

(二)诱变育种中需考虑的若干因素

1. 选择合适的出发菌株

选择好的出发菌株对诱变效果有着极其重要的作用。有些微生物菌株比较稳定,其遗传物质耐诱变剂的作用强,这种菌株适宜用于生产,但是用于诱变育种的出发菌株则不适宜。用作诱变的出发菌株必须对它的产量、形态、生理等方面有相当的了解。挑选出发菌株的标准是产量高、对诱变剂的敏感性大、变异幅度广。

2. 复合诱变剂的使用

诱变剂的作用是扩大基因突变的频率,因此应选择高效诱变剂,如 NTG、^{60}Co、γ 射线、紫外线(UV)等。对于野生型菌株,单一诱变剂有时能取得好的效果,但对于已经诱变过的老菌种,单一诱变剂重复使用后突变的效果不好,可用复合诱变剂来扩大诱变幅度,提高诱变效果。

3. 诱变剂剂量的选择

对不同微生物使用诱变剂的剂量是不同的。致死率取决于诱变剂量,而致死率和诱变率之间有一定的关系。因此可以用致死剂量作为选择适宜剂量的依据。凡既能增加变异的幅度又能促使变异向正变范围移动的剂量就是合适的剂量。确定合适的剂量要经过多次摸索,一般诱变效应随剂量的增大而提高,但达到一定的剂量后,再增加剂量反而会使诱变率下降。另外,诱变剂量的选择还要考虑被处理微生物的生理状况:处理的是营养体细胞、休眠体芽孢、分生孢子还是除去细胞壁的原生质体,不同生理状态的细胞对诱变剂的敏感度不一样。

4. 变异菌株的筛选

诱变育种的目的是获得高产变异菌株,从经诱变的大量个体中挑选出优良菌种不是一件容易的事。因为不同的菌种表现的变异形式不同,一种菌种的变异规律不一定能应用到另一个菌种中。因此,挑选菌株一般要从菌落形态变异类型着手,发现那些与产量相关的特征,并根据这些特征,分门别类地挑选一定数量的典型菌株进行鉴定,以确定各种类型与产量的关系。这样可以大大提高筛选工作的效率。

(三)新诱变因子及诱变技术进展

新的诱变因子不断被发现并得到应用,诱变技术也得到不断发展,如低能离子束诱变、激光辐射诱变和微波电磁辐射诱变、原生质体诱变等。

1. 低能离子束诱变

离子注入是 20 世纪 80 年代兴起的一种表面处理技术。这种相互作用过程大致分为能量沉积、动量传递、离子注入和电荷交换等四个原初反应过程,在 $10^{-19} \sim 10^{-13}$ s 中间时发生。荷能离子注入除具有了射线能量沉积引起机体损伤的特征外,还具有动能交换产生的级联损伤,表现为遗传物质原子转移、重排或基因的缺失。还有慢化离子、移位原子和本底元素复合反应造成的化学损伤以及电荷交换引起的生物分子电子转移造成的损伤。离子注入通常采用 N^+、H^+ 和 Ar^+。离子注入生物学效应显示出一些不同于辐射生物学的特征,相当于物理和化学诱变两者相结合的复合诱变效应。作用于生物体,其损伤少,突变率高,突变谱广。但是离子注入机理非常复杂,真正阐明尚有待时日,而利用这一技术进行微生物育种却已受到越来越多的关注,并已取得相当良好的业绩。

2. 激光辐射诱变和微波电磁辐射诱变

激光是一种量子流光微粒。激光辐射通过产生光、热、压力、电磁效应综合作用,直接或间接影响生物体,引起 DNA 或 RNA 改变,导致酶激活或钝化,引起细胞分裂和细胞代谢活动改变。微波辐射属于低能电磁辐射的一种,其量子能量在 $10^{-28} \sim 10^{-25}$ J,对机体的作用机理是场力(非热效应)和转化能(热效应)的协同作用,从而引起生物体突变。

3. 原生质体诱变

多年来为提高诱变效率,育种工作者在诱变方法上做了不少改进,其中尤以原生质体诱变的效果比较突出。由于原生质体对理化因素的敏感性比营养细胞或孢子更强,诱变剂的诱变效率便得到了提高。有的真菌在实验室条件下,不易产生单个分生孢子,给诱变及诱变后突变型的分离带来困难,因而可制成原生质体诱变。又如,一般的食用菌具有菌丝体多核、担孢子壁厚的特点,诱变效果不佳。用脱壁酶处理后,原生质体对诱变因子的敏感性增强了,从而增加了变异的机会,提高了诱变率。

(四)筛选方法

筛选是诱变后决定菌种选育效率的关键步骤。细胞群体经过诱变处理后突变发生的频率虽比自发突变发生的频率高得多,但是在整个细胞群体中,其频率仍嫌太低,即发生变异的细胞绝对数很低。而且,DNA链上突变的发生是随机的,所需要的突变株出现的频率就更低,寻找所需突变型犹如"大海捞针"。因此合理的筛选程序与方法在菌种选育上非常重要。诱变是随机的,但选择是定向的。诱变后需通过正确、灵敏、快速的筛选检测方法,从大量未变和负变的群体中把仍然是很少量的正向突变挑选出来。常用的随机筛选法是逐个检查,测定经诱变处理的存活菌的产量或其他性状,如抗生素产生菌选育中常用此方法。这种方法工作量很大,花费时间多,随机性大,费用也高,但可能是目前提高工业菌株生产率的较好办法。为了以最少的工作量,在最短的时间内取得最大的筛选效果,要求设计并采用效率高的科学筛选方案和手段。为加快筛选速度,通常采用下列几种方法。

1. 平皿快速检测法

利用菌体在特定固体培养基平板上的生理生化反应,将肉眼观察不到的产量性状转化成可见的"形态"变化,包括纸片培养显色法、变色圈法、透明圈法、生长圈法和抑制圈法等。

2. 形态变异的利用

微生物的形态特征及生理活性状态与微生物的代谢产物生产能力有一定关系。有时,菌体的形态变异与产量的变异存在着一定的相关性。可以利用这种对突变型的形态、色素和生长特性的了解和判断作为初筛的依据。

3. 高通量筛选

高通量筛选(high throughput screening)方法是将许多模型固定在各自不同的载体上,用机器人加样,培养后,用计算机记录结果,并进行分析,使人们从繁重的筛选劳动中解脱出来,实现了快速、准确、微量,一个星期就可筛选十几个、几十个模型,甚至成千上万个样品。合理利用资源配置的自动筛选仪器,可以用最少的资源筛选大量的经诱变的群体。微量化仪器和自动操作系统已经用于菌种筛选。其优点是培养基可自动灌注、清洁,可在短时间里进行大量筛选,从而提高了工作效率。随后,使用机器人、计算机数据处理分析,优选出所需的目的菌种。不过,自动筛选仪器的一次性设备投资费用很大,特别是机器人的使用,设备的保养费和软件的费用也非常昂贵。

三、细胞工程育种

生产上,长期使用诱变剂处理,会使菌种的生存能力逐渐下降,有必要采用细胞工程育种方法,提高菌种的生产能力。细胞工程方法包括杂交育种和原生质体融合育种,其特点是在细胞水平上对菌种进行操作,采用杂交、接合、转化和转导等遗传学方法,将不同菌种的遗传物质进行交换、重组,使不同菌种的优良性状集中在重组体中,从而提高产量。

(一)杂交育种

杂交育种是指将两个基因型不同的菌株经吻合(或接合)使遗传物质重新组合,从中分离筛选出具有新性状的菌株。微生物杂交的本质是基因重组,但是不同类群微生物,基因重组的过程是不完全相同的。其中原核生物中的细菌和放线菌由于细胞结构相似,基因重组过程也很相似,杂交过程是两个亲本菌株细胞间接合,染色体部分转移,形成部分接合子(merozy-gote),最后经交换、重组直至重组体的产生。真菌是通过有性生殖(sexual reproduction)或准性生殖(parasexual reproduction)来完成,后者是一种不通过有性生殖的基因重组过程,即两亲本菌丝体细胞间接触、吻合、融合产生异核体(heterocaryon)、杂合二倍体(heterozygous diploid),经过染色体交换后形成重组体。

1. 杂交育种的遗传标记

微生物杂交育种所使用的配对菌株称为直接亲本。由于多数微生物尚未发现其有性世代,因此直接亲本菌株应带有适当的遗传标记。常用的遗传标记有以下几种。

(1)营养缺陷型标记

营养缺陷型标记是微生物经诱变处理后产生的一种生化突变体,由于基因突变,它失去了合成某种物质(氨基酸、维生素或核苷酸碱基)的能力,在基本培养基上不能生长,需要补加一定种类的有机物质后才能生长。利用营养缺陷型是一种有效的标记方法,人工诱变使杂交双亲本分别带上不同的营养缺陷型标记,双亲杂交后分离到基本培养基上培养,其中两亲本由于不能合成某种营养物质而不能再生长,只有经杂交后的后代因遗传物质互补而能够在基本培养基上生长。

(2)抗性标记

抗性标记有抗逆性(高温、高盐或高 pH)和抗药性等。其中,抗药性标记最为常用。不同的微生物对某种药物的抗性不同,利用这种差异可以在添加了相应药物的选择性培养基上获得重组体。其筛选原理和方法与营养缺陷型标记类似。

(3)温度敏感性标记

温度敏感性标记利用突变体对温度敏感,不能在某一较高的温度下生长的特性进行重组体的筛选。

(4)其他性状标记

如孢子颜色、菌落形态结构、可溶性色素含量和代谢速度等,以及利用的碳、氮源种类,杀伤力等其他性状都可以作为重组体筛选的标记。

目前,利用杂交育种取得较好效果的有细菌、放线菌和霉菌等种类。

2. 细菌的杂交育种

细菌的杂交可以通过细菌接合、F 因子转导、R 因子转移、转化和转导等方法实现基因重组。在这些基因重组过程中,并不涉及整个染色体,所形成的都是部分合子。

接合是指两个性别不同的微生物之间接触,遗传物质转移、交换、重组,形成新个体。但细菌的接合方式不同于其他微生物,以大肠杆菌为例,当两个不同菌株接合时,遗传物质是单向转移,由供体菌到受体菌,不可逆向转移。F 因子是菌株杂交行为的决定因素,它是一种质粒,存在于细胞质中,一般为游离状态,有时又可以整合在染色体上,是一种稳定的遗传物质。具有 F 因子的细胞称为有性因子菌株(F⁺),不具备者称为无性因子菌株(F⁻)。通常具有性因子的菌株为供体菌,其细胞表面着生性伞毛,而不具性因子的菌株为受体菌。有时供体菌的 F 因子可以整合到细胞染色体 DNA 上,这样使 F⁺菌株成为高度致育细胞,称为 Hfr 菌株。大肠杆菌F因子的有无及其存在状态决定其杂交行为,不同菌株间相互关系和杂交情况总结在图2-2中。

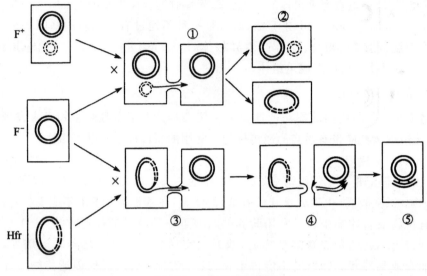

图2-2　大肠杆菌的杂交

细菌杂交一般使用直接混合法:将两个直接亲本菌株,如HIr菌株、F⁻菌株分别培养至对数期,取适量至新鲜肉汤培养基中,置于37℃下振荡培养,使细胞浓度达 2×10^8 个/mL左右。然后将Hfr菌株与F⁻菌株以1:10或1:20的比例混合,在37℃下缓慢振荡,以利于菌株细胞间接触和接合,在良好的保温和通气条件下培养一定时间,让亲本菌株间的染色体进行连接、交换和重组。杂交后的混合液用缓冲液稀释,分离到基本培养基或其他选择性培养基上筛选重组体。

3. 放线菌杂交育种

1955年在天蓝色链霉菌中最早发现放线菌基因重组现象,以后许多科学工作者相继在土霉素、金霉素、新霉素和红霉素产生菌中进行过基因重组工作。

放线菌与细菌一样是原核生物,没有完整的细胞核结构,有一条环状染色体。它的遗传结构与细菌相似。所以,基因重组过程也类似于细菌。但放线菌的细胞形态和生长习性与霉菌很相似,具有复杂的形态分化,生长过程中产生菌丝体和分生孢子。所以,放线菌杂交在原理上基本类似于大肠杆菌,但在育种操作方法上与霉菌的基本相同。

放线菌杂交在原理上(如图2-3)基本上类似于大肠杆菌,通过供体向受体转移部分染色体,经过遗传物质交换,最终达到基因重组。有一部分放线菌在杂交过程中会形成异核体,但这种异核体与霉菌异核体不同,在复制过程中染色体不发生交换。在基本培养基上表现为形成的菌落都是原养型,当它们产生的分生孢子进一步培养时,形成的菌落都发现两亲本类型。因此,在放线菌杂交重组过程中,异核体的作用不大。

另一部分放线菌杂交过程不形成异核体,真正类似于大肠杆菌杂交,两个不同基因型的菌株通过细胞间沟通,供体菌株的部分染色体转移到受体菌细胞中,形成部分合子,然后染色体发生交换,最后达到重组,获得各种重组体,所以经部分染色体转移途径形成的部分合子,才是

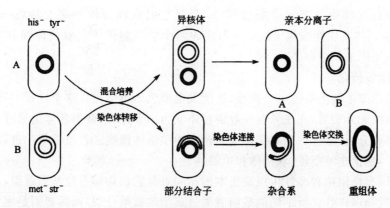

图 2-3 放线菌杂交原理示意图

亲本间遗传信息和基因重组的关键。

放线菌的杂交只发生在具有一定感受态菌株之间。据研究发现,在放线菌中也存在类似于大肠杆菌性因子的质粒。如在天蓝色链霉菌(Streptomyces coelicolor)中发现了 SCPx 因子,当菌丝内存在 SCP1 因子时才能使两亲本菌丝之间发生接合,把供体菌株的部分染色体转移到受体菌株中去。放线菌的杂交方法有混合培养法、玻璃纸法和平板杂交法等几种。

4. 霉菌的杂交育种

霉菌杂交育种是利用准性生殖过程中的基因重组和分离现象,将不同菌株的优良特性集合到一个新菌株中,然后通过筛选,获得具有新遗传结构和优良遗传特性的新菌株。霉菌杂交育种过程主要有以下几个环节。

(1)异核体的形成

当具有不同性状的两个细胞或两条菌丝相互联结时,导致在一个细胞或一条菌丝中并存有两种或两种以上不同遗传型的核。这样的细胞或菌丝体叫做异核体(heterocaryon),这种现象叫异核现象。这是准性生殖的第一步。这种现象多发生在分生孢子发芽初期,有时在孢子发芽管与菌丝间亦可见到。

(2)杂合双倍体的形成

随着异核体的形成,准性生殖便进入杂合双倍体的形成阶段,就是异核体菌丝在繁殖过程中,偶尔发生两种不同遗传型核的融合,形成杂合细胞核。由于组成异核体的两个亲本细胞核各具有一个染色体组,所以杂合核是双倍体。杂合双倍体形成之后,随异核体的繁殖而繁殖,这样就在异核菌落上形成杂合二倍体的斑点或扇面。将这些斑点或扇面的孢子挑出来进行单孢子分离,即可得到杂合双倍体菌株。在自然条件下,通常形成杂合双倍体的频率通常是很低的。

(3)杂细胞重组

杂合双倍体只具有相对的稳定性,在其繁殖过程中可以发生染色体交换和染色体单倍化,从而形成各种分离子。染色体交换和染色体单倍化是两个相互独立的过程,有人把它们总称为体细胞重组(somatic recombination)。这就是准性生殖的最后阶段。

(4)染色体交换

由准性生殖第二阶段形成的杂合双倍体并不进行减数分裂,却会发生染色体交换。由于这种交换发生在体细胞的有丝分裂过程中,因此它们被称为体细胞交换(somatic erossing over)。杂合双倍体发生体细胞交换后所形成的两个子细胞仍然是双倍体细胞。但是就基因型而言则不同于原来的细胞。

(5)染色体单倍化

杂合双倍体除了发生染色体交换外,还能发生染色体单倍化。这个过程不同于减数分裂。它通过每一次细胞分裂后,往往只有一对染色体变为一个,而其余染色体仍然都是成双的。这样经过多次细胞分裂,才使一个双倍体细胞转变为单倍体细胞。通过单倍化过程,形成了各种类型的分离子,包括非整倍体、双倍体和单倍体。

由此可见,有性生殖和准性生殖最根本的相同点是它们均能导致基因重组,从而丰富遗传基础,出现子代的多样性。所不同的是前者通过典型的减数分裂,而后者则是通过体细胞交换和单倍化。

(二)原生质体融合

原生质体融合技术属于细胞工程,是现代生物技术的一个重要方面。它可将遗传性状不同的两个细胞融合为一个新细胞,通过原生质体融合进行基因重组的研究,最先在植物细胞中发展起来,随后应用于真菌,最后又扩展到原核微生物,并在原核生物方面形成了一个系统的实验体系,已成为微生物育种的重要工具。

微生物细胞存在着一道天然屏障——细胞壁,造成细胞与细胞之间缺乏联系和沟通的渠道,从而不能进行遗传物质的传递和交换。一旦用溶菌酶、纤维素酶、蜗牛酶等脱壁酶把细胞壁除去,便能使原生质体接触、融合。高效促融合剂如聚乙二醇的存在、渗透稳定剂的存在以及原生质体再生细胞壁的存在等,均是原生质体融合成败的关键。原生质体高频率重组可以在原本很少或者不能进行遗传交换的两种不同微生物之间发生。原生质体融合可以在种内、种间、属间发生。通过这一技术,可以把许多需要的性状汇集在同一个细胞里。

原生质体融合技术在工业发酵中的应用相当普遍,包括:①高产菌株的选育,如氨基酸、有机酸、抗生素、酶制剂、维生素、核苷酸、乙醇等工业菌株的选育;②把参与融合双方的优良性状结合在一起,如把高产与生长缓慢的菌株同低产但生长迅速的菌株进行融合,以得到既高产又迅速生长的融合子。也可以通过原生质体融合来扩大发酵原料的利用范围,如酿酒酵母不能利用淀粉与糊精生产酒精,糖化酵母能利用淀粉与糊精,将两者融合,就可以得到既能利用淀粉和糊精,又能生产酒精的融合子酵母;③利用原生质体融合可以合成新产物,如紫色链霉菌能产紫霉素 B_1,吸水链霉菌能产生保护霉素,两者融合后,构建出一株重组菌株,产生一种新的抗生素——杂种霉素。

四、基于代谢调节的育种

诱变育种虽然取得了巨大成就,使微生物的有效产物成百倍甚至上千倍地增加,但是诱变育种的盲目性大,工作量繁重。近年来,随着生物化学、遗传学及分子生物学的发展,各种生物合成代谢途径及代谢调节机制被阐明。人们不仅能够通过控制外因,也就是控制发酵条件解除反馈调节,使生物合成的途径朝着人们希望的方向进行,即实现代谢调控发酵;而且还可以进行内因改变,根据代谢途径进行定向选育,获得某种特定的突变体,以达到大量积累人们所需要的有用物质的目的。这就是代谢工程育种。代谢工程育种可以大大减少育种工作中的盲目性,提高育种效率,通常将其称为第三代基因工程。代谢工程育种首先在初级代谢产物的育种中得到了广泛应用,成就显著。这是由于初级代谢的代谢途径和调节机制已比较清楚。但在次级代谢方面,由于代谢复杂,很多代谢途径和调节机制还没有从理论上阐明,因此这方面工作相对落后。

代谢工程育种是通过特定突变型的选育,达到改变代谢通路、降低支路代谢终产物的生产或切断支路代谢途径及提高细胞膜的透性,使代谢流向目的产物积累的方向进行。常用的微生物代谢调节及代谢工程育种措施有以下几种。

(一)组成型突变株的选育

组成型突变株是指操纵子或调节基因突变引起酶合成诱导机制失灵,菌株不经诱导也能合成酶,或不受终产物阻遏的调节突变型,称为组成型突变株。这些菌株的获得,除了自发突变之外,主要由诱变剂处理后的群体细胞中筛选出来。筛选方法有以下几种。

1. 限量诱导物恒化培养

将野生型菌种经诱变后移接到低浓度诱导物的恒化器中连续培养。由于该培养基中底物浓度低到对野生型菌株不发生诱导作用,所以诱导型的野生型菌株不能生长,而组成型突变株由于不经诱导就可以产生诱导酶而利用底物,因而生长较快,成为优势菌株。

2. 循环培养

要获得解除诱导的组成型突变株,可将混合菌株移接到含有诱导物和不含诱导物的培养基上交替连续循环培养。培养物移接到含诱导物培养基中培养后,由于组成型突变株在两个培养基上都能产酶,此时该菌株立即开始生长,而诱导型野生菌株须经一段停留时间才开始生长,控制好在含诱导物培养基中培养时间,反复交替培养,组成型逐渐占优势,诱导型就被淘汰。

(二)抗分解调节突变株的选育

抗分解调节突变就是指抗分解阻遏和抗分解抑制的突变。在实际生产中,最常见的是碳源分解调节、氮源分解调节。

1. 解除碳源调节突变株的选育

许多微生物在抗生素生产过程中存在不同的生理阶段,即快速生长阶段和抗生素合成阶段。已经证实,高浓度的葡萄糖对青霉素转酰酶、链霉素转脒基酶和放线菌色素合成酶等抗生素产生的关键酶均具有分解阻遏作用。由于葡萄糖分解产物的积累,阻遏了抗生素合成关键酶的表达,从而抑制了抗生素的合成。在实际生产中,采用流加葡萄糖或应用混合碳源可以控制分解中间产物的积累来减少其不利影响,但最根本的办法则是筛选抗碳源分解调节突变株,以解除上述调节机制,达到增产的目的。

2. 解除氮源分解调节突变株的选育

氮源分解调节主要指分解含氮底物的酶受快速利用的氮源阻遏。细菌、酵母、霉菌等微生物对初级代谢产物的氮降解物具有调节作用。次级代谢的氮降解物阻遏主要指铵盐和其他快速利用的氮源对抗生素等生物合成具有分解调节作用。解决这一问题的办法是选育解除氮源分解调节的突变株。

(三)营养缺陷型在代谢调节育种中的应用

营养缺陷型在微生物遗传学上具有特殊的地位,不仅广泛应用于阐明微生物代谢途径的研究,而且在工业微生物代谢控制育种中,利用营养缺陷型协助解除代谢反馈调控机制,已经在氨基酸、核苷酸等初级代谢和抗生素次级代谢发酵中得到有价值的应用。

营养缺陷型属代谢障碍突变株,常由结构基因突变引起合成代谢中一个酶失活直接使某个生化反应发生遗传障碍,使菌株丧失合成某种物质的能力,导致该菌株在培养基中不添加这种物质,就无法生长。但是缺陷型菌株常常会使发生障碍前一步的中间代谢产物得到累积,育种过程中可以利用营养缺陷型菌株这一特性来累积有用的中间代谢物。

渗漏缺陷型是一种特殊的营养缺陷型,是遗传性障碍不完全的突变型。其特点是酶活力下降而不完全丧失,并能在基本培养基上少量生长。获得渗漏缺陷型菌株的方法是把大量营养缺陷型菌株接种在基本培养基平板上,挑选生长特别慢而菌落小的即可。利用渗漏缺陷型既能少量地合成代谢产物,又不造成反馈抑制。

(四)抗反馈调节突变株的选育

抗反馈调节突变株是一种解除合成代谢反馈调节机制的突变型菌株。其特点是所需产物不断积累,不会因其浓度超量而终止生产。有两种情况可以造成抗反馈调节突变,一种是由于结构基因突变而使变构酶不能和代谢终产物相结合,因此失去了反馈抑制,称为"抗反馈突变型"。另一种是由于调节基因突变引起调节蛋白不能和代谢终产物相结合而失去阻遏作用的,称为"抗阻遏突变型"。操纵基因突变也能造成抗阻遏作用,产生类似于组成型突变的现象。

一般来说,抗阻遏突变结果使胞内的酶有可能成倍地增长,而抗反馈突变的胞内酶量没有什么变化。从作用效果上讲,二者都造成终产物大量积累,而且往往两种突变同时发生,难以区别。因此通常统称为"抗反馈调节突变型"。

在实际应用中,抗反馈调节突变株的选育可以通过以下几个方面进行:从遗传上解除反馈调节,如各种抗性和耐性育种,回复突变子的应用等;截流或减少终产物堆积,如借助营养缺陷型或采用渗漏缺陷型;移去终产物,如借助膜透性的突变来实施。

(五)细胞膜透性突变株的选育

影响细胞通透性的表面结构是细胞与环境进行物质交换的屏障。细胞借助这种通透性实现的代谢控制方式是整个代谢中重要的一环。如果细胞膜通透性很强,则细胞内代谢物质容易往外分泌,降低了胞内产物的浓度,直到环境中该物质的浓度达到抑制程度,胞内合成才会停止。这样就大大降低了因胞内产物浓度大量增加而引起反馈调节,不致因胞内的高浓度而影响终产物的积累。细胞膜透性突变株的选育途径有以下几种。

1. 营养缺陷型突变株的选育可改变细胞膜通透性

选育某些缺陷型突变株,通过控制发酵培养基中的某些化学成分,达到控制磷脂、细胞膜的生物合成,使细胞处于异常的生理状态,以解除渗透障碍。

2. 温度敏感突变株的选育

温度敏感突变株是指正常微生物(通常可在 20℃～50℃正常生长)诱变后,只能在低温下正常生长在高温下却不能生长繁殖的突变株。突变位置多发生在细胞膜结构的基因上,一个碱基为另一个碱基所置换,这样控制细胞壁合成的酶在高温条件下失活,导致细胞膜某些结构的异常。

3. 溶菌酶敏感突变株的选育

筛选溶菌酶敏感突变株时,取溶菌酶分别制成每毫升培养基中浓度为 0.5mg、1mg、2mg、4mg、6mg 溶液,制成琼脂平板。把诱变剂处理后的菌体细胞涂布在平板上,培养后,观察菌落生长情况。假若在溶菌酶浓度 1mg/mL 或小于 1mg/mL 的平皿上不能形成菌落,则有可能筛选到细胞渗透性突变株。

五、基因工程育种

基因工程也称遗传工程、重组 DNA 技术,是现代生物技术的核心。以细胞外进行 DNA 拼接、重组技术为基础的基因工程,是以人们可控制的方式来分离和操作特定的基因。它能创造新的物种,能赋予微生物新的机能,使微生物生产出自身本来不能合成的新物质,或者增强它原有的合成能力。基因工程早已渗入传统发酵工业领域,大大提升了发酵工业的技术水平,为这一行业带来十分可观的经济效益。基因工程在菌种选育上取得的成果令人振奋,对发酵行业的影响不可估量。诸如氨基酸、核苷酸、维生素、抗生素、多糖、有机酸、酶制剂、乙醇、饮料、啤酒等,均已采用重组 DNA 技术构建了重组 DNA 工程菌,有的已获准进行专门生产,如细菌 α-淀粉酶、凝乳酶、L-苏氨酸、L-苯丙氨酸等。据悉,丹麦的诺维信(Novozyme)公司的工业酶已有 75% 是由工程菌生产,传统发酵领域里的基因工程菌数量也正在急剧上升。

(一)基因工程原理和步骤

基因工程是人为的方法将所需的某一供体生物的遗传物质 DNA 分子提取出来,在离体条件下进行"切割",获得代表某一性状的目的基因,把该基因与一个适当的载体连接起来,然后导入某一受体细胞中,让外来的目的基因在受体细胞中进行正常的复制和表达,从而获得目的产物。

基因工程主要包括以下几个步骤:①目的基因的获得;②载体的选择与准备;③目的基因与载体连接成重组 DNA;④重组 DNA 导入受体细胞;⑤重组体的筛选。图 2-4 所示为基因工程操作的主要过程。

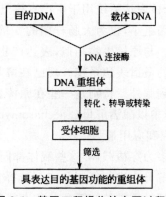

图 2-4　基因工程操作的主要过程

（二）基因表达系统

基因表达系统分为两大类：一类是原核表达系统，常用的有大肠杆菌、枯草芽孢杆菌、链霉菌等；另一类是真核表达系统，有酵母、丝状真菌等。虽然从理论上讲，各种微生物都可以用于基因表达，但是由于载体、DNA 导入方法以及遗传背景等方面的限制，目前使用最广泛的宿主菌仍是大肠杆菌和酿酒酵母。

1. 原核表达系统

原核表达系统就是将外源基因导入原核生物，在原核细胞中以发酵的方式快速、高效地合成基因产物。到目前为止，这是人类了解最深入、实际应用最为广泛的表达系统。同所有的生物一样，外源基因的表达包括两个主要过程：即 DNA 转录成 mRNA 和 mRNA 翻译成蛋白质。要成功地在原核生物中表达外源基因，必须满足一定的条件，包括选择适当的表达载体、外源基因不能含有内含子、外源基因与表达载体连接后必须形成正确的阅读框等。

在原核细胞中表达外源基因时，由于实验设计的不同，有三种表达形式，即融合型蛋白、非融合型蛋白和分泌型蛋白。不与细菌的任何蛋白或多肽融合在一起的表达蛋白称为非融合蛋白。非融合蛋白的优点在于它具有非常近似于生物体内的天然蛋白质的结构，因此其生物学功能也更接近于天然蛋白质。非融合蛋白的最大缺点是容易被细菌蛋白酶破坏。为了在原核生物中表达非融合蛋白，可将带有起始密码 ATG 的基因插入到原核启动子和 S-D 序列的下游，经转录翻译得到非融合蛋白。融合蛋白是指蛋白质的 N 末端是原核 DNA 序列或其他序列编码，C 端才是插入的外源 DNA 序列。这样的蛋白质是由一条原核多肽和其他有功能的多肽和目的蛋白质结合在一起，因此称为融合蛋白。含原核多肽的融合蛋白是避免细菌蛋白酶破坏的最好措施，而含另外一些多肽的融合蛋白则为表达产物的分离纯化提供了极大的方便。外源蛋白的分泌表达是通过将外源基因连接到编码原核蛋白信号肽的下游来实现的。常用的信号肽有碱性磷酸酯酶（phoA）信号肽、膜外周蛋白信号肽（OmpA）、霍乱弧菌毒素 B 亚单位（CTXB）等。外源基因连接在信号肽之后，可在胞质内有效地转录和翻译，翻译后的蛋白质进入细胞内膜和细胞外膜之间的周质时，被信号肽酶识别而切除信号肽。

2. 真核表达系统

在原核生物中表达真核基因产物，往往会因为翻译后加工过程的缺陷，导致产物失去原有的生物活性。因此人们构建了真核表达系统用于生产真核蛋白。酵母菌是研究基因表达调控最有效的单细胞真核生物，其基因组小，仅为大肠杆菌的 4 倍，生长繁殖迅速，容易培养，不产生有害物质，基因工程操作方便。与原核生物相似，表达产物能够糖基化，因而被认为是表达外源蛋白质，特别是真核蛋白质的最适表达系统。现已在酵母中成功建立了几种有分泌功能的表达系统，能将表达产物分泌到胞外。特别是一些在原核表达系统中表达不良的真核基因，能在酵母中良好表达。各种酵母中以酿酒酵母（Saccharomyces cerevisiae）和巴斯德毕赤酵母（Pichia pastoris）表达系统的研究和应用最为广泛。

为了方便，使用的酵母载体多为穿梭载体，这些载体都同时带有细菌和酵母的复制原点和选择标记，它们能分别在细菌和酵母中进行复制和表型选择。这是因为在大肠杆菌中制备质粒要比从酵母中容易得多，因此酵母质粒的加工和制备大部分都是在大肠杆菌中进行的，只在最后阶段才转入酵母中。

　　在克隆载体中插入酵母的启动子和终止子等调控序列，以及促进表达的其他序列元件，如上游激活序列后，即可构成酵母的表达载体。要保证外源蛋白的高效表达，mRNA 的 5′非翻译区即从 mRNA 的 5′帽子到起始密码子是至关重要的。因为基因的 5′端往往含有从载体上来的序列。mRNA 的 5′非翻译区必须满足下列条件，翻译才能有效地进行。①在起始密码子 AUG 的 5′端不能再出现 AUG 序列，因为酵母核糖体起始翻译通常从所遇到的第一个 AUG 开始；②不存在连续的 G 序列，如果在 mRNA 的 5′非翻译区引入连续的 G 序列，则大大影响翻译效率；③不存在能通过分子内碱基配对与 mRNA 的 5′非翻译区的其他序列或 mRNA 分子上的序列形成稳定的茎结构的序列，稳定的茎结构抑制翻译的效率。

　　在酿酒酵母中，只有分泌蛋白才能糖基化，因此需要糖基化后才有功能的蛋白必须以分泌型蛋白的形式表达。要使蛋白质分泌，只需在外源 DNA 的上游加上前导肽（leader peptide）的 DNA 序列即可。前导肽的作用是引导表达产物穿过膜，分泌到壁膜间隙。在酿酒酵母中表达分泌蛋白，要求前导肽的 C 端是 Lys—Arg，因为酵母的内切蛋白酶可以识别 Lys—Arg 位点并切除前导肽，得到正确的蛋白质分子。

　　巴斯德毕赤酵母也具有翻译后修饰功能，如信号肽加工、蛋白质折叠、二硫键形成和糖基化作用等，其糖基化位点与其他哺乳动物细胞相同，为 Asn—X—Ser/Thr，生成的糖链较短，一般只有 8~14 个甘露糖残基，核心寡聚糖链上无末端 α-1,3 甘露糖，抗原性较低，特别适合生产医药用重组蛋白质。

六、蛋白质工程育种

　　酶或蛋白质在医药、工业和环境保护中起着重要的作用，为了获得具有新功能的酶或蛋白质，可以通过寻找新的物种，再从中分离筛选新蛋白，或者通过对天然功能蛋白进行改造的方法实现。实际工作中，由于常对蛋白质的性质有特殊要求，天然蛋白难以满足要求，因此近年来在体外对蛋白质进行改造已成为医药和工业领域中获得新功能蛋白质的重要方法。这些方法也称为蛋白质工程。目前，根据实验的指导思想，可以把蛋白质工程的方法分为理性设计（定点突变、定向改造）和非理性的体外定向进化（随机化突变、定向筛选）两大类。

（一）定点突变技术

　　定点突变（Site-Directed Mutagenesis，SDM）是基于蛋白质工程的理论，以蛋白质结构和功能的计算机预测为基础，设计新蛋白质的氨基酸序列，应用重组 DNA 技术设计并构建具有新性质的蛋白质或酶的过程。这种方法称为理性设计方法，适用于三维结构已被解析的蛋白质，被视为第二代基因工程。定点突变现亦普遍用于菌种改良，这种方法是经深思熟虑，通过变动蛋白质一级结构而改变蛋白质的性质，如蛋白酶在高 pH 和高温条件下获得新的稳定性或底物专一性。利用定点突变技术对天然酶蛋白的催化性质、底物特异性和热稳定性等进行改造已有很多成功的实例，但定点突变技术只能对天然酶蛋白中少数的氨基酸残基进行替换，酶蛋白的高级结构基本维持不变，因而对酶功能的改造较为有限。随着人们对蛋白质的结构与功能认识的深入，近年来出现了融合蛋白和融合酶技术。这种技术常常可以利用蛋白质的结构允许某个结构域的插入与融合，运用 DNA 重组技术使不同基因或基因片段融合，经合适的表达系统表达后即可获得由不同功能蛋白拼合在一起而形成的新型多功能蛋白。目前，融合蛋白技术已被广泛应用于多功能工程酶的构建与研究中，并已显现出较高的理论及应用价值。

(二)定向进化技术

定向进化(Directed Evolution,DE)是近几年新兴的一种蛋白质改造策略,可以在尚不知道蛋白质的空间结构或者根据现有的蛋白质结构知识尚不能进行有效的定点突变时,借鉴实验室手段在体外模拟自然进化的过程(随机突变、重组和选择),使基因发生大量变异并定向选择出所需性质或功能的蛋白质。这类方法的共同特点是不需要了解目标蛋白的结构信息,依赖基因随机突变技术,建立突变体文库,辅以适当的高通筛选方案,可简便快速地实现对目标蛋白的定向进化。DE常采用的建立突变体文库的手段有以下几种。

1. 易错PCR

它是通过改变PCR的反应条件,增加DNA聚合酶在扩增时碱基错配的概率。该法是一种相对简单、快速、廉价的随机突变方法。和正常的PCR相比,易错PCR(error-prone PCR)一般改变以下条件来增加错配概率。

①降低一种dNTP的量(降至5%～10%),以dITP来代替被减少的dNTP等,使碱基在一定程度上随机错配而引入多点突变。

②使用错配概率较高的DNA聚合酶。已知的DNA聚合酶中,Taq DNA聚合酶的错配概率最高。

③增加Mg^{2+}的浓度,以稳定非互补的碱基配对。

④加入0.5mmol/L的Mn^{2+},以降低聚合酶对模板的特异性。

2. DNA随机重组

DNA随机重组(DNA shuffling)又称DNA改组、DNA洗牌是一种反复突变、重组的过程,它是将一组紧密相关的核酸序列随机片段化,这些片段通过自配对PCR或重组装PCR延伸,最后组装成一个完整的全长核酸序列。在此过程中即引入了突变并进行了重组,这样通过核酸序列的迅速进化,就可提高核酸序列或其编码的蛋白质功能。其原理如图2-5所示,主要包括以下步骤。

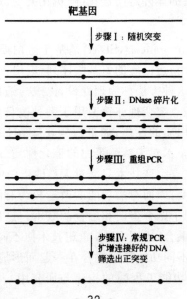

靶基因

步骤Ⅰ:随机突变

步骤Ⅱ:DNase碎片化

步骤Ⅲ:重组PCR

步骤Ⅳ:常规PCR
扩增连接好的DNA
筛选出正突变

图 2-5 DNA 随机重组原理

（1）目的 DNA 片段的获得

目的基因既可以是单一基因或相关基因家族，也可以是多个基因、一个操纵子、质粒甚至整个基因组。

（2）随机片段化

目的片段在 DNase I 的作用下随机消化。随机片段的大小视整个目的 DNA 的长度而定，常常是 50～100bp，也可以更小。而且随机片段大小与重组频率、突变频率密切相关。片段越小，则突变、重组频率越高。通过控制 DNase I 的用量、作用时间，可以控制随机片段的大小。

（3）重组装 PCR/无引物 PCR

不添加引物，进行 PCR 反应。由于没有额外添加引物，在变性、退火过程中，根据不严格的序列同源性，小片段间就会随机地进行配对、缓慢延伸，经过多轮循环，产生一系列不同大小分子组成的混合物，最终逐渐组装成全长的目的 DNA 片段。在这个过程中，由于配对的不精确性，就会引入突变及重组。并且其突变形式多样，可以包括点突变、缺失、插入、颠倒、整合等自然界广泛存在的多种类型，其中后几种类型突变在常规突变技术中是无法引入的。突变频率可以通过控制缓冲溶液的组成、DNA 随机片段的大小、DNA 聚合酶的选择（Taq、Pfu、Pwo 等）来控制，常常可以控制在 0.05%～0.7%之间。另外，由于任何同源短序列间都可以配对，因此其重组是一种随机的、非位点特异性的，配对形式也是一种群体式而非两两配对。而且重组对同源性要求不高，通过合成不同的寡核苷酸片段，可以对同一基因的不同部分同时进行盒式插入替换。在常规 PCR 中，突变是人们需要尽量避免的，而在这里，突变则被人为地加以利用。常规 PCR 中总是引物、模板间的两两配对（pairwise），而这里则是众多小片段间的群体性配对（poolwise），并且还产生了类似于自然条件下的不同谱系间的重组，正是基于此，Smith G P 称其为有性 PCR。

（4）筛选或选择

添加引物，进行常规 PCR 得到全长 DNA 片段，将其插入合适的表达载体，转化宿主进行表达，通过选择压力的设置、模型的建立进行定向选择或筛选得到目的功能有所提高的突变体。此突变体又可作为下一轮重排的出发点，继续进行定向改造。通过多轮选择、筛选，可以将阳性突变迅速组合在一起，将有害突变去除，并且在每一轮重排的最后，如果用大量过剩的野生型或起始序列去回交，通过选择、筛选可以将中性突变也区分出来，这对于结构与功能的研究将提供十分有用的信息。

七、代谢工程育种

近期基于代谢工程的基因工程是非常重要的菌种改良手段。一般多基因的基因工程与细胞的基因调控、代谢调控和生化工程密切有关。可以通过改变代谢流和代谢途径来提高发酵产品的产量、改善生产过程、构建新的代谢途径和产生新的代谢产物。

（一）改变代谢途径

改变代谢途径是指改变分支代谢途径的流向，阻断其他代谢产物的合成，以达到提高目标产物产量的目的。改变代谢途径有各种方法,如加速限速反应、改变分支代谢途径流向、构建代谢旁路、改变能量代谢途径等。

一个例子是谷氨酸棒杆菌(Corynebacterium glutamicum),通过代谢途径分析,采用代谢工程改变代谢流,从而提高了 L-赖氨酸的产量。天冬氨酸族氨基酸生物合成途径涉及 L-赖氨酸、L-苏氨酸、L-异亮氨酸和 L-甲硫氨酸等 4 个氨基酸中 7 种生物合成酶,在各引入相应基因的受体菌中,质粒编码的基因使酶活力过量表达均超过无质粒菌株的 6 倍以上。但大多数基因的过量表达并未促进 L-赖氨酸的积累,其中编码二氨基庚二酸脱氢酶的基因(ddh)的引入甚至还降低了赖氨酸的积累。只有编码(顺氯氨铂)DDP 的 dapA 基因的引入使 DDP 过量表达,才明显有利于赖氨酸的积累。DDP 位于代谢途径中天冬氨酸半醛向赖氨酸合成或向苏氨酸合成的分支点上,它与由 hom 基因控制的高丝氨酸脱氢酶(Homoserine Dehydrogenase,HD)竞争其同一底物天冬氨酸-β-半醛。由于 dapA 基因得到增强,向赖氨酸的通量得以增加,而朝向苏氨酸的通量则被削弱。该研究通过除去一个瓶颈,简单地修改了一条代谢途径,增加了相关酶的活力,提高了产物的产量。

(二)扩展代谢途径

扩展代谢途径是指在引入外源基因后,使原来的代谢途径向后延伸,产生新的末端产物。或使原来的代谢途径向前延伸,可以利用新的原料合成代谢产物。

(三)转移或构建新的代谢途径

转移或构建新的代谢途径,是指将催化一系列生化反应的多个酶基因克隆到不能产生某种代谢产物的微生物中,使之获得产生新化合物的能力;或者克隆少数基因,使细胞中原来无关的两条代谢途径连接起来,形成新的代谢途径,产生新的代谢产物;或将催化某一代谢途径的基因组克隆到另一微生物中,使之发生代谢转移,产生目的产物。

八、组合生物合成育种

在进行新药研制的过程中,传统的方法是从大量的化学资源中筛选出有望成为新药的先导化合物,其成功的可能性很低,但是潜在的花费却很高。据估计,10000 个化合物仅有一个可能成为新的药物,从发现到上市总共需要 12 年的时间,要花费约 3.5 亿美元。为提高效率,人们开始引入组合化学的方法,即通过合成化合物库进行高效率的筛选。这种技术打破了传统合成化学的观念,不再以单个化合物为目标逐个地进行合成,而是一次性同步合成成千上万结构不同的分子即组合库,然后进行生物活性测定和化合物结构鉴定。一般来说,产物越多样,库中就越有可能存在新的和有用的化合物。组合方法大大地提高了筛选通量和效率。

虽然组合化学只是最近才加入到合成化学的领域中,但是相似的过程在自然界已经存在了几百万年。自然界通过不同的酶来催化大量的反应,从而合成非平行的结构复杂的生物分子。这些反应通常利用低分子量的合成子,相当于在药物发现中的先导化合物。这些反应的产物具有不同的重要功能,这样反过来又决定了细胞的特性。在进化的过程中,DNA 会自发突变而表达出变异的酶,它会催化合成新的前体物或按不同的方式催化合成现有的前体物,以致产生新的有机生物分子。如果这些新的生物分子对细胞的生存有利,那么产生这些生物分子的酶途径就会被保存下来。通过这种过程产生了许多不同的天然产物,其中有许多重要的医药和农用化合物。

但是,自然状态下创造新的有机分子所必需的进化时间太长,不能适宜于药物发现的研究。组合生物催化就是要加速这个自然模式,并且将其运用于发现并优化医药和农用化合物中。如图 2-6 所示,这种方法能够利用天然催化剂(酶或完整细胞)丰富的多样性,以及一些生长迅速的重组工程酶,对一些有希望的药物和农用化合物的先导物直接进行衍生化,然后可以从溶液中产生的衍生物库中,筛选所需的生理活性或者适合于临床的药物或农用化合物。

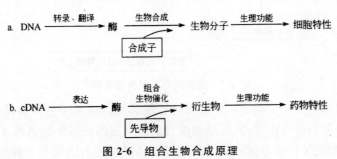

图 2-6　组合生物合成原理

用组合化学的眼光看,生物催化提供了一种广谱的合成可能。当用于修饰和优化现有的先导结构的时候,生物催化反应比化学合成反应具有许多明显的优点。

①广泛的反应可能性。

②高区域选择性和立体选择性,能进行位控修饰。

③单步反应,避免了保护和脱保护步骤。

④自动方便,在温和均匀的条件下,反复进行单步反应。

⑤反应条件温和,适宜于复杂、不稳定的分子。

⑥活性高,这样催化剂的浓度低。

⑦酶催化剂固定化后可以循环利用。

⑧酶能被环境完全降解。

酶能够高效、高产率、低副产物地催化反应。酶反应也是高选择性的,如果要改变一个先导分子的某些结构性质而保留其他结构的性质,高选择性就显得特别重要。酶反应的高度区域专一性使得具有多个相同官能团的先导分子也能够进行专一性的组合变化。而且高选择性避免了对分子中其他反应性官能团的保护和脱保护,降低了反应的复杂性,并提高了转化的总产率。组合生物催化的诸多优点使得许多反应利用简单、廉价的设备即可方便地进行自动化。

九、反向生物工程育种

经典的代谢工程主要是确定代谢途径中的限速步骤,通过关键酶的过量表达来解决限速瓶颈,常被称为推理性代谢工程(constructive metabolic engineering)。虽然其在众多领域中已取得了成功,但很多时候这种直接基因改造结果与人们的想象相差甚远。特别是对于复杂代谢网络而言,由于对其缺乏透彻了解,代谢改造缺乏理论依据。20 世纪 90 年代兴起的反向代谢工程(inverse metabolic engineering)则从另一角度进行代谢设计,从而避免了对复杂代谢网络的充分认识过程。

反向代谢工程针对限制生物活性的主要因素,在相关生物种类识别希望的表型,确定该表型的决定基因,通过重组 DNA 技术将该基因在需改造的生物中克隆表达。

反向代谢工程的典型策略如图 2-7 所示。首先,在异源生物或相关模型系统中确定、推理或计算所希望的表型;然后确定导致这一表型的遗传基因或特定的环境因子;最后,通过遗传改造或环境改造使这一表型在特定生物中表达。

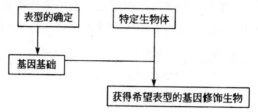

图 2-7 反向代谢工程典型策略

反向代谢工程的关键在于确定希望表型的遗传基础。这对于依赖多基因的表型来说,是非常困难的。随着关于微生物遗传、环境刺激与表型反应的数据库的积累,以及标准微生物系统遗传、生理和生物化学特性方面的深入研究将使基因和表型之间相关性分析变得越来越容易。可以说,一旦将基因和代谢的表型建立起——对应关系,按照人类意志构建和组装理想生物将指日可待,反向代谢工程在将来的应用将更加自如。蛋白质工程的兴起,使代谢工程仅仅利用天然存在的基因克隆这一局限将被打破。通过对正常蛋白质的结构和功能的认识,构建变体蛋白以实现新的功能。从而解除原有细胞代谢的很多限制因素(如酶活性低、与底物亲和力不够、受调节物抑制等)。这种逆向思维已经远远超出了反向代谢工程创立之初的设想,并将成为代谢工程研究的主流方向。

第三节 菌种的保藏

一、菌种保藏的原理

菌种保藏主要是根据菌种的生理、生化特性,人工创造条件使菌体的代谢活动处于休眠状态。保藏时,利用菌种的休眠体(孢子、芽孢等),或创造最有利于微生物休眠状态的环境条件,如低温、干燥、隔绝空气或氧气、缺乏营养物质等,使菌体的代谢活性处于最低状态,同时也应考虑到方法经济、简便。

由于微生物种类繁多,代谢特点各异,对各种外界环境因素的适应能力不一致,一个菌种选用何种方法保藏较好,要根据具体情况而定。

二、菌种保藏方法

(一)斜面低温保藏法

斜面低温保藏法是利用低温(4℃)降低菌种的新陈代谢,使菌种的特性在短时期内保持不变,即将新鲜斜面上长好的菌体或孢子,置于 4℃冰箱中保存。一般的菌种均可用此方法保存 1~3 个月。保存期间要注意冰箱的温度,不可波动太大,不能在 0℃以下保存,否则培养基会结冰脱水,造成菌种性能衰退或死亡。

影响斜面保存时间的突出问题是培养基水分蒸发而收缩,使培养基成分浓度增大,更主要的是培养基表面收缩造成板结,对菌种造成机械损伤而使菌种致死。为了克服斜面培养基水分的蒸发,用橡皮塞代替棉塞有较好的效果,也可克服棉塞受潮而长霉污染的缺点。有人将 2 株枯草芽孢杆菌、1 株大肠杆菌和 1 株金黄色葡萄球菌,分别接种在 18mm×180mm 试管斜面上,当培养成熟后将试管口用喷灯火焰熔封,置于 4℃ 冰箱中保存了 12 年后,启封移种检查,结果除 1 株金黄色葡萄球菌已死亡,其余 3 株仍生长良好,这说明对某些菌种采用这种保藏方法,可以保存较长的时间。

(二)液体石蜡封存保藏法

在斜面菌种上加入灭菌后的液体石蜡,用量高出斜面 1cm,使菌种与空气隔绝,试管直立,置于 4℃ 冰箱保存。保存期约 1 年。此法适用于不能以石蜡为碳源的菌种。液体石蜡采用蒸汽灭菌。

(三)固体曲保藏法

这是根据我国传统制曲原理加以改进的一种方法,适用于产孢子的真菌。该法采用麸皮、大米、小米或麦粒等天然农产品为产孢子培养基,使菌种产生大量的休眠体(孢子)后加以保存。该法的要点是控制适当的水分。例如,在采用大米保藏孢子时,先使大米充分吸水膨胀,然后倒入搪瓷盘内蒸 15min(使大米粒仍保持分散状态)。蒸毕,取出搓散团块,稍冷,分装于茄形瓶内,蒸汽灭菌 30min,最后抽查含水量,合格后备用。将要保存的菌种制成孢子悬浮液,取适量加入已灭菌的大米培养基中,敲散拌匀,铺成斜面状,在一定温度下培养,在培养过程中要注意翻动。待孢子成熟后,取出置冰箱保存,或抽真空至水分含量在 10% 以下,放在盛有干燥剂的密封容器中低温或室温保存。保存期为 1~3 年。

(四)砂土管保藏法

砂土管保藏法是用人工方法模拟自然环境使菌种得以栖息,适用于产孢子的放线菌、霉菌以及产芽孢的细菌。砂土是砂和土的混合物,砂和土的比例一般为 3∶2 或 1∶1。将黄砂和泥土分别洗净,过筛,按比例混合后装入小试管内,装料高度约为 1cm,经间歇灭菌 2~3 次。灭菌烘干,并做无菌检查后备用。将要保存的斜面菌种刮下,直接与砂土混合;或用无菌水洗下孢子,制成悬浮液,再与砂土混合。混合后的砂土管放在盛有五氧化二磷或无水氯化钙的干燥器中,用真空泵抽气干燥后,放在干燥低温环境下保存。此法保存期可达 1 年以上。

(五)真空冷冻干燥保藏法

此法的原理是在低温下迅速地将细胞冻结以保持细胞结构的完整,然后在真空下使水分升华。这样菌种的生长和代谢活动处于极低水平,不易发生变异或死亡,因而能长期保存,一般为 5~10 年。此法适用于各种微生物,具体的做法是将菌种制成悬浮液,与保护剂(一般为脱脂牛乳或血清等)混合,放在安瓿内,用低温酒精或干冰(−15℃ 以下)使之速冻,在低温下用真空泵抽干,最后将安瓿真空熔封,低温保存备用。

(六)液氮超低温保藏法

微生物在 −130℃ 以下,新陈代谢活动停止,这种环境下可永久性保存微生物菌种。液氮的温度可达 −196℃,用液氮保存微生物菌种已获得满意的结果。液氮超低温保藏法简便易行,关键是要有液氮罐、低温冰箱等设备。该方法要点是:将要保存的菌种(菌液或长有菌体的琼脂块)置于10％甘油或二甲基亚砜保护剂中,密封于安瓿内(安瓿的玻璃要能承受很大温差而不致破裂),先将菌液降至0℃,再以每分钟降低1℃的速度,一直降至-35℃,然后将安瓿放入液氮罐中保存。

各种保藏方法的特点见表2-2。

表2-2　常用菌种保藏方法的比较

方法	主要措施	适宜菌种	保藏期	评价
冰箱保藏法(斜面)	低温(4℃)	各大类	1～6个月	简便
冰箱保藏法(半固体)	低温(4℃),避氧	细菌、酵母菌	6～12个月	简便
石蜡油封藏法①	低温(4℃),阻氧	各大类②	1～2年	简便
甘油悬液保藏法	低温(-70℃),保护剂(15％～50％甘油)	细菌、酵母菌	约10年	较简便
砂土管保藏法	干燥,无营养	产孢子的微生物	1～10年	简便有效
真空冷冻干燥保藏法	干燥、低温、无氧,有保护剂	各大类	5～15年	繁而高效
液氮保藏法	超低温(-196℃),有保护剂	各大类	>15年	繁而高效

注:①用斜面或半固体穿刺培养物均可,一般置于4℃以下。
　　②对于可利用石油作碳源的微生物不适宜。

三、菌种保藏的注意事项

1. 菌种在保藏前所处的状态

绝大多数微生物的菌种均保藏其休眠体,如孢子或芽孢。保藏用的孢子或芽孢等要采用新鲜斜面上生长丰满的培养物。菌种斜面的培养时间和培养温度影响其保藏质量。培养时间过短,保存时容易死亡;培养时间长,生产性能衰退。一般以稍低于最适生长温度下培养至孢子成熟的菌种进行保存,效果较好。

2. 菌种保藏所用的基质

斜面低温保藏所用的培养基,碳源比例应少些,营养成分贫乏些较好,否则易产生酸,或使代谢活动增强,影响保藏时间。砂土管保藏需将砂和土充分洗净,以防其中含有过多的有机物,影响菌的代谢或经灭菌后产生一些有毒的物质。冷冻干燥所用的保护剂,有不少经过加热就会分解或变性的物质,如还原糖和脱脂乳,过度加热往往形成有毒物质,灭菌时应特别注意。

3. 操作过程对细胞结构的损害

冷冻干燥时,冻结速度缓慢易导致细胞内形成较大的冰晶,对细胞结构造成机械损伤。真空干燥程度也将影响细胞结构,加入保护剂就是为了尽量减轻冷冻干燥所引起的对细胞结构的破坏。细胞结构的损伤不仅使菌种保藏的死亡率增加,而且容易导致菌种变异,造成菌种性能衰退。

第三章 工业发酵培养基

第一节 发酵培养基的基本要求

发酵工业培养基是提供微生物生长繁殖和生物合成各种代谢产物所需要的,按一定比例配制而成的多种营养物质的混合物。

尽管不同微生物、合成不同发酵产物所需要的营养条件有所不同,但无论哪一种培养基,都应满足微生物生长、繁殖和发酵方面所需要的各种营养物质,如所有的微生物都需要碳源、氮源、无机盐、水及生长调节物质五大类物质。按照培养基组成物质的纯度,可以将培养基分为合成培养基、天然培养基和复合培养基。前者所用原料化学成分明确、稳定,主要适合于实验室等小型规模研究。但合成培养基存在营养单一、价格较高等缺点,不适用于大规模发酵工业生产,因而发酵培养基普遍使用天然培养基。

一般来说,设计适宜在工业化大规模发酵的培养基应遵循原则:

①营养物质的组成比较丰富、浓度恰当,能满足菌种生长繁殖需求,并且更重要的是能显示出产物合成的潜力。

②在一定条件下,所采用的各种成分(生产上称为原材料),彼此之间不能产生化学反应,理化性质相对稳定。

③黏度适中,具有适当的渗透压。

④要考虑所选用的原材料的品种和浓度与代谢产物合成过程中的调节关系,有利于主要产物的生物合成并能维持较长时间的最高生产效率,并将不需要产物的合成速率降至最低。

⑤生产过程中,既不影响通气与搅拌的效果,又有利于产物的分离精制,并尽可能减少"三废"物质产生。

⑥大生产中选用的原材料尽量做到因地制宜、质优价廉、成本低。

第二节 发酵培养基的成分

培养基是指利用人工方法配制的供微生物、植物和动物细胞生长繁殖或积累代谢产物的各种营养物质的混合物。培养基主要用于微生物等的分离、培养、鉴定以及菌种保藏等方面。培养基通常都含有微生物生长繁殖所必需的碳源、氮源、能源、无机盐、生长因子和水等营养成分。发酵中使用的培养基,有的还含有某些前体、产物促进剂和抑制剂等。

一、碳源营养

碳在细胞的干物质中约占50%,所以微生物对碳的需求最大。凡是作为微生物细胞结构或代谢产物中碳架来源的营养物质,都称为碳源。

作为微生物营养的碳源物质种类很多,从简单的无机物(CO_2、碳酸盐)到复杂的有机含碳化合物(糖、糖的衍生物、脂类、醇类、有机酸、芳香化合物及各种含碳化合物等)都可作为碳源。根据碳素的来源不同,可将碳源物质分为无机碳源物质和有机碳源物质两类。发酵中使用的碳源物质通常是各种有机碳源物质。

1. 葡萄糖

大多数微生物是异养型,以有机化合物为碳源。在其碳源谱中,糖类物质一般是最好的碳源。在糖类碳源中,葡萄糖可以说是最容易利用的了。几乎所有的微生物都能够利用葡萄糖。在目前常用的培养基配方中,大部分都把葡萄糖作为碳源。但是,培养基中含有过多的初始葡萄糖反而会抑制微生物的生长,引起所谓的葡萄糖效应。这主要是由于葡萄糖的分解代谢阻遏造成。另外,过多的葡萄糖使菌体初始生长速率过快,引起培养基中溶解氧的快速下降,造成发酵中期溶氧不足,这对很多发酵也是不利的。在发酵生产上可以用流加发酵法或者连续发酵法来解决这一问题。

2. 其他糖类

除葡萄糖外,糖类中其他单糖(如果糖)也是很好的碳源。其次是双糖(如蔗糖、麦芽糖、乳糖)和多糖(如淀粉和纤维素),再次是有机酸、醇类、烃类等。在发酵工业中,考虑到成本问题,实际上常常采用一些虽然利用效果不是最好,但是价格很便宜的原料作为碳源,如淀粉、糊精等。淀粉和糊精非常容易得到,如玉米粉、小麦粉、甘薯粉、土豆粉等等,但是很多微生物不能直接分解利用它们,所以在发酵前要先进行糖化,把淀粉转化成水溶性的糖类供发酵菌种利用。淀粉在发酵工业中被普遍采用,还在于它不会引起葡萄糖效应。

3. 糖蜜

另一种在发酵中被普遍使用的碳源是糖蜜(molasses)。糖蜜是制糖工业的下脚料。将提纯的甘蔗汁或甜菜汁熬成带有结晶的糖膏,用离心机分出结晶糖后,所余母液,叫"蜜糖"。蜜糖尚含多量蔗糖,可按上法连续熬煮并分离数次,最后得到一种母液,无法再熬煮结晶,即为糖蜜。过去,糖蜜都是作为制糖工业的废液处理的。现在,发酵工业把它当成一种营养丰富的碳源使用。糖蜜中含有丰富的糖类物质、含氮物质、无机盐和维生素。糖蜜的品质因不同产地、不同产区土质、不同气候、不同原料品种、不同收获季节、不同制糖方法与工艺条件而有很大差异,因此不同糖蜜的含糖量、蛋白质含量及灰分等是不同的。但一般来说,糖蜜中总糖含量一般为 45%～50%,水分含量 18%～36%,粗蛋白质 2.5%～8%,粗灰分 4%～12.5%,pH=5～7.5,颜色从黄色、棕黄色至暗褐色,略带甜味及糖香,有的带硫磺或焦糖味。在发酵工业上我们要注意原料的这种区别。糖蜜常用在氨基酸、抗生素、酒精等发酵工业上。

麦芽糖也是一种常用碳源。麦芽糖是两分子葡萄糖以 α-糖苷键缩合而成的双糖,是饴糖的主要成分。在自然界中,麦芽糖主要存在于发芽的谷粒,特别是麦芽中,因此得名。麦芽糖主要应用在啤酒工业上。

4. 酯类

某些微生物也可以利用长链脂肪酸(如各种动物油和植物油)作为碳源生长,如解脂酵母类。在这些微生物发酵时,我们就可以供给油和脂肪类物质作为碳源,如各种菜油、豆油、棉子油、葵花子油、猪油、鱼油等。应当注意的是,油脂原料是不溶于水的,因此发酵液要设法成为乳状液,发酵罐的结构也要作一定改造,以利于乳化。微生物在利用脂肪酸做碳源时,要进行 β-氧化,这要比氧化糖类物质的 EMP 和 TCA 途径花费更多的能量,因此供氧必须保证,否则将会因氧化不彻底大量累积有机酸中间代谢物,导致发酵液 pH 下降,影响发酵的正常进行。

发酵工业有时也利用有机酸、醇类作为碳源,如可以将甲醇作为底物生产单细胞蛋白(single cell protein,SCP)。但要注意有机酸的利用常会引起环境 pH 的改变,在发酵过程中要及时调节。

5. 烃类

近年来,随着发酵工业的迅速发展和世界粮食危机问题的日益严重,发酵工业逐渐面临着原料供应不足的问题,开发新的发酵原料迫在眉睫。能分解利用烃类物质的石油微生物在发酵工业中的应用,正在成为解决这一问题的有效途径。石油微生物分布很广,种类繁多,能够分解利用石油的几乎所有组分,并且,这种利用过程是在常温常压下进行的,而不像石油工业的高温高压条件。以烃代粮在国际上已经成为一种趋势。石油微生物的开发利用,不仅能解决发酵工业原料的问题,更能反过来利用发酵工业生产粮食替代品,不失为从根本上解决粮食危机的一条很有希望的道路。

总的来说,发酵工业中应用的碳源范围很广,又因不同的微生物而有所不同。在生产实践中,我们要根据不同的菌种和不同的工艺设备要求选择最佳的碳源。很多碳源的营养其实是很复杂(甚至是不稳定的),使用时既要注意充分发挥其中各种营养成分的功能,不降格使用原料;又要注意其营养成分在不同批次,不同储藏时间等的变化,避免使发酵过程发生不必要的波动。

二、氮源营养

氮元素是微生物细胞蛋白和核酸的主要成分,对微生物的生长发育有特别重要的意义。微生物利用氮元素在细胞内合成氨基酸和碱基,进而合成蛋白质、核酸等细胞成分,以及含氮的代谢产物。无机的氮源物质一般不提供能量,只有极少数的化能自养型细菌如硝化细菌可利用铵态氮和硝态氮作为氮源和能源。

同碳源谱一样,从总体上看,发酵工业上应用的氮源物质范围也是非常广的。除极少数具有固氮能力的微生物(如自生固氮菌、根瘤菌)能利用大气中的氮以外,微生物的氮源都来自自然界中的无机氮或有机氮物质,因此我们可以将氮源分为无机氮源和有机氮源两种,两者在发酵中都有应用。

1. 无机氮源

常见的无机氮源主要包括氨水、铵盐、硝酸盐、亚硝酸盐等。无机氮源的利用速度一般比有机氮源快,因此无机氮源又被称作速效氮源。某些无机氮源由于微生物分解和选择性吸收的原因,其利用会逐渐造成环境 pH 的变化。例如:

$$(NH_4)_2SO_4 \rightarrow 2NH_3 + H_2SO_4$$
$$NaNO_3 + 8[H] \rightarrow NH_3 + 2H_2O + NaOH$$

在第一个反应中,反应产生的 NH_3 被微生物选择性的吸收,环境培养基中就留下了 H_2SO_4,这样培养基就会逐渐变酸;在第二个反应中,同样 NH_3 被微生物选择吸收后,在环境中留下了 NaOH,这样培养基就会逐渐变碱。像前者这样经微生物代谢后形成酸性物质的无机氮源称为生理酸性物质;而像后者这样经微生物代谢后形成碱性物质的无机氮源称为生理碱性物质。合理使用生理酸性物质和生理碱性物质是微生物发酵过程中培养基 pH 调节的一种有效手段。氨水是一种发酵工业上普遍使用的无机氮源。氨水是氨溶于水得到的水溶液,为无色透明的液体,具有特殊的强烈刺激性臭味,在发酵工业中是一种能被快速利用的氮源,在氨基酸、抗生素等发酵工业中被广泛采用。氨水同时可以用作发酵过程中的 pH 调节。在发酵中后期利用氨水来调节 pH 往往比用 NaOH 等强碱效果要好,因为其可以兼作氮源,具有促进产物合成的作用(在一些产物含氮量比较高的发酵中尤其明显,如红霉素发酵)。另外,氨水虽然有一定的碱性,但是并不表示其中没有微生物的生存,事实上,氨水中确实生存着一些嗜碱性的微生物,如嗜碱链霉菌(Streptomyces thremoviolaceus)。因此,在使用前应以适当的方法(如过滤)除去其中的微生物,避免引起发酵液的污染。

无机氮源虽然价格便宜、利用迅速,但是并非所有的微生物都能利用这类简单氮源。微生物学上所谓的"氨基酸异养型微生物"不能利用简单氮源自行合成生长必须的氨基酸,必须由外界提供现成的氨基酸。这类微生物进行发酵时,必须提供适当的有机氮源。

2. 有机氮源

有机氮源是另一大类发酵氮源,主要是各种成分复杂的工农业下脚料,种类非常多,如各种豆粉、玉米粉、棉子饼粉、花生饼粉、各种蛋白粉、鱼粉、蚕蛹粉、某些发酵的废菌丝体粉、酿酒工业的酒糟以及实验室常用的牛肉膏、蛋白胨等等。

总的来说,微生物在有机氮源培养基上生长要比在无机氮源培养基上旺盛,这主要是由于有机氮源的成分一般比较复杂,营养也较无机氮源丰富。有机氮源中除含有一定比例的蛋白质、多肽及游离氨基酸以外,还含有少量的糖类、脂类以及各种无机盐、维生素、碱基等。由于微生物可以直接从培养基中获得这些营养成分,所以微生物在有机氮源上的生长一般较好,更有一些微生物必须依赖有机氮源提供的营养才能生长。

(1)玉米浆

玉米浆是一种常用的有机氮源。玉米浆是以玉米制淀粉或制糖中的玉米浸泡水制得的。玉米在浸渍过程中,由于使用了一定量和浓度的亚硫酸(0.1%~0.2%),使种皮成为半透性膜,一些可溶性蛋白,生物素、无机盐和糖进入到浸渍水中,因而玉米浆含有丰富的营养物。玉米浆中含有丰富的氨基酸(表 3-1)、无机盐和生长因子,广泛使用在抗生素发酵上。近年来,玉米浆也逐渐被应用在发酵工业的其他领域,如 L-乳酸的发酵。玉米浆中一般含有 10% 左右的乳酸,故其呈酸性,pH 在 4 左右,使用时要注意。另外玉米浆的原料来源比较广泛、制法也比较多样,因此其具体成分比例在不同发酵批次间可能会有一定波动。

表 3-1　玉米浆中各种氨基酸的含量

氨基酸	含量/(mg/100mg)	氨基酸	含量/(mg/100mg)
天门冬氨酸	2.95	异亮氨酸	1.07
苏氨酸	1.67	亮氨酸	2.97
丝氨酸	1.71	酪氨酸	1.19
谷氨酸	5.35	苯丙氨酸	1.00
甘氨酸	2.88	氨酸	1.61
丙氨酸	2.86	组氨酸	1.34
半胱氨酸	0.39	精氨酸	2.62
缬氨酸	2.15	色氨酸	0.15
蛋氨酸	0.84	脯氨酸	2.92
		合计	36.20

(2)尿素

尿素($CO(NH_2)_2$,即脲)也是一种常用的有机氮源。尿素作为氮源使用要注意以下几点:一是尿素是生理中性氮源;二是尿素含氮量比较高(46%);三是微生物必须能分泌脲酶才能分解尿素。另外,相比于玉米浆,尿素的营养成分就简单得多,这一方面有利于对发酵过程的控制,但另一方面又使培养基的营养不够丰富,影响微生物的生长。尿素目前广泛应用于抗生素和氨基酸的发酵生产,尤其是谷氨酸生产。

3. 蛋白胨

蛋白胨是外观呈淡黄色的粉剂,具有某种类似肉香的特殊气味,其相对分子质量平均约2000左右。蛋白胨由于其原料来源及水解工艺的不同,使成品中各种成分及其含量千差万别(如胰蛋白胨和大豆蛋白胨的成分就差别很大)。不同厂家生产的蛋白胨其成分有一定区别,在实验时最好一直使用一个牌子的产品。蛋白胨是实验室微生物培养基的主要有机氮源。

酵母膏在实验室有时也被当成一种有机氮源,但更多的时候是被作为生长因子供体使用,将在下文阐述。

三、无机盐及微量元素

无机盐和微量元素是指除碳、氮元素外其他各种重要元素及其供体。其中凡微生物生长所需浓度在 $10^{-4}\sim10^{-3}$ mol/L 范围内的元素,可称之为大量元素,主要是 P、S、K、Mg、Ca、Na 和 Fe 等;凡微生物生长所需浓度在 $10^{-8}\sim10^{-6}$ mol/L 范围内的元素,可称之为微量元素,主要是 Cu、Zn、Mn、Mo 和 Co 等。这只是一个大致的划分,不同的微生物还是存在一定的差别。无机盐的用量虽然不如碳、氮源的用量大,但是对于微生物却有及其重要的生理作用,如构成菌体成分,作为酶的组成部分或其激活剂、抑制剂,调节渗透压、菌体内部 pH 以及氧化还原电位等等。一般配制培养基时大量元素常以盐的形式加入,如硫酸盐、磷酸盐、氯化物等;微量元素由于需求量很小,一般在培养基的某些成分中已经足够(如玉米浆等有机氮源),所以一般不需要单独加入。但某些特殊的情况下还是要单独加入的,一是配制完全由化学物质构成的培养基时,此时一般采用配制高倍贮液的方法;二是在某些特殊的发酵工业中,如维生素 B_{12} 发酵,由于维生素 B_{12} 中含有钴,所以在培养基中一般要加入氯化钴以补充钴元素的含量,提高产量。无机盐尤其是微量元素在低浓度时对微生物的生长和产物合成一般有促进作用,但在高浓度时常表现为明显的抑制作用,有时甚至是毒性作用。

1. 磷元素

磷酸盐是培养基中磷元素的主要供体,但细胞内一般没有游离态的磷酸基团(PO_4^{3-}),而是多以酯键与各种细胞组分相连接。磷在细胞内具有重要作用。首先,磷是细胞膜的重要组分(磷脂);其次,磷具有活化糖类分子的作用(如葡萄糖在进入 EMP 途径前要先活化成 6-P-G),磷的这种对糖代谢的促进作用还表现在很多方面(如酶活性调节中的共价修饰调节作用,以及多个磷酸基团自我桥接成多聚体,如焦磷酸、多聚磷酸等在某些生物代谢途径中发挥调节作用)。一般培养基中磷元素充足会促进微生物的生长;第三,磷酸在核苷酸之间起桥接作用,没有磷酸就不会有 DNA 等生命大分子的存在;第四,磷是细胞内的通用能量载体三磷酸腺苷(ATP)的组成成分。

工业生产上常用的磷酸盐有 $K_3PO_4 \cdot 3H_2O$、K_3PO_4、$Na_2HPO_4 \cdot 12H_2O$、$NaH_2PO_4 \cdot 2H_2O$ 等,有时也用磷酸,但要先用 NaOH 或 KOH 中和后再加入。另外要注意很多有机氮源中含有一定的磷元素,在配制发酵培养基时要予以考虑。

在决定发酵培养基中磷元素含量时一定要注意所谓的"磷酸盐调节"现象。磷酸盐调节是指培养基中高浓度的磷酸盐抑制微生物次级代谢的现象。如前所述,培养基中的磷元素含量较高一般会促进菌体的生长,也就是说,会促进微生物的初级代谢,但是另一方面也会抑制很多次级代谢途径。这就要求很多以某种次级代谢产物为最终发酵产品的发酵工业必须控制发酵液中的磷元素水平在一个合适的范围内。这在很多抗生素发酵和氨基酸发酵中体现明显。磷酸盐对一种氨基糖苷类广谱抗生素西索米星发酵过程的影响结果见图 3-1。

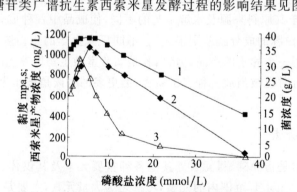

图 3-1　磷酸盐浓度对西索米星产生菌发酵能力的影响

1—菌浓度;2—黏度;3—产物浓度

2. 硫元素

硫元素是另一种非常重要的无机元素。发酵生产中硫元素的供体一般是硫酸盐,如 $MgSO_4$,而还原态的硫化物,如 H_2S、FeS 等对大多数发酵用微生物是有毒的,不能作为硫源。很多有机碳源和氮源一般也含有一定量的硫。硫元素在细胞内部主要以二硫键(—S—S—)形式存在于某些含硫氨基酸(如半胱氨酸、甲硫氨酸等)及由其构成的多肽及蛋白质中,也存在于一些含硫的维生素中(如硫辛酸、硫胺素等)。

在某些特殊的发酵生产中需要额外添加硫源,如在青霉素、头孢菌素的发酵中,由于产物中含有一定量的硫,因此一般在培养基中额外添加一定量的硫酸钠或硫代硫酸钠作硫源。

3. 钙、镁等其他无机盐

(1)钙元素

钙元素在细胞内一般以二价离子(Ca^{2+})形式存在,是很多酶的辅因子或激活剂,也是一种渗透压调节剂(如某些真核细胞的钙调蛋白)。钙的供体一般是 $CaCl_2$,注意尽量不要与磷酸盐同时添加,否则容易形成磷酸钙沉淀,降低发酵液中可溶性磷的含量,可以采用分消或流加的办法予以解决。发酵实践中还使用 $CaCO_3$ 作为备用碱。

(2)镁元素

镁元素在细胞内一般也是以 Mg^{2+} 形式存在,也是重要的辅酶和很多酶的激活剂。镁元素的供体一般是 $MgSO_4$,这样可以同时提供两种大量元素(硫元素和镁元素)。镁在碱性溶液中会形成 $Mg(OH)_2$ 的沉淀,这点在培养基配制时要注意。据研究包括镁离子在内的很多二价金属离子在一定浓度范围内都能刺激某些氨基糖苷类抗生素的合成,可能是由于这些离子是某些合成酶的辅酶或激活剂。

(3)钾元素

钾不参与细胞物质的组成,但却是很多酶的辅助因子(尤其是糖代谢途径的酶)。培养基中供给钾元素一般是使用 KH_2PO_4 租 K_2HPO_4,这样不但同时提供了另一种大量元素磷,两者同时使用还具有一定的缓冲剂的作用,一能够使培养基抵抗一定的 pH 波动。

(4)钠元素

钠同样不参与细胞组成,而且钠一般也不是酶活性的调节剂。但钠离子与细胞的渗透压调节关系密切。很多钠盐都可以作为培养基钠元素的供体,如 NaH_2PO_4,可以同时提供磷元素;Na_2SO_4,可以同时提供硫元素。如需单独添加时,一般使用中性的 NaCl。在培养原生质体细胞时,如果选用钠盐作为渗透压稳定剂,要注意原生质体对环境渗透压的特殊要求,这时一般要提高钠盐浓度,做成高渗培养基,防止原生质体吸水破裂。

(5)铁元素

铁应该算是一种介于大量元素和微量元素之间的元素。铁是细胞色素的组成成分,也是电子传递链细胞色素氧化酶和铁硫蛋白的组成成分,因此,铁对于进行有氧呼吸的微生物来说至关重要。但是由于发酵工业上一般都使用铁制的发酵罐,另外很多天然培养基成分中都含有足够的铁元素(如各种有机碳、氮源),所以在发酵培养基中一般不单独添加。实验室进行试验研究时,培养基中一般由 $FeSO_4 \cdot 7H_2O$ 来提供铁元素。但是有些发酵产品对铁离子浓度比较敏感,如刘建国等的研究表明,一种由新近分离的蜡状芽孢杆菌(Bacillus cereus)菌株 S1 分泌产生的新型抗真菌环状多肽 APS 的发酵会被 Fe^{2+} 所抑制。再如青霉素发酵,要求发酵液含铁必须低于 $20\mu g/mL$;同样铁离子浓度过高也会影响柠檬酸以及啤酒的酿造。新发酵罐往往会造成培养基中铁离子浓度比较高,这时可以通过在罐内喷涂生漆或耐热环氧树脂的方法来解决。

(6)微量元素

各种微量元素培养基中所需量甚低,一般除供研究的化学组合培养基或某些特殊的发酵外不必另行添加。但是这些微量元素对微生物的生长和产物合成却有非常重要的作用。

现把除碳氮外的常见无机元素的来源和功能列于表 3-2 中。

表 3-2　无机元素(除碳、氮外)的来源和功能

元素	人为提供形式	生理功能
P	KH_2PO_4、K_2HPO_4	核酸、磷酸、ATP 和辅酶成分
S	$MgSO_4$	含硫氨基酸(半胱氨酸、甲硫氨酸等)的成分和含硫维生素(生物素、硫胺素等)的成分
K	KH_2PO_4、K_2HPO_4	某些酶(果糖激酶、磷酸丙酮酸转磷酸酶等)的辅因子;维持电位差和渗透压维持渗透压;某些细菌和蓝细菌所需
Na	NaCl	某些胞外酶的稳定剂,某些蛋白酶的辅因子;细菌形成芽孢和某些真菌形成孢子所需固氮酶等的辅因子;叶绿素等的成分
Ca	$Ca(NO_3)_2$、$CaCl_2$	
Mg	$MgSO_4$	细胞色素的成分;合成叶绿素所需
Fe	$FeSO_4$	超氧化物歧化酶、氨肽酶和 L-阿拉伯糖异构酶等的辅因子
Mn	$MnSO_4$	氧化酶、酪氨酸酶的辅因子
Cu	$CuSO_4$	维生素 B_{12} 复合物的成分;肽酶的辅因子
Co	$CoSO_4$	碱性磷酸酶以及多种脱氢酶、肽酶和脱羧酶的辅因子
Zn	$ZnSO_4$	固氮酶及同化型和异化型硝酸盐还原酶的成分

四、水

水是所有生物体的重要组成部分。水对于微生物有非常重要的作用。发酵试验用水时,要注意是要求用去离子水还是蒸馏水、双蒸水,或是自来水即可。一般配制培养基没有特殊要求用蒸馏水或自来水即可,但要注意自来水中的氯的影响。发酵工业对水源有一定要求,某些特殊的发酵工业对水的要求特别高,如酿造工业、饮料和保健品行业等,又如有些名酒只有使用当地水源才能酿造出其特有的口味。经研究这可能与当地水源中某些无机盐的含量有关。

五、生长因子、前体物质、产物促进剂和抑制剂

在现代发酵工业中,人们为了进一步提高发酵产率,在发酵培养基中除添加碳源、氮源等一般的营养成分外,更加入了一些用量极少,但却能显著提高发酵产率的物质,这些物质主要包括各种生长因子、前体物质、产物促进剂和抑制剂等。

1. 生长因子(growth factor)

生长因子是一类对微生物必不可少的物质,一般为一些小分子有机物,需求量很小。广义的生长因子包括维生素、碱基、卟啉及其衍生物以及某些氨基酸等;狭义的生长因子一般仅指维生素。微生物所需的维生素多为 B 族维生素,如维生素 B_1(硫胺素)、维生素 B^2(核黄素)、维生素 B_3(泛酸)等,在生化代谢中多为各种辅酶。几种重要的维生素 B 族物质及其生理功能见表 3-3。

表 3-3　一些维生素生长因子及其生理功能

维生素	生理功能
维生素 B_1（硫胺素）	脱羧酶辅酶，与酮基转移有关
维生素 B_2（核黄素）	构成黄素单核苷酸（FMN）和黄素腺嘌呤二核苷酸（FAD），作为电子传递链中的递 H 体
维生素 B_3（泛酸）	辅酶 A（CoA）的前体物质之一，递酰基体，是细胞内多种酶的辅酶
维生素 B_5（烟酸）	又称尼克酸，是辅酶 Ⅰ（Co Ⅰ，NADH）、辅酶 Ⅱ（Co Ⅱ，NADPH）的前体，参与细胞内很多氧化还原反应
维生素 B_6（吡哆醇）	其磷酸酯是转氨酶辅酶，也与氨基酸消旋和脱羧有关
维生素 B_{11}（叶酸）	构成四氢叶酸（THFA），传递各种 C1 分子
维生素 B_{12}（钴胺素）	变位酶辅酶
维生素 H（生物素）	羧化酶辅酶，在脂肪酸代谢中有重要作用
硫辛酸	递酰基体，常与 CoA、VB_1 协同作用

同微量元素一样，维生素等生长因子一般也不需单独添加，培养基中很多营养丰富的天然原料中已含有足够的生长因子，如玉米浆、糖蜜等。实验室中一般用酵母膏或酵母粉作为生长因子供体。在需要精确控制生长因子含量（如进行代谢研究）时，可以将维生素配制成高倍贮液，保存于冰箱之中，使用时取少量再稀释即可。例如，要求培养基中含维生素 B_1 1mg/L、维生素 B_2 2mg/L，直接称量由于量太少误差较大，我们可以先把所需维生素配制成 1g/L 的高倍（1000 倍）溶液，再分别取 1mL，2mL 加到培养基中，最后定溶到 1L 即可。高倍维生素溶液还可放于冰箱中长期贮存，下次实验时再用。这样不仅减小了操作误差，同时也方便存取。

生物素（biotin）是含硫原子的一元环状弱酸，是一种重要的生长因子。生物素是细胞膜脂质合成途径中的重要辅酶，生物素不足会造成细胞膜合成不完整，细胞内容物渗漏。在谷氨酸发酵中一般都使用生物素缺陷型的菌株。谷氨酸是一种必需氨基酸，正常情况下细胞内不累积谷氨酸，当生物素不足造成细胞膜通透性改变时，细胞内的谷氨酸可以不断渗透出细胞，从而使生产菌能源源不断的合成谷氨酸，最终在发酵液中累积一定浓度的谷氨酸。谷氨酸发酵要严格控制生物素的浓度，生物素过多谷氨酸不累积，生物素过少菌体生长受抑制，因此要控制生物素"亚适量"，一般为 $5\mu g/L$ 左右。工业生产中一般由玉米浆或豆饼水解液提供生物素。

2. 前体物质

前体是指一些添加到培养基中的物质，它们并不促进微生物的生长，但能直接通过微生物的生物合成过程结合到产物分子上去，自身结构基本不变，而产物产量却因此有较大提高。前体可以看作是产物生物合成反应的一种底物，它们可以来源于细胞本身的代谢，也可以外源人为添加。添加前体已成为氨基酸发酵、核苷酸发酵和抗生素发酵中提高产率的有效手段，见表 3-4。最有代表性的例子莫过于青霉素发酵。在早期青霉素发酵中人们就发现在发酵液中添加一定量的玉米浆会提高青霉素 G 的产量，后来进一步研究发现，这是由于玉米浆中含有苯乙酸，而苯乙酸是青霉素 G 生物合成的前体之一（不同类型青霉素侧链不同，青霉素 G 的侧链是苯乙酸)。前体添加要注意不要过量,过量的前体有时对菌体有毒,如苯乙酸高浓度时就对微生物有毒,因此添加前体最好采用流加的方式。由于前体是直接被微生物利用添加到产物分子中去,因此可以根据前体分子在产物分子中的百分比以及预期产量大致估算前体的加入总量。

表 3-4　一些氨基酸和抗生素发酵的前体物质

氨基酸或抗生素	前体物质
丝氨酸	甘氨酸
色氨酸	氨茴酸或吲哚
苏氨酸	高丝氨酸
甲硫氨酸	2-羟基-4-甲基硫代丁酸
青霉素 G	苯乙酸或发酵中能形成苯乙酸的物质
青霉素 O	烯丙基-硫基乙酸
青霉素 V	苯乙酸
链霉素	肌醇、精氨酸、甲硫氨酸
金霉素	氯化物
红霉素	丙酸、NN、丙酸盐、乙酸盐

3. 产物促进剂和抑制剂

产物促进剂指在发酵过程中添加的,既不是营养物又不是前体物质,但是却能提高产量的物质。产物促进剂增产机制大致有以下几种:①在酶制剂工业中,产物促进剂的本质是该酶的诱导物,尤其是某些水解酶类,如添加甘露聚糖可促进 α-甘露糖苷酶的分泌;②产物促进剂对发酵微生物有某种益处,使发酵过程更顺利,如加入巴比妥盐能使利福霉素和链霉素产量增加,这是由于巴比妥盐增强了生产菌菌丝的抗自溶能力,延长了发酵周期;③产物促进剂在某种程度上起了稳定发酵产物的作用,如在葡萄糖氧化酶发酵中加入 EDTA;④产物促进剂为一些表面活性剂类物质,如以栖土曲霉生产蛋白酶时,适时加入一定量的洗净剂脂肪酰胺磺酸钠可使蛋白酶产量有大幅度的提高,这可能是由于表面活性剂物质的加入增加了传氧效率,同时增加了产物的溶解和分散的程度。

产物抑制剂主要是一些对生产菌代谢途径有某种调节能力的物质。例如,在甘油发酵中加入亚硫酸氢钠,由于亚硫酸氢钠可以与代谢的中间产物乙醛反应使乙醛不能受氢还原为乙醇,从而激活了另一条受氢途径,由磷酸二羟丙酮受氢被还原为 α-磷酸甘油,最后水解为甘油。这就是所谓的酵母Ⅱ型发酵(酵母Ⅰ型发酵即酒精发酵,酵母Ⅲ型发酵是碱法甘油发酵)。另外,在代谢控制发酵中,加入某种代谢抑制剂也是发酵正常进行所必需的,如四环素发酵中加入硫氰化苄,可以抑制 TCA 中的一些酶,从而增强 HMP,有利于四环素的合成。还有一些情况是加入抑制剂以淘汰杂菌,如真菌发酵中加入一定的抗生素,带抗生素抗性的工程菌发酵中加入该种抗生素以淘汰非重组细胞、突变细胞、质粒丢失细胞等等。

总的来说,发酵中添加的产物促进剂和抑制剂一般都是比较高效且专一的,在具体使用时要选择好种类并且严格控制用量。

第三节　发酵培养基的分类

一、按纯度分类

1. 合成培养基

合成培养基所用原料的化学成分明确、稳定、易于控制,但营养单一且价格昂贵,用这种培养基进行实验重现性好、低泡、呈半透明,适用于研究菌种基本代谢和过程的物质变化,不适用于大规模工业生产。

2. 天然培养基

天然培养基的原料是一些天然的动植物产品,如花生饼粉、酵母膏、蛋白胨等。天然培养基的特点是营养丰富,适合于微生物的生长繁殖和目的产物的合成。一般天然培养基中不需要另加微量元素、维生素等物质,且组成培养基的原料来源丰富,价格低廉,适用于工业生产。但由于天然培养基的组分复杂,因此不易重复、不易控制。

3. 复合培养基

复合培养基又称半合成培养基,为天然培养基与合成培养基的复合。它综合了以上两种培养基的优点,营养丰富,来源广阔,配制方便,易于控制。用于工业生产的培养基多属此类。

二、按形态分类

1. 固体培养基

外观是固体状态的培养基,称为固体培养基。固体培养基为微生物生长提供了一个营养表面,在这种表面上生长的微生物可以形成单菌落。它可用于菌种的分离、鉴定、菌落计数、杂菌检验、选种、育种、菌种保藏、抗生素的生物活性物质的测定、获得大量真菌孢子等。配制固体培养基时,常用的凝固剂有琼脂、明胶。

生产上还有直接用固体原料吸水后作孢子培养基的,如青霉素等制备孢子用的小米或大米培养基。其优点是表面积大,结构疏松,易于通气。用于大生产的固体培养基则多数是用比较粗糙的颗粒状农副产品加入适量水配制而成,如传统的制曲、食品发酵、酿酒及一些农用抗生素生产、发酵饲料等常用此类培养基。使用固体培养基发酵,具有设备简单、投产快、投资少、易于推广等优点。其缺点是占地面积大,劳动强度大。

2. 液体培养基

液体培养基是指培养基中不加凝固剂而呈液体状态的培养基。培养基中的组分多以溶质状态存在,分布均匀,有利于微生物分解、吸收,有利于氧和物质的传递,有利于微生物的生长、繁殖、代谢和积累代谢产物。

液体培养基在微生物学实验和工业生产中应用极为广泛,在实验室中主要作各种生理和代谢研究。有些微生物在液体培养基中的生长情况可作为分类的依据。在工业生产上,为了获得大量菌体或其代谢产物,绝大多数发酵培养基都采用液体培养基。液体培养基具有制作方便,容易输送,便于连续生产等优点。

3. 半固体培养基

在液体培养基中添加少量凝固剂(0.2%~0.8%的琼脂),使其呈半固体状态的培养基称为半固体培养基。半固体培养基在生产中应用较少,主要用于鉴定菌种、观察细菌运动特征及噬菌体的效价测定、各种厌氧菌培养及菌种保藏等。

三、按用途分类

1. 孢子培养基

孢子培养基是供菌种繁殖孢子用的。对这种培养基的要求是能使菌种发芽生长快,产孢子量多,并且不会引起菌种变异。一般来说,孢子培养基中的碳源和氮源(特别是有机氮源)浓度相对较低,多了会只长菌丝,少长或不长孢子;无机盐浓度要作适当的选择和控制,否则会影响孢子的数量。

孢子培养基的组成因菌种而异,生产上常用的孢子培养基有麸皮培养基,小(或大)米培养基,用葡萄糖、蛋白胨、牛肉膏及氯化钠配制的琼脂斜面培养基等。麸皮和小(或大)米物料中碳和氮的含量都不太丰富,但含有微量元素和生长因子,有利于孢子的繁殖,用于配制孢子培养基比较合适。但是,麸皮、小米、大米都是天然有机物,所含成分常有波动,选用材料时要注意产地、品种、加工方法、储藏条件等因素影响,尽量做到原料来源固定、质量稳定,以保证培养基的质量。

2. 种子培养基

种子培养基主要指摇瓶种子及种子罐用的培养基。这种培养基主要含有容易被利用的碳源、氮源、无机盐等,使孢子很快发芽、生长及大量繁殖菌丝体,并使菌体长得粗壮和使各种有关的初级代谢酶的活力提高。种子培养基要和发酵培养基相适应,成分不应相差太大,以避免进罐后的种子对新环境的适应时间延长。

3. 发酵培养基

发酵培养基是供菌丝迅速生长繁殖,并最大限度地获得代谢产物的培养基。它既要使种子接种后能迅速生长达到一定的菌丝浓度,又要使长好的菌体能迅速合成所需的产物。因此,发酵培养基的组成除有菌体生长所必需的元素和化合物外,还要有产物所需的特定元素、前体和促进剂等。由于各种培养基的用途不同,其培养基的组成差异也很大。发酵培养基属于半合成培养基,其中的碳源和氮源都是天然原料。天然培养基原料来源广,容易加工制取,价格低。但是,由于天然物质质量规格较难控制,发酵培养基除采用天然原料外,还需要加入一定量的已知化学成分的营养物质,如葡萄糖、麦芽糖、乳糖、氨基酸及各种无机盐、缓冲剂和前体物质。

4. 补料培养基

为了使工艺条件稳定,有利于产生菌生长和代谢,延长发酵周期,提高生产水平,常采用前期培养基稀薄一些,从一定时间起,开始间歇或连续补加各种必要的营养物质,如碳源、氮源、前体等。补料培养基一般按单一成分分别配制,在发酵中各自独立控制加入,也有按一定比例配制成复合补料培养基。它既要使种子接种后能迅速生长达到一定的菌丝浓度，又要使长好的菌体能迅速合成所需的产物。因此，发酵培养基的组成除有菌体生长所必需的元素和化合物外，还要有产物所需的特定元素、前体和促进剂等。由于各种培养基的用途不同，其培养基的组成差异也很大。中间补料有利于消除或减少易被利用的基质（如葡萄糖）引起的抑制作用，并使培养过程中的需氧量能适应培养设备的供氧能力，还可避免培养基中有毒组分（如青霉素发酵中作为前体的苯乙酸）对培养基的影响。此外，中间补料可以实现高密度培养创造条件。在工业生产中补料培养基对提高产物的产量起到了重要作用。

第四节　发酵培养基的设计与优化

培养基的设计和优化贯穿于发酵工艺研究的各个阶段，无论是在微生物发酵实验室研究阶段、中试放大阶段，还是在发酵生产阶段，都要对发酵培养基的组成进行设计和优化。培养基的合理设计是一项繁重而细致的工作。

一、培养基设计原则

在培养基的设计优化过程中除了要考虑微生物生长所需的基本营养要素外，还要从微生物的生长、产物合成、原料的经济成本、供应等角度来考虑问题。培养基的种类、组分配比、缓冲能力、灭菌等因素都对菌体的生长和产物合成有影响。

1. 选择适宜的营养物质

微生物生长繁殖均需要培养基中含有碳源、氮源、无机盐、生长因子等生长要素，但不同微生物对营养物质的具体需求是不一样的，因此首先要根据不同微生物的营养需求配制针对性强的培养基。自养型微生物能从简单的无机物合成自身需要的糖类、脂类、蛋白质、核酸、维生素等复杂的有机物，因此可以（或应该）由简单的无机物组成培养基来培养。例如，培养化能自养型的氧化硫硫杆菌（Thiobacillus thiooxidans）的培养基依靠空气中和溶于水中的 CO_2 为其提供碳源，培养基中并不需要加入其他碳源物质。

2. 营养物质浓度及配比合适

培养基中营养物质浓度合适时微生物才能生长良好；营养物质浓度过低时不能满足微生物正常生长所需；浓度过高时可能对微生物生长起抑制作用。例如，高浓度糖类物质、无机盐、重金属离子等不仅不利于微生物的生长，反而具有抑菌或杀菌作用。同时，培养基中各营养物质之间的浓度配比也直接影响微生物的生长繁殖和（或）代谢产物的形成和积累，其中碳氮比（C/N）的影响较大。例如，在利用微生物发酵生产谷氨酸的过程中，培养基碳氮比为 4/1 时，菌体大量繁殖，谷氨酸积累少；当培养基碳氮比为 3/1 时，菌体繁殖受到抑制，谷氨酸产量则大量增加。另外，培养基中速效氮（或碳）源与迟效氮（或碳）源之间的比例对发酵生产也会产生较大的影响。如在抗生素发酵生产过程中，可以通过控制培养基中速效氮（或碳）源与迟效氮（或碳）源之间的比例来控制菌体生长与抗生素的合成协调。

3. 控制 pH 条件

培养基的 pH 必须控制在一定的范围内，以满足不同类型微生物的生长繁殖或产生代谢产物。各类微生物生长繁殖合成产物的最适 pH 条件各不相同。一般来讲,细菌与放线菌适于在 pH=7.0~7.5 范围内生长;酵母菌和霉菌通常在 pH=4.5~6.0 范围内生长。因此,为了在微生物生长繁殖和合成产物的过程中保持培养基 pH 的相对恒定,通常在培养基中加入 pH 缓冲剂。常用的缓冲剂是一氢和二氢磷酸盐(如 KH_2PO_4 和 K_2HPO_4)组成的混合物,但 KH_2PO_4 和 K_2HPO_4 缓冲系统只能在一定的 pH 范围(pH=6.4~7.2)内起调节作用。有些微生物,如乳酸菌能大量产酸,上述缓冲系统就难以起到缓冲作用,此时可在培养基中添加难溶的碳酸盐(如 $CaCO_3$)来进行调节。$CaCO_3$ 难溶于水,不会使培养基 pH 过度升高,而且它可以不断中和微生物产生的酸,同时释放出 CO_2,将培养基 pH 控制在一定范围内。

此外,培养基中还存在一些天然缓冲系统,如氨基酸、肽、蛋白质都属于两性电解质,也可起到缓冲剂的作用。

4. 控制氧化还原电位

不同类型微生物生长对氧化还原电位(φ)的要求不一样,一般好氧微生物在 φ 值为 +0.1V 以上时可正常生长,一般以 +0.3~+0.4V 为宜;厌氧性微生物只能在 φ 值低于 +0.1V 条件下生长;兼性厌氧微生物在 φ 值为 +0.1V 以上时进行好氧呼吸,在 +0.1V 以下时进行发酵。φ 值大小受氧分压、pH、某些微生物代谢产物等因素的影响。在 pH 相对稳定的条件下,可通过增加通气量(如振荡培养、搅拌)提高培养基的氧分压,或通过氧化剂的加入,增加 φ 值;在培养基中加入抗坏血酸、硫化氢、半胱氨酸、谷胱甘肽、二硫苏糖醇等还原性物质可降低 φ 值。

5. 原料来源的选择

在配制培养基时应尽量利用廉价且易于获得的原料作为培养基组分。特别是在发酵工业中,培养基用量很大,利用低成本的原料更体现出其经济价值。例如,在微生物单细胞蛋白的工业生产过程中,常常利用糖蜜、乳清(乳制品工业中含有乳糖的废液)、豆制品工业废液及黑废液(造纸工业中含有戊糖和己糖的亚硫酸纸浆)等都可作为培养基的原料。大量的农副产品或制品,如麸皮、米糠、玉米浆、酵母浸膏、酒糟、豆饼、花生饼、蛋白胨等都是常用的发酵工业原料。

6. 灭菌处理

要获得微生物纯培养,必须避免杂菌污染,因此要对所用器材及工作场所进行消毒与灭菌。对培养基而言,更要进行严格的灭菌。一般可以采取高压蒸汽灭菌法进行培养基灭菌,通常在 $1.05kg \cdot cm^{-2}$、121.3℃条件下维持 15~30min 可达到灭菌目的。某些在加热灭菌中易分解、挥发或者易形成沉淀的物质通常先进行过滤除菌或间歇灭菌,再与其他已灭菌的成分混合。

另外,培养基配制中泡沫的大量存在对灭菌处理极不利,容易使泡沫中微生物因空气形成隔热层而难以被杀死。因而有时需加入消泡剂,或适当提高灭菌温度。

二、培养基设计步骤

目前还不能完全从生化反应的基本原理来推断和计算出适合某一菌种的培养基配方,只能用生物化学、细胞生物学、微生物学等的基本理论,参照前人所使用的较适合某一类菌的经验配方,再结合所用菌种和产品的特性,采用摇瓶、玻璃罐等小型发酵设备,按照一定的实验设计和实验方法选择出较为适合的培养基。一般培养基设计要经过以下几个步骤:

第一,根据前人的经验和培养要求,初步确定可能的培养基组分用量。

第二,通过单因子实验最终确定最为适宜的培养基成分。

第三,当确定培养基成分后,再以统计学方法确定各成分最适的浓度。常用的实验设计有均匀设计、正交试验设计、响应面分析等。

最适培养基的配制除了要考虑到目标产物的产量外,还要考虑到培养基原料的转化率。发酵过程中的转化率包括理论转化率和实际转化率。理论转化率是指理想状态下根据微生物的代谢途径进行物料衡算所得出的转化率的大小。实际转化率是指实际发酵过程中转化率的大小。实际转化率往往由于原料利用不完全、副产物形成等原因比理论转化率要低。

(一)理论转化率的计算

生化反应的本质也是化学反应,理论转化率可以通过反应方程式的物料衡算来计算。但是,生化反应有其复杂性,要给出反应物和产物之间的定量的总代谢反应式,就需要对生物代谢过程的每一步反应进行深入的研究,只有一些代谢途径比较清楚的产物,可以对其理论转化率进行计算。例如,在酒精生产中葡萄糖转化为酒精的理论转化率计算如下:

葡萄糖转化为酒精的代谢总反应式为

$$C_6H_{12}O_6 \rightarrow 2C_2H_5OH + 2CO_2$$

葡萄糖转化为酒精的理论转化率为

$$Y = 2 \times 46/180 = 0.51$$

在实际过程中,确定培养基组成成分的用量时,既要考虑到用于维持菌体生长所消耗的量,还要考虑前体的实际利用率等等,因而实际转化率要小于理论转化率。但是理论转化率这项指标为确定培养基组成成分浓度时提供了重要的参考。

(二)实验设计

由于发酵培养基成分众多,且各因素常存在交互作用,很难建立理论模型,培养基的成分和浓度都是通过实验获得的,因此培养基优化工作量大且复杂。一般首先是通过单因子实验确定培养基的组分,然后通过多因子实验确定培养基各组分及其适宜的浓度。目前许多实验技术和方法都在发酵培养基优化上得到应用,如生物模型(biological mimicry)、单次试验(one at a time)、全因子法(full factorial)、部分因子法(partial factorial)、Plackett-Burman法、响应面分析法(response surface analysis)等,但每一种实验设计都有它的优点和缺点,不可能只用一种试验设计来完成所有的工作。

1. 单次单因子试验

实验室最常用的优化方法是单次单因子(one variable at a time)试验。这种方法是在假设因素间不存在交互作用的前提下,通过一次改变一个因素的水平而其他因素保持恒定水平,然后逐个因素进行考察的优化方法。但是由于考察的因素间经常存在交互作用,使得该方法并非总能获得最佳的优化条件。另外,当考察的因素较多时,需要太多的实验次数和较长的实验周期。因此,现在的培养基优化实验中一般不采用或不单独采用这种方法,而采用多因子试验。

2. 多因子试验

(1)正交试验

正交试验设计是研究多因素多水平的一种设计方法。它是根据正交性从全面试验中挑选出部分有代表性的点进行试验,这些有代表性的点具备了"均匀分散、齐整可比"的特点,通过合理的实验设计,可以较快地取得实验结果。具体可以分为下面四步:第一,根据问题的要求和客观的条件确定因子和水平,列出因子水平表;第二,根据因子和水平数选用合适的正交表,设计正交表头,并安排实验;第三,根据正交表给出的实验方案,进行实验;第四,对实验结果进行分析,选出较优的"试验"条件以及对结果有显著影响的因子。正交试验设计可同时考虑几种因素,寻找最佳因素水平结合,但它不能在给出的整个区域上找到因素和响应值之间的一个明确的函数表达式(即回归方程),从而无法找到整个区域上因素的最佳组合和响应面值的最优值。

例:确定某水解酶产酶培养基成分蔗糖、酵母膏、KH_2PO_4 的浓度。

首先根据经验值及单因子实验结果确定蔗糖、酵母膏、KH_2PO_4 的浓度变化见表3-5,共 3个因子,每个因子取三个水平。

表 3-5　因子水平表(单位:$g \cdot L^{-1}$)

水平	因子		
	A:蔗糖	B:酵母膏	C:KH_2PO_4
1	5	2	1
2	10	6	2
3	15	10	3

其次根据因子和水平数选择合适的正交表,这里选择 $L_9(3^4)$ 正交表,共安排 9 个实验点,正交表及实验结果见表 3-6。

表 3-6　正交表及实验结果

试验号	蔗糖(A)	酵母膏(B)	KH_2PO_4(C)	酶活/($U \cdot mL^{-1}$)
1	1	1	1	34.95
2	1	2	2	32.64
3	1	3	3	26.54
4	2	1	2	41.05
5	2	2	2	34.80
6	2	3	1	25.79
7	3	1	3	33.76
8	3	2	1	31.30
9	3	3	2	24.82

实验结果及分析。正交实验结果统计分析方法有直观(极差)分析法和方差分析法两种。

①直观分析法。直观分析法又称极差分析法。首先,分析因子 A(蔗糖)的影响情况:把因子 A 取 1 水平的三次实验(1,2,3)的实验结果取平均值,并计算 $k_1 = K_1/3 = (34.95+32.64+26.54)/3=31.73$。

同理得因子 A 取 2 水平的 $k_2=33.88$,取 3 水平的 $k_3=29.96$。

由于正交表设计的特殊性,可以认为在比较因子 A 的 k_1、k_2、k_3 时,因子 B 和因子 C 对 k_1、k_2、k_3 的影响相同,k_1、k_2、k_3 之间的差异是由于因子 A 取三个不同的水平所产生的。而对于因素 A 的极差 $R=33.88-29.96=3.92$。

类似地,对于因子 B 和因子 C,可以算出相应的 k_1、k_2、k_3 和极差 R,结果见表 3-7。

表 3-7 正交实验直观结果分析结果

k 值	蔗糖(A)	酵母膏(B)	KH_2PO_4(C)
K_1	94.12	109.76	92.04
K_2	101.64	98.74	98.52
K_3	89.88	77.15	95.09
k_1	31.37	36.59	30.68
k_2	33.88	32.91	32.84
k_3	29.96	25.72	31.70
R	2.51	10.87	2.16

为了直观起见,可以取因子的水平为横坐标,k_1、k_2、k_3 纵坐标,做出因子和实验结果的关系图,如图 3-2 所示。

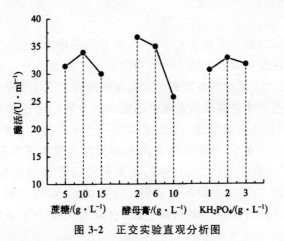

图 3-2 正交实验直观分析图

实验数据经过以上处理,就可以进行极差分析,步骤如下:

a. 比较各因子极差 R 的大小。极差越大,说明该因子的水平变动时,实验结果的变动越大,即该因子对实验结果的影响越大,从而可以按极差的大小来决定因子对结果影响的主次顺序。在本例实验中,影响顺序为:B>A>C。

b. 确定较适宜的配比。反映了因子各水平对实验结果的影响,因而最大的 k 值对应了最好的水平,对于本例较适宜的培养基配比为 $A_2B_1C_2$ 即蔗糖 10g/L,酵母膏 2g/L,KH_2PO_4 2g/L。

c. 进行趋势分析。对于本例,从图3-2中可见如果能进一步降低酵母膏的浓度,就有可能提高产酶水平。

②方差分析法。直观分析法具有直观、简单的优点,因而得到了广泛的应用,但它的缺点是分析结果粗糙,往往不能从理论上给予确切的说明。而方差分析法是实验设计中传统的分析方法,其优点是通过统计分析的方法排除实验误差的干扰,得出比较科学的实验结论。对于本例实验,采用SAS 8.0分析统计软件对本正交实验各因素进行方差分析,结果见表3-8。

表3-8 正交实验方差分析结果

方差来源	偏差平方和	自由度	均方	F 值	$Pr^* > F$	显著性
蔗糖	23.6	2	11.8	3.0	0.24	不显著
酵母膏	183.4	2	92.7	23.8	0.04	显著
磷酸盐	7.0	2	3.5	0.9	0.52	不显著
误差	7.69	2	3.84	—	—	—
总和	221.7	8	—	—	—	—
体系	214.1	6	35.7	9.3	0.10	较显著

* Pr<0.05表示显著;0.05<Pr<0.1表示较显著;0.1<Pr表示不显著。

由上表可以看出,在葡萄糖、酵母膏和磷酸盐三个因素中,酵母膏的Pr<0.05,故属于对发酵结果有显著影响。此外,该正交实验体系的$R^2 = 0.97$,0.1>Pr>0.05,考虑到生化实验的误差较大,故本例实验仍属于较显著。

(2)均匀设计

均匀设计是中国数学家方开泰和王元于1978年首先提出来的。它是一种只考虑试验点在试验范围内均匀散布的试验设计方法。由于均匀设计只考虑试验点的“均匀散布”,而不考虑“整齐可比”,因而可以大大减少实验次数。均匀设计按均匀设计表来安排试验,均匀设计表在使用时最值得注意的是表中各列的因素水平不能像正交表那样任意改变次序,而只能按照原来的次序进行平滑,即把原来的最后一个水平与第一个水平衔接起来,组成一个封闭圈,然后从任一处开始定为第一个水平,按圈的原方向和相反方向依次排出第二、第三个水平。均匀设计只考虑试验点在试验范围内均匀分布,因而可使所需试验次数大大减少。例如,一项5因素10水平的试验,若用正交设计需要做102次试验,而用均匀设计只需做10次,随着水平数的增多,均匀设计的优越性就愈加突出,这就大大减少了多因素多水平试验中的试验次数。

(3)Plackett-Burman法

Plackett-Burman试验主要针对因子数较多,且未确定众因子相对于响应变量的显著影响的试验设计方法。此方法主要是对每个因子取两水平来进行分析,通过比较各个因子两水平的差异与整体的差异来确定因子的显著性,避免在后期的优化试验中由于因子数太多或部分因子不显著而浪费试验资源。理论上,Plackett-Burman设计法可以达到99个因子仅做100次试验。因此,它通常作为过程优化的初步实验,用于确定影响过程的重要因子。P. Castro报道用此法设计 20 种培养基,做 24 次试验,把干扰素的产量提高了 45%。但该法的缺点是不能考察各因子的相互交互作用。

(4)部分因子设计法

部分因子设计法与 Plackett-Burman 设计法一样是一种两水平的实验优化方法,能够用比全因子法次数少得多的实验,从大量影响因子中筛选出重要的因子。根据实验数据拟合出一次多项式,并以此利用最陡爬坡法确定最大响应区域,以便利用响应面法进一步优化。

(5)响应面分析法

响应面分析法(Response Surface Analysis,RSM)方法是数学与统计学相结合的产物,它和其他统计方法一样,由于采用了合理的实验设计,能以最经济的方式、很少的实验次数和时间对实验进行全面研究,科学地提供局部与整体的关系,从而取得明确、有目的的结论。响应面分析法以回归方法作为函数估算的工具,将多因子实验中因子与实验结果(响应值)的关系函数化,依此可对函数的面进行分析,研究因子与响应值之间、因子与因子之间的相互关系,并进行优化,运用图形技术将这种函数关系显示出来,以供我们凭借直觉的观察来选择试验设计中的最优化条件。近年来较多的报道都是用响应面分析法来优化发酵培养基,并取得比较好的成果。响应面分析法已经在食品、医药、生物工程、农业、天然物提取等领域被广泛应用。

利用微生物发酵生产各种有用代谢产物,其培养基成分种类繁多,各成分间的相互作用也错综复杂。因而,微生物培养基的优化工作就显得尤为重要。数学统计中的多种优化方法已开始广泛地应用于微生物发酵培养基的优化工作中,其中以响应面法的效果最为显著。

常用于相应面分析的软件有 SAS、METLAB、SPSS 等。现以 SAS 8.0 为例,介绍采用相应面分析法优化发酵培养基的组成。

例:采用相应面分析方法对某有机酸产生菌发酵培养基的主要组成葡萄糖、酵母膏和玉米浆进行优化。

(1)确定因子和水平

在考虑三种因素对产酸量影响时,采用 Box-Behnken 中心组合实验设计,用表 3-9 设置的三因素三水平方式分别进行 15 组实验,结果见表 3-10。

表 3-9　因子水平表(单位:$g \cdot L^{-1}$)

水平	因子		
	葡萄糖 X_1	酵母膏 X_2	玉米浆 X_3
−1	40	5	0
0	60	15	7.5
1	80	25	15

表 3-10　相应面实验安排及试验结果

实验号	列号			
	葡萄糖 X_1	酵母膏 X_2	玉米浆 X_3	产酸量 $Y/(g \cdot L^{-1})$
1	−1	−1	0	32.53
2	−1	1	0	27.87
3	1	−1	0	28.4
4	1	1	0	40.17
5	0	−1	−1	23.9
6	0	−1	1	36.1
7	0	1	−1	33.18
8	0	1	1	40.27
9	−1	1	−1	27.95
10	1	0	−1	34.46
11	−1	0	1	29.19
12	1	0	1	39.54
13	0	0	0	39.79
14	0	0	0	40.36
15	0	0	0	39.12

（2）用 SAS 统计分析软件进行相应面优化

以产酸量为响应值，根据表 3-10 的试验结果用 SAS 统计分析软件进行多元回归分析。回归方程为

$$Y = 39.7567 + 3.1287X_1 + +2.5700X_2 + 3.2012X_3 - 4.0458X_1^2 - 3.4683X_2^2$$
$$- 2.9258X_3^2 + 4.1075X_1X_2 + 0.9600X_1X_3 - 1.2775X_2X_3$$

该回归分析的方差分析见表 3-11。

表 3-11　回归方程方差分析结果

参数	自由度	回归系数	均方差	t 值	$Pr^* > \|t\|$	显著性
方程常数项	1	39.7567	1.5548	25.57	<0.0001	显著
X_1	1	3.1288	0.95213	3.29	0.0218	显著
X_2	1	2.5700	0.95213	2.70	0.0428	显著
X_3	1	3.2013	0.95213	3.36	0.0201	显著
X_1X_1	1	−4.0458	1.4014	−2.89	0.0343	显著
X_2X_1	1	4.1075	1.3465	3.05	0.0284	显著
X_2X_2	1	0.9600	1.3465	−2.47	0.0562	较显著
X_3X_1	1	−3.4683	1.3465	0.71	0.5078	不显著
X_2X_3	1	−1.2775	1.3465	−0.95	0.3863	不显著
X_3X_3	1	−2.9258	1.4015	−2.09	0.0912	较显著

* Pr<0.05 表示显著；0.05<Pr<0.1 表示较显著；0.1<Pr 表示不显著。

该方程体系 Pr 为 0.0285,属于显著范围,而回归系数 R^2 为 0.9287,考虑到微生物发酵实验的误差较大,该模型还是较适用于产酸量高低的理论预测。表 3-11 中表明 X_1、X_2、X_3 及 X_1X_2 交互项的影响都显著,X_3X_3 较显著,而 X_2X_3 和 X_3X_1 不显著。

根据上述回归方程描绘出响应面分析图(图 3-3、图 3-5、图 3-7)及等高线图(图 3-4、图 3-6、图 3-8)。从响应面及等高线图可以看出随着葡萄糖、酵母膏、玉米浆浓度的增加,产酸量是增加的,但不是持续增大。当三种因素的浓度达到一定值后,产酸量反而开始下降。因此能通过此方法找到三因素的最佳配比,获得最佳理论结果。

为了进一步研究最佳响应值的范围,预测三因素最佳理论浓度,可利用 SAS 软件进行脊岭分析,通过。脊岭分析得出回归模型存在最大值点时 X_1、X_2、X_3 取值分别为 0.840298、0.773012 和 0.516163,产酸量的最大估计值为 42.89g/L,各因素相对应取值分别为葡萄糖 76.81g/L,酵母膏 22.70g/L,玉米浆 11.37g/L。

最后,需要在回归方程求出最佳的培养基因素条件下进行反复实验,以验证模型的可信度和准确性,从而优化发酵培养基的组成。

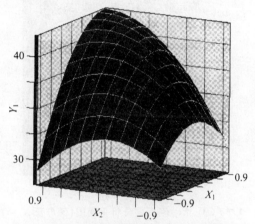

图 3-3　$Y=f(X_1,X_2)$ 响应面分析立体图(玉米浆 $X_3=7.5g/L$)

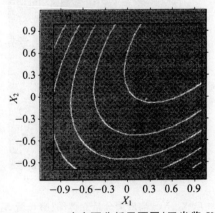

图 3-4　$Y=f(X_1,X_2)$ 响应面分析平面图(玉米浆 $X_3=7.5g/L$)

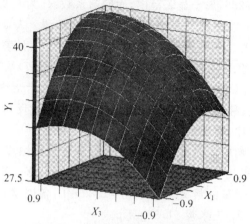

图 3-5　$Y = f(X_1, X_3)$ 响应面分析立体图(酵母膏 $X_2 = 15\text{g/L}$)

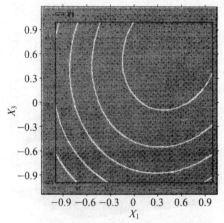

图 3-6　$Y = f(X_1, X_3)$ 响应面分析平面图(酵母膏 $X_2 = 15\text{g/L}$)

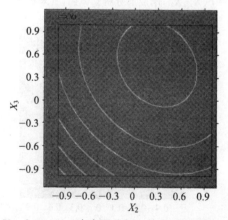

图 3-7　$Y = f(X_2, X_3)$ 响应面分析立体图(酵母膏 $X_1 = 60\text{g/L}$)

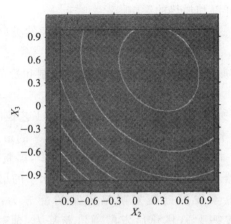

图 3-8　$Y = f(X_2, X_3)$ 响应面分析平面图（酵母膏 $X_1 = 60g/L$）

RSM 有许多方面的优点，但它仍有一定的局限性。首先，如果将因素水平选得太宽，或选的关键因素不全，将会导致响应面出现吊兜和鞍点。因此事先必须进行调研、查询和充分的论证，或者通过其他试验设计得出主要影响因子；其次，通过回归分析得到的结果只能对该类实验做估计；第三，当回归数据用于预测时，只能在因素所限的范围内进行预测。响应面拟合方程只在考察的紧接区域里才接近真实情形，在其他区域里拟合方程与被近似的函数方程毫无相似之处，几乎无意义。

中心组合设计是一种国际上较为常用的响应面法，是一种五水平的实验设计法。采用该法能够在有限的实验次数下对影响生物过程的因子及其交互作用进行评价，而且还能对各因子进行优化，以获得影响过程的最佳条件。

三、摇瓶水平到反应器水平的配方优化

从实验室放大到中试规模，最后到工业生产，放大效应会产生各种各样的问题。从摇瓶发酵放大到发酵罐水平，有很多不同之处：

①消毒方式不同。摇瓶是外流蒸汽静态加热（大部分是这样的）；发酵罐是直接蒸汽动态加热，部分是直接和蒸汽混合，因此会影响发酵培养基的质量、体积、pH、透光率等指标。

②接种方式不同。摇瓶是吸管加入；发酵罐是火焰直接接种（当然有其他的接种方式），要考虑接种时的菌株损失和菌种的适应性等。

③空气的通气方式不同。摇瓶是表面直接接触；发酵罐是和空气混合接触，要考虑二氧化碳的浓度和氧气的溶解情况。

④蒸发量不同。摇瓶的蒸发量不好控制，湿度控制好的话，蒸发量会少；发酵罐蒸发量大，但是可以通过补料解决。

⑤搅拌方式不同。摇瓶是以摇转方式进行混合搅拌，对菌株的剪切力较小；发酵罐是直接机械搅拌，要注意剪切力的影响。

⑥pH 的控制方法不同。摇瓶一般通过加入碳酸钙和间断补料控制 pH；发酵罐可以直接流加酸碱控制 pH，比较方便。

⑦温度的控制方法不同。摇瓶是空气直接接触或者传热控制温度；但是发酵罐是蛇罐或

者夹套水降温控制,应注意降温和加热的影响。

⑧染菌的控制方法不同。发酵罐根据染菌的周期和染菌的类型等可以采取一些必要的措施减少损失。

⑨检测的方法不同。摇瓶因为量小不能方便地进行控制和检测;发酵罐可以取样或者仪表时时检测。

⑩原材料不同。发酵罐所用原材料比较廉价而且粗放,工艺控制和摇瓶区别很大等。

由于摇瓶水平和发酵罐水平存在多方面的区别,摇瓶水平的最适培养基和发酵罐水平的培养基往往也是有区别的。摇瓶优化是培养基设计的第一步,摇瓶优化配方一般用在菌种的筛选,以及作为进一步反应器水平上研究的基础,从反应器水平的培养基优化可以得出最终的发酵基础配方。例如,青霉素发酵摇瓶发酵培养基的配方为:玉米浆 4%,乳糖 10%,$(NH_4)_2SO_4$ 0.8%,轻质碳酸钙 1%;优化后发酵罐培养基为:葡萄糖流加控制总量 10%~15%,玉米浆总量 4%~8%,补加硫酸、前体等。

第四章　发酵工业灭菌技术

第一节　常见的灭菌方法

一、化学灭菌

化学灭菌是用化学药品直接作用于微生物而将其杀死的方法。一般化学药剂无法杀死所有的微生物,而只能杀死其中的病原微生物,所以是起消毒剂的作用,而不能起灭菌剂的作用。能迅速杀灭病原微生物的药物,称为消毒剂。能抑制或阻止微生物生长繁殖的药物,称为防腐剂。但是一种化学药物是杀菌还是抑菌,常不易严格区分。

化学药剂灭菌法的原理是利用药物与微生物细胞中的某种成分产生化学反应,如使蛋白质变性、核酸的破坏、酶类失活、细胞膜透性的改变而杀灭微生物。

化学药剂灭菌法可用于器皿、生产小器具、双手、实验室和无菌室的环境灭菌,但不能用于培养基灭菌。常用的化学药剂有:石炭酸、甲醛、氯化汞、碘酒、酒精等。化学药品灭菌的使用方法,根据灭菌对象的不同有浸泡、添加、擦拭、喷洒、气态熏蒸等方法。表 4-1 列出了常用化学药剂及使用方法。

表 4-1　常用消毒化学药剂及使用方法

化学消毒剂	用途	常用浓度	备注
1. 氧化剂 高锰酸钾 漂白粉	皮肤消毒 发酵工厂环境消毒	0.1%～0.25% 2%～5%	环境消毒可直接使用粉体
2. 醇类 乙醇	皮肤及器物消毒	70%～75%	器物消毒浸泡 30min
3. 酚类 石炭酸 来苏水	浸泡衣服、擦拭房间和桌面、喷雾消毒 皮肤、桌面、器物消毒	1%～5% 3%～5%	
4. 甲醛	空气消毒	1%～2%(10～15mL/m³)	加热熏蒸
5. 胺盐 新洁尔灭	皮肤器械消毒	0.1%～0.25%	浸泡 30min

1. 酒精溶液

酒精是脱水剂和脂溶剂,可使微生物细胞内的原生质体蛋白质脱水、变性凝固,导致微生物死亡。酒精的杀菌效果和浓度有密切关系,其最有效的杀菌浓度为75%(体积分数),浓度过高时会使细胞表层的蛋白质凝固,阻碍酒精进一步向细胞内渗入,因此作为杀菌剂使用的酒精浓度一般都是75%。由于酒精对蛋白质的作用没有选择性,故对各类微生物均有效。一般细菌比酵母菌对酒精更敏感,在大多数情况下10%的酒精就能抑制细菌,只有粪链球菌和乳酸菌能耐受较高的酒精浓度。一些酵母菌可以耐受浓度为20%的酒精,50%的酒精可在短时间内杀灭包括真菌分生孢子在内的所有微生物营养细胞,但不能杀灭细菌芽孢。酒精溶液常用于皮肤和器具表面杀菌。

2. 甲醛

甲醛的气体和水溶液均具有广谱杀菌、抑菌作用,甲醛是强还原剂,能与蛋白质的氨基结合,使蛋白质变性,对细菌营养细胞、芽孢、霉菌、真菌和病毒均有杀灭作用。对细菌芽孢有较强的杀灭能力,对细菌的杀灭能力比对霉菌强,对真菌的杀灭能力较弱。甲醛的杀菌速度较慢,所需的灭菌时间较长。常用作物品表面和环境的消毒剂,工业制品的防霉剂,可用液体浸泡和气体熏蒸的方式。其缺点是穿透力差。

3. 漂白粉

漂白粉的化学名称是次氯酸盐(次氯酸钠 NaOCl),它是强氧化剂,也是廉价易得的灭菌剂。它的杀菌作用是次氯酸钠分解为次氯酸,次氯酸在水溶液中不稳定,分解为新生态氧和氯,使细菌受强烈氧化作用而导致死亡,具广谱杀菌性,对细菌营养细胞、芽孢、噬菌体等均有效。杀菌效果受温度和 pH 值影响,5～15℃范围内,温度每上升 10℃,杀菌效果可提高一倍以上,pH 值越低,杀菌能力越强,有机物的存在可降低杀菌效果。漂白粉是发酵工业生产环境最常用的化学杀菌剂,使用时配成5%溶液,用于喷洒生产场地。但应注意,并非所有噬菌体对漂白粉都敏感。

4. 高锰酸钾

高锰酸钾溶液的灭菌作用是使蛋白质、氨基酸氧化,从而使微生物死亡,常用浓度为0.1%～0.25%。

5. 过氧乙酸

过氧乙酸又名过醋酸,简称 PAA,是强氧化剂,是高效、广谱、速效的化学杀菌剂,对细菌营养细胞、芽孢、病毒和真菌均有高效杀灭作用。一般使用 0.02%～0.20%的溶液,喷洒或喷雾进行空间灭菌,由于有较强的腐蚀性,不可用于金属器械的灭菌。使用过氧乙酸溶液时应新鲜配制,一般可使用 3 天。酒精对过氧乙酸有增效作用,如以酒精溶液配制其稀溶液可提高杀菌效果。表 4-2 为过氧乙酸杀灭细菌芽孢的浓度和时间。

表 4-2　过氧乙酸杀灭细菌芽孢的浓度和时间

细菌芽孢名称	过氧乙酸浓度/%	杀灭时间/min
硬脂嗜热芽孢杆菌	0.05 0.1~0.5	15 1~5
凝结芽孢杆菌	0.05 0.1~0.2	5~10 1~5
枯草芽孢杆菌	0.1~0.5 1.0	15~30 1*
蜡状芽孢杆菌	0.01~0.04 0.3	1~90 3
炭疽芽孢杆菌 （TN 疫苗菌株）		5*
类炭疽芽孢杆菌	1.0	30*

注：* 所用芽孢被 20％蛋白质保护。

6. 新洁尔灭

新洁尔灭是阳离子表面活性剂类洁净消毒剂,易吸附于带负电的细菌细胞表面,可改变细胞的通透性,干扰菌体的新陈代谢从而产生杀菌作用;抗菌谱广、杀菌力强。对革兰氏阳性菌的杀灭能力较强,对革兰氏阴性杆菌和病毒作用较弱。10min 能杀死营养细胞,对细菌芽孢几乎没有杀灭作用。一般用于器具和生产环境的消毒,不能与合成洗涤剂合用,不能接触铝制品,常使用 0.25％的溶液。

7. 戊二醛

戊二醛具广谱杀菌特性,对细菌营养细胞、芽孢、真菌和病毒均有杀灭作用;杀菌效率高、速度快,常用的杀菌剂型可在数分钟内达到杀菌效果,近几十年来使用范围逐渐扩大。酸性条件下戊二醛对芽孢并无杀灭作用,加入适当的激活剂,如 0.3％碳酸氢钠,使戊二醛溶液的 pH 值为 7.5~8.5 时,才表现出强大的杀芽孢作用;但碱化后的戊二醛稳定性差,放置数周后会失去杀菌能力。常用 2％的溶液,用于器具、仪器等的灭菌。

8. 酚类

苯酚(二元酚或多元酚)作为消毒和杀菌剂已有百年历史,但苯酚毒性较大,易污染环境,且水溶性差,常温下对芽孢无杀灭作用,使应用受到限制。其杀菌机理是使微生物细胞的原生质蛋白发生凝固变性。而酚类衍生物如甲酚磺酸,水溶性有所提高,且毒性降低。使用浓度一般为 0.1％~0.15％的溶液,可在 10~15min 杀死大肠杆菌。

9. 焦碳酸二乙酸

焦碳酸二乙酸的相对分子质量为 162,可溶于水和有机溶剂。在 pH＝8.0 的水溶液中,杀死细菌和真菌的浓度为 0.01％~1％(体积比),pH＝4.5 或以下时,杀菌能力更强,是比较理想的培养基灭菌剂。由于它在水中的溶解度小,灭菌时应均匀添加到培养基中。能杀灭噬菌体,切断噬菌体的单链 DNA,抑制噬菌体 DNA 和蛋白质合成,并抑制寄主细胞自溶,是杀灭噬菌体有效的化学药剂。但是它有腐蚀性,应注意勿接触皮肤。

10. 抗生素

抗生素是很好的抑菌剂或灭菌剂,但各种抗生素对细菌的抑制或杀灭均有选择性,一种抗生素不能抑制或杀灭所有细菌,所以抗生素很少作为杀菌剂。

使用以上化学药剂灭菌时应注意化学药剂的具体使用条件,减少其他因素对杀菌、抑菌效果的影响。化学杀菌剂混合或复配使用时,应注意不同物质之间的配伍性,以求达到最佳的使用效果。有些杀菌剂还需要轮换、间断使用,以免微生物出现耐药性。

二、射线灭菌

射线灭菌是利用紫外线、高能电磁波或放射性物质产生的 γ 射线进行灭菌的方法。在发酵工业中常用紫外线进行灭菌,波长范围在 200～275nm 的紫外线具有杀菌作用,杀菌作用较强的范围是 250～270nm,波长为 253.7nm 的紫外线杀菌作用最强。在紫外灯下直接暴露,一般繁殖型微生物约 3～5min,芽孢约 10min 即可杀灭。但紫外线的透过物质能力差,一般只适用于接种室、超净工作台、无菌培养室及物质表面的灭菌。一般紫外灯开启 30min 就可以达到灭菌的效果,时间长了浪费电力,缩短紫外灯使用寿命,增大臭氧浓度,影响操作人员的身体健康。不同微生物对紫外线的抵抗力不同,对杆菌杀灭力强,对球菌次之,对酵母菌、霉菌等较弱,因此为了加强灭菌效果,紫外线灭菌往往与化学灭菌结合使用。

三、干热灭菌

最简单的干热灭菌方法是将金属或其他耐热材料在火焰上灼烧,称为灼烧灭菌法。灭菌迅速彻底,但使用范围有限,多在接种操作时使用,只能用于接种针、接种环等少数对象的灭菌。实验室常用的干热灭菌方法是干热空气灭菌法,采用电热干燥箱作为干热灭菌器。微生物对干热的耐受力比对湿热强得多,因此干热灭菌所需要的温度较高、时间较长。细菌的芽孢是耐热性最强的生命形式。所以,干热灭菌时间常以几种有代表性的细菌芽孢的耐热性作参考标准(表 4-3)。干热条件一般为在 160℃ 条件下保温 2h,灭菌物品用纸包扎或带有棉塞时不能超过 170℃。主要用于玻璃器皿、金属器材和其他耐高温物品的灭菌。

表 4-3　一些细菌的芽孢干热灭菌所需时间

菌名	不同温度下的杀死时间/min						
	120℃	130℃	140℃	150℃	160℃	170℃	180℃
炭疽杆菌	—	—	180	60～120	9～90		
肉毒梭菌	120	60	15～60	25	20～25	10～15	5～10
产气荚膜杆菌	50	15～35	5	—	—		
破伤风梭菌	—	20～40	5～15	15	12	3	1
土壤细菌	—	—	—	180	30～90	15～60	15

四、湿热灭菌

湿热灭菌是利用饱和蒸汽进行灭菌。蒸汽冷凝时释放大量潜热,并具有强大的穿透力,在高温和有水存在时,微生物细胞中的蛋白质、酶和核酸分子内部的化学键和氢键受到破坏,致使微生物在短时间内死亡。湿热灭菌的效果比干热灭菌好,这是因为一方面细胞内蛋白质含水量高,容易变性;另一方面高温水蒸气对蛋白质有高度的穿透力,从而加速蛋白质变性而迅速死亡。多数细菌和真菌的营养细胞在 60℃下处理 5~10min 后即可杀死,酵母菌和真菌的孢子稍耐热,要用 80℃以上的高温处理才能杀死,而细菌的芽孢最耐热,一般要在 120℃下处理 15min 才能杀死(表 4-4)。一般湿热灭菌的条件为 121℃维持 20~30min。常用于培养基、发酵设备、附属设备、管道和实验器材的灭菌。

表 4-4　一些细菌的芽孢湿热灭菌所需时间

菌名	不同温度下的杀死时间/min					
	100℃	105℃	110℃	115℃	120℃	125℃
产孢梭菌	150	45	12	—	—	—
炭疽杆菌	2~15	5~10	—	—	—	—
破伤风梭菌	5~90	5~25	—	—	—	—
产气荚膜梭菌	5~45	5~27	10~15	4	1	—
肉毒梭菌	—	40~120	32~90	10~40	4~20	—
枯草杆菌	—	—	—	40	—	—
土壤细菌	—	420	120	15	6~15	4~8

一般,水分含量越高,蛋白质凝固变性温度就越低。卵蛋白水分含量与凝固温度的关系如表 4-5 所示。

表 4-5　卵蛋白水分含量与凝固温度的关系

卵蛋白含水量/%	50	25	15	5	0
凝固温度/℃	56	76	96	149	165

杀死微生物的极限温度称为致死温度。在致死温度下,杀死全部微生物所需的时间称为致死时间。高于致死温度的情况下,随温度的升高,致死时间也相应缩短。一般的微生物营养细胞在 60℃下加热 10min 即可全部被杀死,但细菌的芽孢在 100℃下保温数十分钟乃至数小时才能被杀死。不同微生物对热的抵抗力不同,常用热阻来表示。热阻是指微生物细胞在某一特定条件下(主要是指温度和加热方式)的致死时间。一般评价灭菌彻底与否的指标主要是看能否完全杀死热阻大的芽孢杆菌。表 4-6 列出某些微生物的相对热阻和对灭菌剂的相对抵抗力。

表 4-6　某些微生物的相对热阻和对灭菌剂的相对抵抗力(与大肠杆菌比较)

灭菌方式	大肠杆菌	霉菌孢子	细菌芽孢	噬菌体或病毒
干热	1	2～10	1000	1
湿热	1	2～10	3×10^{6}	1～5
苯酚	1	1～2	3×10^{9}	30
甲醛	1	2～10	250	9
紫外线	1	2～100	2～5	5～1 0

(一)微生物受热的死亡定律

在一定温度下,微生物的受热死亡遵循分子反应速度理论。在微生物受热死亡过程中,活菌数逐渐减少,其减少量随残留活菌数的减少而递减,即微生物的死亡速率($\mathrm{d}N/\mathrm{d}f$)与任何一瞬时残存的活菌数成正比,称之为对数残留定律,用下式表示:

$$-\frac{\mathrm{d}N}{\mathrm{d}t}=kN \tag{4-1}$$

式中,N 为培养基中残存的活菌数,个;t 为灭菌时间,s;k 为灭菌反应速度常数或称为菌比死亡速率,s^{-1},k 值的大小与灭菌温度和菌种特性有关;$\dfrac{\mathrm{d}N}{\mathrm{d}t}$ 为活菌数的瞬时变化速率,即死亡速率,个/s。

式(4-1)通过积分可得

$$\int_{N_0}^{N_t}\frac{\mathrm{d}N}{N}=-k\int_0^t\mathrm{d}t$$

$$\ln\frac{N_0}{N_t}=kt \tag{4-2}$$

$$t=\frac{1}{k}\ln\frac{N_0}{N_t}=\frac{2.303}{k}\cdot\lg\frac{N_0}{N_t} \tag{4-3}$$

式中,N_0 为灭菌开始时原有的菌数,个;N_t 为灭菌结束时残留的菌数,个。

根据上述的对数残留方程式,灭菌时间取决于污染程度(N_0)、灭菌程度(残留的活菌数 N_t)和灭菌反应速度常数 k。如果要求达到完全灭菌,即从 $N_t=0$,则所需的灭菌时间 t 无限延长,事实上是不可能的。实际设计时常采用 $N_t=0.001$。图 4-1 为某些生物的残留曲线。

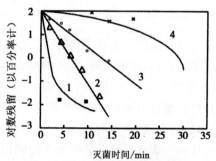

图 4-1　某些微生物的残留曲线

1—子囊青霉(Ascospores of Penicillium),81℃;2—腐化厌氧菌(Putrefactive anaerobe),115℃;

3—大肠杆菌(E. Coli),51.7℃;4—菌核青霉(Sclerotia of PeniciUium),90.5℃

菌体死亡属于一级动力学反应式(4-1)。灭菌反应速度常数 k 是判断微生物受热死亡难易程度的基本依据。不同微生物在同样的温度下足值是不同的，k 值越小，则微生物越耐热。温度对 k 值的影响遵循阿仑乌斯定律，即

$$k = A - \frac{\Delta E}{RT} \tag{4-4}$$

式中，A 为比例常数，s^{-1}；ΔE 为活化能，J/mol；R 为气体常数，$4.1868 \times 1.98 J/(mol \cdot K)$；$T$ 为绝对温度，K。

培养基在灭菌以前，存在各种各样的微生物，它们的足值各不相同。式(4-4)也可以写成

$$\lg k = \frac{-E}{2.303 RT} + \lg A$$

这样就得到只随灭菌温度而变的灭菌速度常数是的简化计算公式，可求得不同温度下的灭菌速度常数。细菌芽孢的 k 值比营养细胞小得多，细菌芽孢的耐热性要比营养细胞大。同一种微生物在不同的灭菌温度下，k 值不同，灭菌温度越低，k 值越小；灭菌温度越高，k 值越大（图 4-2）。

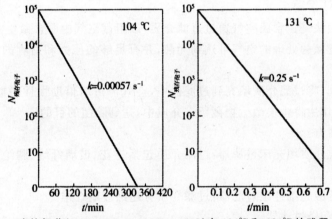

图 4-2　嗜热杆菌(B. stearothermophilus 1518)在 104℃ 和 131℃ 的残留曲线

如硬脂嗜热芽孢杆菌 1518 在 104℃ 时 k 值为 $0.0342 min^{-1}$，121℃ 时 k 值为 $0.77 min^{-1}$，131℃ 时 k 值为 $15 min^{-1}$。可见，温度增高，足值增大，灭菌时间缩短。表 4-7 列出几种微生物 k 值。

表 4-7　120℃ 时不同细菌的 k 值　min^{-1}

菌种	k 值
枯草芽孢杆菌 FS5230	$0.043 \sim 0.063$
硬脂嗜热芽孢杆菌 FS1518	0.013
硬脂嗜热芽孢杆菌 FS617	0.043
产气梭状芽孢杆菌 PA3679	0.03

(二)杀灭细菌芽孢的温度和时间

成熟的细菌芽孢除含有大量的钙-吡啶二羧酸成分外,还处于脱水状态,成熟芽孢的核心只含有营养细胞水分的10%～30%。这些特性都大大增加了芽孢的抗热和抵抗化学物质的能力。在相同的温度下杀灭不同细菌芽孢所需的时间是不同的,一方面是因为不同细菌芽孢对热的耐受性是不同的,另外培养条件的不同也使耐热性产生差别。因此,杀灭细菌芽孢的温度和时间一般根据试验确定,也可以推算确定。例如,Rahn 计算 100℃～135℃ 范围内大多数细菌芽孢的温度系数 Q_{10}(温度每升高 10℃ 时速度常数与原速度常数之比)为 8～10,以此为基准推算不同温度下的灭菌时间,结果见于表 4-8。

表 4-8　多数细菌芽孢的灭菌温度与时间

温度/℃	100	110	115	121	125	130
时间/min	1200	150	51	15	6.4	2.4

五、介质过滤除菌法

介质过滤除菌法是让含菌空气通过过滤介质,以阻截空气中所含微生物,而取得无菌空气的方法。通过过滤除菌处理的空气可达到无菌,并有足够的压力和适宜的温度以供好氧微生物培养过程之用。

介质除菌原理:将过滤介质填充到过滤器中,空气流过时借助惯性碰撞、阻截、扩散、静电电极吸附、沉降等作用将尘埃微生物截留在介质中,达到除菌的目的。

填充床过滤器有:

①纤维或颗粒介质填充床过滤器:过滤介质包括棉花、玻璃纤维、腈纶、涤纶、维尼纶或活性炭等。

②折叠式硼硅酸超细纤维过滤器:过滤介质有超细玻璃纤维。

③烧结金属、陶瓷过滤器。

膜过滤(绝对过滤)器:膜过滤的原理是利用微孔滤膜(microporous membrane)对空气进行过滤,膜的孔径为 0.20～0.45μm,大于这一孔径的微生物能绝对截留。膜过滤器的过滤介质有聚四氟乙烯、偏聚二氟乙烯、聚丙烯和纤维素脂膜等。

表 4-9 列出了各种灭菌方法的特点及适用范围。

表 4-9　各种灭菌方法的特点及适用范围

灭菌方法	原理与条件	特点	适用范围
火焰灭菌法	利用火焰直接把微生物杀死	方法简单、灭菌彻底,但适用范围有限	适用于接种针、玻璃棒、试管口、三角瓶口的灭菌
干热灭菌法	利用热空气将微生物体内的蛋白质氧化进行灭菌	灭菌后物料可保持干燥,方法简单,但灭菌效果不如嗜热灭菌	适用于金属或玻璃器皿的灭菌

灭菌方法	原理与条件	特点	适用范围
湿热灭菌法	利用高温蒸汽将物料的温度升高使微生物体内的蛋白质变性进行灭菌	蒸汽来源容易、潜力大、穿透力强、灭菌效果好、操作费用低、具有经济和快速的特点	广泛应用于生产设备及培养基的灭菌
射线灭菌法	用射线穿透微生物细胞进行灭菌	使用方便,但穿透力较差,适用范围有限	一般只用于无菌室、无菌箱、摇瓶间和器皿表面的消毒
化学试剂灭菌法	利用化学试剂对微生物的氧化作用或损伤细胞等进行灭菌	使用方法较广,可用于无法用加热方法进行	常用于环境空气的灭菌及一些表面的灭菌
过滤除菌法	利用过滤介质将微生物菌体细胞过滤进行除菌	不改变物性而达到灭菌目的,设备要求高	常用于生产中空气的净化除菌,少数用于容易被热破坏的培养基的灭菌

第二节　培养基和设备灭菌

一、培养基的灭菌

培养基灭菌最基本的要求是杀死培养基中混杂的微生物,再接入纯菌以达到纯种培养的目的。在利用蒸汽对培养基灭菌的过程中,由于蒸汽冷凝时会释放出大量的潜热,并具有强大的穿透能力,在高温及存在水分的条件下,微生物细胞内的蛋白质极易变性或凝固而引起微生物的死亡,故湿热灭菌法在培养基灭菌中具有经济和快速的特点。但高温虽然能杀死培养基中的杂菌,同时也会破坏培养基中的营养成分,甚至会产生不利于菌体生长的物质。因此,在生产上除了尽可能杀死培养基中的杂菌外,还要求尽可能减少培养基中营养成分的损失。合理选择灭菌条件是关键,这就要求必须了解在灭菌过程中温度、时间对微生物死亡和培养基营养成分破坏的关系。一般最常用的灭菌条件是 121℃,20～30min。

工业化生产中培养基的灭菌采用湿热灭菌的方式,主要有两种方法:分批灭菌和连续灭菌。

(一)液体培养基的灭菌

1. 分批灭菌

分批灭菌又称为间歇灭菌,就是将配制好的培养基全部输入到发酵罐内或其他装置中,通入蒸汽将培养基和所用设备加热至灭菌温度后维持一定时间,再冷却到接种温度,这一工艺过程也称为实罐灭菌。分批灭菌过程包括升温、保温和冷却 3 个阶段,图 4-3 为培养基分批灭菌过程中温度变化情况。图 4-4 为分批灭菌的进汽、排汽及冷却水管路系统。在培养基灭菌之前,通常应先将与罐相连的分空气过滤器用蒸汽灭菌并用空气吹干。分批灭菌时,先将输料管路内的污水放掉冲净,然后将配制好的培养基用泵送至发酵罐(种子罐或补料罐)内,同时开动搅拌器进行灭菌。灭菌前先将各排气阀打开,将蒸汽引入夹套或蛇管进行预热,当罐温升至80℃～90℃,将排汽阀逐渐关小。这段预热时间是为了使物料溶胀和受热均匀,预热后再将蒸汽直接通入到培养基中,这样可以减少冷凝水量。当温度升到灭菌温度 121℃,罐压为 $1×10^5$ Pa(表压)时,打开接种、补料、消泡剂、酸、碱等管道阀门进行排汽,并调节好各进汽和排汽阀门的排汽量,使罐压和温度保持在一定水平上进行保温。生产中通常采用的保温时间为 30min。在保温的过程中应注意,凡在培养基液面下的各种入口管道均通入蒸汽,即"三路进汽",蒸汽从通风口、取样口和出料口进入罐内直接加热;而在液面以上的管道口则应排放蒸汽,最"四路出汽",蒸汽从排汽、接种、进料和消沫剂管排汽;这样做可以不留灭菌死角。保温结束时,先关闭排汽阀门,再关闭进汽阀门,待罐内压力低于无菌空气压力后,立即向罐内通入无菌空气,以维持罐压。在夹套或蛇管中通冷水进行快速冷却,使培养基的温度降至所需温度。

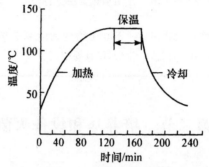

图 4-3　培养基分批灭菌过程中温度变化情况

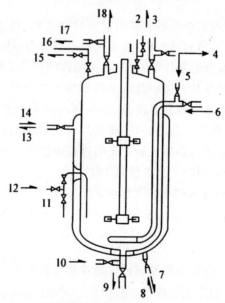

图 4-4　分批灭菌的进汽、排汽及冷却水管路系统

1—接种管;2,4,15,17—排汽;3—进料管;5,10,12,14—进汽;6—进气管;7—冷凝水;
8—冷却水进口;9—排料管;11—取样管;13—冷却水出口;16—消沫剂管;18—出气管

分批灭菌不需要其他设备,操作简单易行,规模较小的发酵罐往往采用分批灭菌的方法。主要缺点是加热和冷却所需时间较长,增加了发酵前的准备时间,也就相应地延长了发酵周期,使发酵罐的利用率降低。所以大型发酵罐采用这种方法在经济上是不合理的。同时,分批

灭菌无法采用高温短时间灭菌,因而不可避免地使培养基中营养成分遭到一定程度的破坏。但是对于极易发泡或黏度很大难以连续灭菌的培养基,即使对于大型发酵罐也不得不采用分批灭菌的方法。

2. 连续灭菌

在培养基的灭菌过程中,除了微生物的死亡外,还伴随着培养基营养成分的破坏,而分批灭菌由于升降温的时间长,所以对培养基营养成分的破坏大,而以高温、快速为特征的连续灭菌可以在一定程度上解决这个问题。连续灭菌时,培养基可在短时间内加热到保温温度,并且能很快地被冷却,保温时间很短,有利于减少培养基中营养物质的破坏。连续灭菌是将培养基通过专门设计的灭菌器,进行连续流动灭菌后,进入预先灭过菌的发酵罐中的灭菌方式。也称之为连消。图4-5是连续灭菌的设备流程图。连续灭菌是在短时间加热使料液温度升到灭菌温度126℃~132℃,在维持罐中保温5~8min,快速冷却后进入灭菌完毕的发酵罐中。

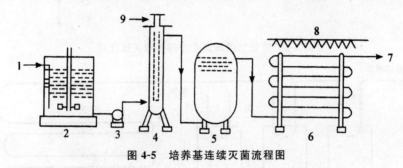

图4-5　培养基连续灭菌流程图

1,9—蒸汽;2—配料预热罐;3—泵;4—连消塔;
5—维持塔;6—冷却管;7—无菌培养基;8—冷却水管

图4-6所示为喷射加热连续灭菌流程。这是由喷射加热,管道维持,真空冷却组成的连续灭菌流程。蒸汽直接喷入加热器与培养基混合,使培养基温度急速上升到预定灭菌温度,在灭菌温度下的保温时间由维持管道的长度来保证。灭菌后培养基通过膨胀阀进入真空冷却器急速冷却。此流程由于受热时间短,因而不致引起培养基的严重破坏;并能保证培养基先进先出,避免过热或灭菌不彻底的现象。要注意其真空系统要求严格密封,以免重新污染。

图4-7为薄板换热器连续灭菌流程。在此流程里,培养基在设备中同时完成预热、灭菌及冷却过程,蒸汽加热段使培养基温度升高,经维持段保温一段时间,然后在薄板换热器的另一段冷却。虽然加热和冷却所需时间比使用喷射式连续灭菌稍长,但灭菌周期则比间歇灭菌小得多。由于未灭菌培养基的预热过程也是灭菌过的培养基的冷却过程,所以节约了蒸汽及冷却水的用量。

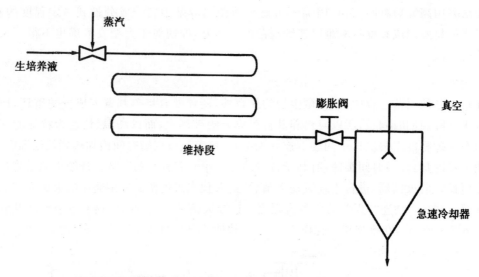

图 4-6　喷射加热与真空冷却连续灭菌流程

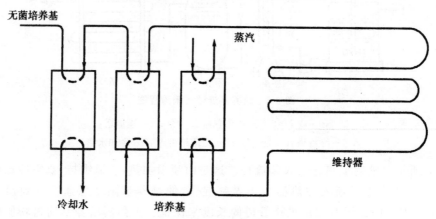

图 4-7　薄板换热器与余热回收连续灭菌流程

(二)固体培养基的灭菌

固体培养基一般为粒状、片状或粉状,流动性差,也不易翻动,加热吸水后成团状,热传递性能差,降温慢。如果固体培养基较少,采用常规的湿热灭菌的方法就可以,如果灭菌物品量较大,如大量食用菌培养基的灭菌,则可采用传统的灭菌方法,自制的土蒸锅。通常用砖砌成灶,放上铁锅,锅的直径为 100～110cm,上面用铁板卷成桶(也可用砖或木料),蒸锅高 1m,附有蒸帘和锅盖。蒸料时采取水开后顶气上料的方法,即先在蒸帘上撒上一层 10cm 厚的干料,以后哪冒气往哪撒料,直到装完为止。但料不要装到桶口,应留有 15cm 左右空隙,以保证蒸汽流通。用耐高温塑料将桶口包住,外面用绳固定住,塑料布鼓气后呈馒头状,锅内温度达 98℃以上,计时灭菌 2h,自然冷却(闷锅)。这种灭菌方法不能达到完全灭菌的目的,只能达到半灭菌状态。

另一种固体灭菌的设备是采用转鼓式灭菌器,常用于酱油厂和酒厂。该设备能承受一定的压力,形状如同一个鼓,以 0.5～1r/min 转动,培养基能得到较为充分的混匀,轴的中心是一带孔的圆管,蒸汽沿轴中心通入鼓内培养基中进行加热,达到一定温度后,进行保温灭菌。灭菌结束后用真空泵对转鼓抽气,降低鼓内压力和培养基的温度。

(三)分批灭菌与连续灭菌的比较

随着反应器的放大,培养基大规模灭菌会带来许多问题,如培养基物理化学性质改变、有毒化合物的形成及营养物质的损失等。灭菌加热及冷却时间随培养基规模而变化,灭菌过程受不同因素影响如杀死微生物的速率(与微生物活细胞成正比)、不同微生物对温度的敏感性差别等。对大规模灭菌、发酵罐较大时一般采用高温、短时的连续灭菌。连续灭菌的温度较高,灭菌时间较短,培养基的营养成分得到了最大限度的保护,保证了培养基的质量,另外由于灭菌过程不在发酵罐中进行,提高了发酵设备的利用率,易于实现自动化操作,降低了劳动强度。当然连续灭菌对设备与蒸汽的质量要求较高,还需外设加热、冷却装置,操作复杂,染菌机会多,不适合含有大量固体物料培养基的灭菌。在工业化生产时,培养基灭菌遇到的另一个棘手问题是,培养基有的有机成分易受热分解,甚至在较高温度下相互作用,形成对微生物有毒害作用的物质。有时培养基灭菌除了考虑杀死微生物外,还应考虑温度对基质的物理化学性质的影响,例如,培养基中经常用到的麸皮在较高的温度下物理化学性质发生改变,这一般有利于微生物的吸收,所以灭菌时间要长一些。

分批灭菌与连续灭菌相比较各有其优缺点,其比较如表 4-10 所示。但当进行大规模生产,且发酵罐较大时宜采用连续灭菌。主要原因是分批灭菌的时间较长,对营养成分的破坏较大(表 4-11)。从表 4-12 也能看出间歇灭菌与连续灭菌对发酵产物收率也存在影响。

表 4-10 间歇灭菌与连续灭菌的比较

灭菌方式	优点	缺点
连续灭菌	①灭菌温度高,可减少培养基中营养物质的损失 ②操作条件恒定,灭菌质量稳定 ③易于实现管道化和自控操作 ④避免反复的加热和冷却,提高了热的利用率 ⑤发酵设备利用率高	①对设备的要求高,需另外设置加热、冷却装置 ②操作较复杂 ③染菌的机会较多 ④不适合于含大量固体物料的灭菌 ⑤对蒸汽的要求较高
间歇灭菌	①设备要求较低,不需另外设置加热、冷却装置 ②操作要求低,适于手动操作 ③适合于小批量生产规模 ④适合于含有大量固体物质的培养基的灭菌	①培养基的营养物质损失较多,灭菌后培养基的质量下降 ②需进行反复的加热和冷却,能耗较高 ③不适合于大规模生产过程的灭菌 ④发酵罐的利用率较低

表 4-11　灭菌温度和时间对培养基营养成分破坏的比较*

灭菌温度/℃	灭菌时间/min	营养成分破坏率/%	灭菌温度/℃	灭菌时间/min	营养成分破坏率/%
100	400.00	99.3	130	0.50	8.0
110	36.00	67.0	145	0.08	2.0
115	15.00	50.0	150	0.01	<1.0
120	4.00	27.0			

* 培养基达到完全灭菌状态,以维生素 B_1 为准。

表 4-12　间歇灭菌与连续灭菌对发酵产物收率的影响

| 葡萄糖/% | 玉米浆/% | 动物浸膏/% | 灭菌过程的类型和条件 | | | 产物收率 | |
			类型	灭菌温度/℃	灭菌时间/min	pH	维生素* B_{12}/$U \cdot mL^{-1}$
2.0	1.9	0.8	间歇	121	45	1.5	5.0
2.1	1.9	1.0	间歇	121	45	4.4	88
2.0	1.9	0.9	间歇	121	45	6.5	360
2.0	1.9	1.0	间歇	121	45	4.4	656

| 酒糟水/% | 大豆浸膏/% | — | 灭菌过程的类型和条件 | | | 产物收率 | |
		—	类型	灭菌温度/℃	灭菌时间/min	pH	维生素* B_{12}/$U \cdot mL^{-1}$
4	—	—	间歇	121	120	4.8	0.1
4	—	—	连续	163	13	4.8	1.2
2	2	—	间歇	121	90	5.7	1.3
2	2	—	连续	163	13	5.7	2.0

* 此处产物收率是指采用相应的灭菌方式后,发酵结束后最终产物维生素 B_{12} 的收率。

(四)影响培养基灭菌的因素

培养基要达到较好的灭菌效果受多种因素的影响,主要表现在以下几个方面。

1. 培养基成分

培养基中的油脂、糖类和蛋白质会增加微生物的耐热性,使微生物的受热死亡速率变慢,这主要是因为有机物质会在微生物细胞外形成一层薄膜,影响热的传递,所以灭菌温度就应提高或延长灭菌时间。例如,大肠杆菌在水中加热至 60℃~65℃ 时死亡;在 10% 糖液中,需 70℃ 加热 4~6min;在 30% 糖液中,需 70℃ 加热 30min。但灭菌时,对灭菌效果和营养成分的保持都应兼顾,既要使培养基彻底灭菌又要尽可能减少对培养基营养成分的破坏。相反培养基中高浓度的盐类、色素会减弱微生物细胞的耐热性,一般较易灭菌。

2. 培养基成分的颗粒度

培养基成分的颗粒越大,灭菌时蒸汽穿透所需的时间越长,灭菌越困难;颗粒小,灭菌容易。一般对小于 1mm 颗粒度的培养基,可不必考虑颗粒对灭菌的影响,但对于含有少量大颗粒及粗纤维的培养基,特别是存在凝结成团的胶体时,则应适当提高灭菌温度或过滤除去。

3. 培养基的 pH

pH 对微生物的耐热性影响很大。微生物一般在 pH＝6.0～8.0 时最耐热;pH＜6.0 时,氢离子易渗入微生物细胞内,从而改变细胞的生理反应促使其死亡。培养基 pH 值愈低,灭菌所需的时间愈短。培养基的 pH 与灭菌时间的关系见表 4-13。

表 4-13　培养基的 pH 与灭菌时间的关系

温度/℃	孢子数/ cfu·mL^{-1}	灭菌时间/min				
		pH＝6.1	pH＝5.3	pH＝5.0	pH＝4.7	pH＝4.5
120	10000	8	7	5	3	3
115	10000	25	25	12	13	13
110	10000	70	65	35	30	24
100	10000	340	720	180	150	150

4. 微生物细胞含水量

微生物含水量越少,蛋白质越不易变性(表 4-14),所需灭菌时间越长。孢子、芽孢的含水量少,代谢缓慢,要很长时间的高温才能杀死。但如果是含水量很高的物品,高温蒸汽的穿透效果会降低,所以也要延长灭菌时间。

表 4-14　卵蛋白凝固时水分与温度的关系

水分/%	50	25	18	6	0
凝固温度/℃	56	74～78	80～92	145	160～170

5. 微生物性质与数量

各种微生物对热的抵抗力相差较大,细菌的营养体、酵母、霉菌的菌丝体对热较为敏感,而放线菌、酵母、霉菌孢子对热的抵抗力较强。处于不同生长阶段的微生物,所需灭菌的温度与时间也不相同,繁殖期的微生物对高温的抵抗力要比衰老时期抵抗力小得多,这与衰老时期微生物细胞中蛋白质的含水量低有关。芽孢的耐热性比繁殖期微生物更强。在同一温度下,微生物的数量越多,则所需的灭菌时间越长,因为微生物在数量比较多的时候,其中耐热个体出现的机会也越多,表 4-15 所示为培养基中不同数量的微生物孢子在 105℃下灭菌所需的时间。天然原料尤其是麸皮等植物性原料配成的培养基,一般含菌量较高,而用纯粹化学试剂配制成的组合培养基,含菌量较低。

表 4-15　培养基中微生物孢子在 105℃下灭菌所需的时间

培养基中微生物孢子数/cfu·mL^{-1}	9	9×10^2	9×10^4	9×10^6	9×10^8
105℃灭菌所需的时间/min	2	14	20	36	48

6. 冷空气排除情况

高压蒸汽灭菌的关键问题是为热的传导提供良好条件,而其中最重要的是使冷空气从灭菌器中顺利排出。因为冷空气导热性差,阻碍蒸汽接触灭菌物品,并且还可减低蒸汽分压使之不能达到应有的温度。如果灭菌器内冷空气排除不彻底,压力表所显示的压力就不单是罐内蒸汽的压力,还有空气的分压,罐内的实际温度低于压力表所对应的温度,造成灭菌温度不够,如表 4-16 所示。检验灭菌器内空气排除度,可采用多种方法。最好的办法是灭菌锅上同时装有压力表和温度计。

表 4-16　空气排除程度与温度的关系

蒸汽压力/atm	罐内实际温度/℃				
	未排除空气	排除 1/3 空气	排除 1/2 空气	排除 2/3 空气	完全排除空气
0.3	72	90	94	100	109
0.7	90	100	105	109	115
1.0	100	109	112	115	121
1.3	109	115	118	121	126
1.5	115	121	124	126	130

注:1atm=1.01×10^{5}Pa。

7. 泡沫

在培养基灭菌过程中,培养基中产生的泡沫对灭菌很不利,因为泡沫中的空气形成隔热层,使热量难以渗透进去,不易杀死其中潜伏的微生物。因而无论是分批灭菌还是连续灭菌,对易起泡沫的培养基均需加消泡剂,以防止泡沫产生或消除泡沫。

8. 搅拌

在灭菌的过程中进行搅拌是为了使培养基充分混匀,不至于造成局部过热或灭菌死角,在保证不过多的破坏营养物质的前提下达到彻底灭菌的目的。

(五)培养基灭菌时间的计算

1. 分批灭菌

分批灭菌时间的确定应参考理论灭菌时间作适当的延长或缩短。如果不计升温与降温阶段所杀灭的菌数,把培养基中所有的微生物均视为是在保温阶段(灭菌温度)被杀灭的,这样可以简单地利用式(4-3)求得培养基的理论灭菌时间。

例 4.1　某发酵罐内装有培养基 40m^3,在 121℃下进行分批灭菌。设每毫升培养基中含耐热芽孢杆菌为 2×10^5 个,121℃时的灭菌速度常数为 1.8min^{-1},求理论灭菌时间(即灭菌失败机率为 0.001 时所需要的灭菌时间)。

解：$N_0 = 40 \times 10^6 \times 2 \times 10^5 = 8 \times 10^{12}$ 个

$N_t = 0.001$ 个

则 $t = \dfrac{2.303}{k} \cdot \lg \dfrac{N_0}{N_t} = \dfrac{2.303}{1.8} \times \lg(8 \times 10^5) = 2.034$

但是在这里没有考虑培养基加热升温对灭菌的贡献，特别是培养基加热到 100℃ 以上时，这个作用更为明显。也就是说保温开始时培养基中的活微生物不是眠。另外，降温阶段对灭菌也有一定的贡献，但现在普遍采用迅速降温的措施，时间短，在计算时一般不予以考虑。

在升温阶段，培养基温度不断升高，菌体死亡速度常数也在不断增加，灭菌速度常数与温度的关系为式(4-4)，在计算时，一般取抵抗力较大的芽孢杆菌的 k 值进行计算，这时的 A 可以取为 $1.34 \times 10^{36} \mathrm{s}^{-1}$，$\Delta E$ 可以取 $2.844 \times 10^5 \mathrm{J \cdot mol^{-1}}$，因此式(4-5)可写为

$$\lg k = \frac{-14845}{2T} + 36.12 \qquad (4\text{-}6)$$

利用式(4-6)可求得不同灭菌温度下的速度常数。若欲求得升温阶段(如温度从 T_1 升至 T_2)的平均菌体死亡速度常数 k_m，可用下式求得

$$k_m = \frac{\int_{T_1}^{T_2} k \mathrm{d}T}{T_2 - T_1} \qquad (4\text{-}7)$$

若培养基加热时间(一般以 100℃ 至保温的升温时间)t_p 已知，k_m 已求得，则升温阶段结束时，培养基中残留菌数(N_p)可从下式求得

$$N_p = \frac{N_0}{e^{k_m \cdot t_p}} \qquad (4\text{-}8)$$

再由下式求得保温所需时间

$$t = \frac{2.303}{k} \cdot \lg \frac{N_0}{N_t} \qquad (4\text{-}9)$$

例 4.2 例 4.1 中，灭菌过程的升温阶段，培养基从 100℃ 上升至 121℃，共需 15min。求升温阶段结束时，培养基中的芽孢数和保温所需的时间。

解：$T_1 = 373\mathrm{K}$　$T_2 = 394\mathrm{K}$

根据式(4-7)求得 373K 至 394K 之间若干 k 值，$k-T$ 关系如表 4-17 所示。

表 4-17 $k-T$ 关系

T	373	376	379	382	385	388	391	394
k^{-1}	2.35×10^{-4}	4.57×10^{-4}	1.03×10^{-4}	2.09×10^{-4}	4.08×10^{-4}	8.14×10^{-4}	1.62×10^{-4}	2.87×10^{-4}

用图解积分法得

$$\int_{T_1}^{T_2} k \mathrm{d}T = 0.128 \mathrm{K \cdot s^{-1}}$$

$$k_m = \frac{\int_{T_1}^{T_2} k \mathrm{d}T}{T_2 - T_1} = \frac{0.128}{394 - 373} = 0.0061 \mathrm{s}^{-1}$$

$$N_p = \frac{N_0}{e^{k_m \cdot t_p}} = \frac{8 \times 10^{12}}{e^{0.0061 \times 15 \times 60}} = \frac{8 \times 10^{12}}{e^{5.46}} = 3.3 \times 10^{10} \text{ 个}$$

保温时间

$$t = \frac{2.303}{k} \cdot \lg \frac{N_0}{N_t} = \frac{2.303}{1.8} \times \lg \frac{3.3 \times 10^{10}}{10^{-3}} = 17.3 \text{min}$$

由此可见,若考虑加热升温阶段的灭菌效应,保温时间比例 4.1 中的保温时间缩短了 14.9%。所以发酵罐体积越大,其分批灭菌的升温时间越长,升温阶段对灭菌的贡献就越大,相应的保温时间就越短。

2. 连续灭菌

连续灭菌的理论灭菌时间的计算仍可采用对数残留定律,如果忽略升温的灭菌作用,则灭菌保温的时间

$$t = \frac{2.303}{k} \cdot \lg \frac{C_0}{C_t}$$

式中,C_0 为单位体积培养基灭前的含菌数,cfu·mL^{-1};C_t 为单位体积培养基灭菌后的含菌数,cfu·mL^{-1}。

例 4.3 若将例 4.1 中的培养基采用连续灭菌,灭菌温度为 131℃,此温度下灭菌速度常数为 15min^{-1},求灭菌所需的维持时间。

解:$C_0 = 2 \times 10^5$ cfu·mL^{-1}

$$C_t = \frac{1}{40 \times 10^6 \times 10^3} = 2.5 \times 10^{-11} \text{cfu·mL}^{-1}$$

$$t = \frac{2.303}{k} \cdot \lg \frac{2 \times 10^5}{2.5 \times 10^{-11}} = 0.15 \times 15.8 = 2.37 \text{min}$$

可见,灭菌温度升高 10℃后采用连续灭菌则保温时间大大缩短。但在维持罐内的物料会有返混,实际灭菌时间常采取理论灭菌时间的 3~5 倍。

二、发酵设备的灭菌

发酵设备的灭菌包括发酵罐、管道和阀门、空气过滤器、补料系统、消沫剂系统等的灭菌。通常选择 0.15~0.2MPa 的饱和蒸汽,这样既可以较快使设备和管路达到所要求的灭菌温度,又使操作安全。对于大型的发酵设备和较长的管路,可根据具体情况使用压强稍高的蒸汽。另外,灭菌开始时,必须注意把设备和管路中的空气排尽,否则达不到应有的灭菌温度。

发酵罐是发酵工业生产最重要的设备,是生化反应的场所,对无菌要求十分严格。实罐灭菌时,发酵罐与培养基一起灭菌。培养基采用连续灭菌时,发酵罐需在培养基灭菌之前,直接用蒸汽进行空罐灭菌。空消之后立即冷却,先用无菌空气保压,待灭菌的培养基输入罐内后,才可以开冷却系统进行冷却。除发酵罐外,培养基的贮罐也要求洁净无菌。

发酵罐的附属设备有分空气过滤器、补料系统、消沫剂系统等。通气发酵罐需要通入大量的无菌空气,这就需要经空气过滤器以过滤除去空气中的微生物。但过滤器本身必须经蒸气加热灭菌后才能起到除菌过滤,提供无菌空气的作用。分空气过滤器在发酵罐灭菌之前进行灭菌。排出过滤器中的空气,从过滤器上部通入蒸汽,并从上、下排气口排气,保持压力 0.174MPa,维持 2h。灭菌后用空气吹干备用。补料罐的灭菌温度根据料液不同而异,如淀粉料液,121℃时保温 30min;尿素溶液,121℃时保温 5min。补料管路、消沫剂管路可与补料罐、

油罐同时进行灭菌,但保温时间为 1h。移种管路灭菌一般要求蒸汽压力为 0.3~0.45MPa,保温 1h。上述各管路在灭菌之前,要进行气密性试验确保无渗漏。

第三节 空气除菌

一、发酵使用的净化空气标准

空气是由氮气、氧气、二氧化碳、惰性气体、水蒸气以及悬浮在空气中的尘埃等组成的混合物。通常微生物在固体或液体培养基中繁殖后,很多细小而轻的菌体、芽孢或孢子会随水分的蒸发、物料的转移被气流带入空气中或黏附于灰尘上随风飘浮。它们在空气中的含量和种类随地区、高度、季节、空气中尘埃多少和人们活动情况而变化。一般寒冷的北方比温暖、潮湿的南方空气含菌量少;离地面越高空气含菌量愈少;农村比工业城市空气含菌量少。空气中的微生物以细菌和细菌芽孢为主,也有酵母、霉菌、放线菌和噬菌体。据统计一般城市的空气中含菌量为 $10^3 \sim 10^4$ cfu·mL^{-1}。

不同的发酵工业生产中,由于所用菌种的生产能力强弱、生长速度的快慢、发酵周期的长短、产物的性质、培养基的营养成分和 pH 的差异等,对所用的空气质量有不同的要求。其中,空气的无菌程度是一项关键指标。如酵母培养过程,因它的培养基是以糖源为主,且有机氮比较少,适宜的 pH 较低,在这种条件下,一般细菌较难繁殖,而酵母的繁殖速度较快,在繁殖过程中能抵抗少量的杂菌影响,因而对空气无菌程度的要求不如氨基酸、液体曲、抗生素发酵那么严格。而氨基酸与抗生素发酵因周期长短不同,对无菌空气的要求也不同。总的来说,影响因素比较复杂,需要根据具体的工艺情况而决定。发酵工业生产中应用的"无菌空气"是指通过除菌处理使空气中含菌量降低到零或极低,从而使污染的可能性降低至极小。一般按染菌率为 10^{-3} 来计算,即 1000 次发酵周期所用的无菌空气只允许一次染菌。

对不同的生物发酵生产和同一工厂的不同生产区域(环节),应有不同的空气无菌度的要求。空气无菌程度是用空气洁净度来表示的,空气洁净度是指洁净环境中空气含尘(微粒)量的程度,含尘浓度高则洁净度低,含尘浓度低则洁净度高。我国参考美国、日本等国家的标准也提出了空气洁净级别,见表 4-18。

表 4-18 环境空气洁净度等级

生产区分类	洁净级别[1]	每升空气中 ≥0.5μm 尘粒数	每升空气中 ≥5μm 尘粒数[2]	菌落数[3]/个
控制区	100000 级	≤3500	≤25	≤10
	10000 级	≤350	≤2.5	≤3
洁净区	1000 级	≤35	≤0.25	≤2
	100 级	≤3.5	0	≤1

注:① 洁净室空气洁净度等级的检验,应以动态条件下测试的尘粒数为依据。② 对于空气洁净度为 100 级的洁净室内大于等于 5μm 尘粒的计算应进行多次采样,当其多次出现时,方可认为该测试数值是可靠的。③ 9cm 双碟露置 0.5h,37℃培养 24h。

发酵使用的无菌空气除对空气的无菌程度有要求外,还要充分考虑空气的温度、湿度与压力。

要准确测定空气中的含菌量来决定过滤设备或查定经过过滤的空气的含菌量(或无菌程度)是比较困难的,一般采用培养法和光学法测定其近似值。

二、空气净化的方法

空气净化就是除去或杀灭空气中的微生物。破坏微生物体活性的方法很多,如辐射杀菌、加热杀菌、化学药物杀菌,都是使有机体蛋白质变性而破坏其活力。而静电吸附和介质过滤除菌的方法是把微生物的粒子用分离的方法除去。

空气除菌的方法有以下几种。

(一)热杀菌

空气加热杀菌与培养基加热灭菌,都是用加热法把杂菌杀死,但两者在本质上稍有区别。空气加热杀菌属于干热杀菌,是基于加热后微生物体内的蛋白质(酶)氧化变性而致微生物死亡;培养基灭菌则是湿热灭菌,是利用蛋白质(酶)的凝固作用而致使菌体死亡。热杀菌是有效的、可靠的杀菌方法,但是如果采用蒸汽或电热来加热大量的空气达到杀菌目的,则要消耗大量的能源和增加大量的换热设备,这是十分不经济的。利用空气压缩时放出的热量进行保温杀菌,这种方法比较经济,其流程见图4-8。空气进口温度若为21℃,空气的出口温度为187～198℃,压力为 0.7MPa。

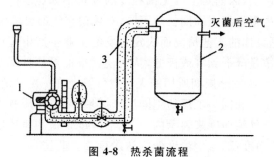

图 4-8 热杀菌流程

1—压缩机;2—贮罐;3—保温层

热杀菌的流程通常是先经预热,例如把空气预热到 60℃～70℃(一般可用低温热源加热,以利用废热),然后进入压缩机压缩,并在 200℃以上的温度下维持一段时间,以便杀死杂菌,再进入发酵罐。为了改善维持段的保温、杀菌效果和使空气在维持段内有足够的停留时间,维持装置也常可采用容器或多程列管换热器的形式,其中以多程列管换热器的效果最佳。可见,若是空气经压缩后温度升高用于干热灭菌是完全可行的,对制备大量无菌空气具有特别的意义。但在实际应用时,对培养装置与空气压缩机的相对位置,连接压缩机与培养装置之间的管道的灭菌以及管道的长度等问题都必须加以考虑。从压缩机出口到空气贮罐过程进行保温,使空气达到高温后保持一段时间,从而使微生物死亡。为了延长空气的高温时间,防止空气在贮罐中走短路,最好在贮罐内加装导管筒。一般来说,要杀死空气中的杂菌,在不同的温度下所需的时间如表4-19所示。

表 4-19　热杀菌温度与所需时间之间的对应关系

温度/℃	所需杀菌时间/s	温度/℃	所需杀菌时间/s
200	15.10	300	2.10
250	5.10	350	1.05

采用热杀菌装置时,还应安装空气冷却器,排除冷凝水,以防止菌体在管道设备死角积聚而造成杂菌繁殖的场所。在进入发酵罐前应加装分过滤器以保证安全,但采用这样系统的压缩机能量消耗会相应增大,压缩机耐热性能要增加,它的零部件也要选用耐热材料进行加工。

(二)辐射杀菌

辐射杀菌技术是指利用电磁射线、加速电子照射被杀菌的对象从而杀死微生物的一种杀菌技术。从理论上来说,α 射线、β 射线、γ 射线、紫外线、超声波等从理论上都能破坏蛋白质等生物活性物质,从而起到杀菌作用。辐射灭菌目前仅用于一些表面的灭菌及有限空间内空气的灭菌,对大规模空气的灭菌还不能采用此种方法。

(三)静电除菌

此种除菌方法是化工、冶金等工业生产中净化空气使用的方法,在发酵工业中也可使用。静电除菌的特点是能量消耗少,处理 $1000m^3$ 的空气每小时只耗电 $0.2\sim0.8kW$;空气的压头损失小($400\sim2000Pa$);对于 $1\mu m$ 的尘埃捕集效率可达 99% 以上,但是设备庞大,属高压技术。

静电除菌原理是使空气中的灰尘成为载电体,然后将其捕集在电极上,通过这种静电引力吸附带电粒子而达到除菌、除尘的目的。悬浮于空气中的微生物,其孢子大多带有不同的电荷,没有带电荷的微粒进入高压静电场时都会被电离成带电微粒,但对于一些直径很小的微粒,它所带的电荷很小,当产生的引力等于或小于气流对微粒的作用力或微粒布朗扩散运动的动量时,微粒不能被吸附而沉降,所以静电除尘灭菌对很小的微粒效率较低。

静电除菌装置分为电离区和捕集区。电离区的作用是使空气中的细菌微粒被电离而带上正电荷,它是由一系列等距平行且接地的极板构成,极板之间是用钨丝或不锈钢丝构成的放电线。在放电线上通入 $10kV$ 的直流电压,与接地板之间就会形成电位梯度很强的不均匀电场。这样空气在通过时,它所带的细菌微粒就会带上正电荷。而捕集区的作用是吸附带电的微粒。捕集区是由高压极板和接地极板构成,它们交错排列、间隔较窄,并且与气流方向平行。在高压极板上加 $5kV$ 的直流电压,极板之间就会形成一个均匀电场。当气流和带电微粒通过时,由于受到库仑力的作用,带电微粒产生一个向负极板移动的速度,虽然气流向正极板拖带,但是带电微粒的合速度仍然是向负极板移动,最终吸附在负极板上。通过这样一个电离及吸附的过程,空气中的细菌微粒就可以被除去。静电除菌灭菌器示意图如图 4-9 所示。

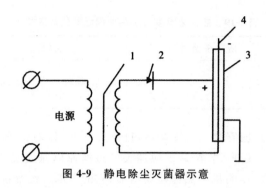

图 4-9　静电除尘灭菌器示意

1—升压变压器；2—整流器；3—沉淀电极；4—电晕电极

　　用静电除菌进行空气净化，阻力小（约 10kPa）、耗电少。但由于极板间距小、电压高，要求极板很平直，安装间距均匀才能保证电场电势均匀，达到较好的除菌效果。另外使用该方法一次性的投资费用大。常用于洁净工作台、洁净工作室所需无菌空气的第一次除尘，配合高效过滤器使用。

　　以上空气除菌、灭菌的方法中，加热灭菌可以杀灭难以用过滤法除去的噬菌体。但用蒸汽或电加热费用较高，无法用于处理大量空气。利用空气压缩热杀菌技术，由于是干热灭菌，必须维持一定时间的高温。压缩空气应维持一定的压力，压缩空气的压力越高，消耗的动力也就越大，同时保温时需要较大的维持管或罐，经济上不是十分合理。静电除菌一般除菌效率在 85%～99%，除菌效率达不到无菌要求，只能作为初步除菌。至今工业上的空气除菌几乎都是采用过滤除菌。

（四）过滤除菌

　　过滤除菌法是让含菌空气通过过滤介质以阻截空气中所含微生物，而取得无菌空气的方法。通过过滤处理的空气可达无菌，并有足够的压力和适宜的温度以供耗氧培养过程之用。该法是目前广泛用来获得大量无菌空气的常规方法。常用的过滤介质有棉花，活性炭，玻璃纤维，有机合成纤维，有机、无机和金属烧结材料等。由于被过滤的微生物粒子很小，一般只有 0.5～2.0μm，而过滤介质的材料一般孔隙直径都大于微粒直径的几倍到几十倍，因此过滤机理比较复杂。同时，由于空气在压缩过程带入的油雾和水蒸气冷凝形成的水雾影响，使影响过滤的因素增多。过滤除菌按其机制不同而分为绝对过滤和深层过滤。绝对过滤是利用微孔滤膜，其孔隙小于 0.5μm，甚至小于 0.1μm（一般细菌大小为 1μm），将空气中的细菌除去，主要特点是过滤介质孔隙小于或远小于被过滤的微粒直径。深层过滤又分为两种：一种是以纤维（棉花、玻璃纤维、尼龙等）或颗粒状（活性碳）介质为过滤层，这种过滤层比较深，其空隙一般大于 50μm，即远大于细菌，因此这种除菌不是真正意义上的过滤作用，而是靠静电、扩散、惯性和阻截等作用将细菌截留在滤层中；另一种是用超细玻璃纤维（纸）、石棉板、烧结金属板、聚乙烯醇、聚四氟乙烯等为介质，这种滤层比较薄，但是孔隙仍大于 0.5μm，因此仍属于深层过滤的范畴。

　　绝对过滤易于控制过滤后空气质量，节约能量和时间，操作简便，它是多年来受到国内外科学工作者注意和研究的问题。它是采用很细小的纤维介质制成滤膜，介质空隙小于 0.5μm，如纤维素脂微孔滤膜（孔径≤0.5μm，厚度 0.15nm）、聚四氟乙烯微孔滤膜（孔径

0.2μm 或 0.5μm,孔率 80％)。我国也已研制成功微孔滤膜,有混合纤维素酯微孔滤膜和醋酸纤维素微孔滤膜,后者的热稳定性和化学稳定性均比前者好。孔径为 0.45μm 的微孔滤膜,对细菌的过滤效果可达 100％,微孔滤膜用于滤除空气中的细菌和尘埃,除有滤除作用外,还有静电吸附作用。在空气过滤之前应将空气中的油、水除去,以提高微孔滤膜的过滤效率和使用寿命。

三、过滤除菌的介质材料及除菌原理

(一)过滤除菌的介质材料

过滤介质是过滤除菌的关键,它的好坏不但影响到介质的消耗、过滤过程动力消耗、操作劳动强度、维护管理等,而且决定设备结构、尺寸,还关系到运转过程的可靠性。过去一直采用棉花纤维或玻璃纤维结合活性炭使用,由于缺点很多,故近年来很多研究者正致力于新过滤介质的研究和开发,并已获得一定成绩。例如超细玻璃纤维、各种合成纤维、微孔烧结材料和微孔超滤膜等各种新型过滤介质,正在逐渐取代原有的棉花-活性炭过滤介质,而得到开发应用。下面对各种过滤介质做以介绍。

1. 棉花

棉花是最早使用的过滤介质,棉花随品种的不同,过滤性能有较大的差别,一般选用细长纤维且疏松的新棉花为过滤介质,同时是未脱脂的棉花(脱脂棉花易于吸水而使体积变小),压缩后仍有弹性。选用棉花纤维的直径为 16～20μm 左右,长度适中,约 2.3cm,实重度为 1520kg·m^{-3},填充率为 8.5％～10％。装填时要分层均匀铺放,最后压紧,装填密度以 150～200kg·m^{-3}。为宜。装填均匀是最重要的一点,否则将会严重影响过滤效果。为了使棉花装填平整,可先将棉花弹成比筒稍大的棉垫后再放入过滤器内。

2. 玻璃纤维

作为散装充填过滤器的玻璃纤维,需选用无碱的,实重度 2600kg·m^{-3},填充密度 130.280kg·m^{-3},一般直径为 8～19μm,而纤维直径越小越好,但由于纤维直径越小,其强度越低,很容易断碎而造成堵塞,增大阻力。因此充填系数不宜太大,一般采用 6％～10％,它的阻力损失一般比棉花小。如果采用硅硼玻璃纤维,则可得到较细直径(0.5μm)的高强度纤维。玻璃纤维的过滤效率随填充密度和填充厚度增大而提高(表 4-20)。玻璃纤维充填的最大缺点是:更换过滤介质时易造成碎末飞扬,使皮肤发痒,甚至出现过敏现象。

表 4-20　玻璃纤维的过滤效率

纤维直径/μm	填充密度/kg·m^{-3}	填充厚度/cm	过滤效率
20.0	72	5.08	22％
18.5	224	5.08	97％
18.5	224	10.16	99.3％
18.5	224	15.24	99.7％

3. 活性炭

活性炭具有非常大的表面积,通过吸附作用捕集微生物。通常采用小圆柱体的颗粒活性炭,直径 3mm,长 5~10mm,实重度为 114.0kg·m^{-3},填充密度为 470~530kg·m^{-3},填充率为 44%。要求活性炭质地坚硬,不易被压碎,颗粒均匀,填充前应将粉末和细粒筛去。因其粒子间空隙很大,故阻力很小,仅为棉花的 1/12,但它的过滤效率很低。目前常与棉花联合使用,即在二层棉花中夹一层活性炭,以降低滤层阻力。活性炭的好坏还取决于它的强度和表面积,表面积小,则吸附性能差,过滤效率低;强度不足,则很容易破碎,堵塞孔隙,增大气流阻力,它的用量约为整个过滤层的 1/3~1/2。

4. 超细玻璃纤维滤纸

超细玻璃纤维系用无碱玻璃纤维制成,直径仅 1~2μm,纤维特别细小,不宜散装充填,而采用造纸的方法做成 0.25~1mm 厚的纤维纸。它所形成的网格空隙为 0.5~5μm,比棉花小 10~15 倍,故具有较高的过滤效率。超细玻璃纤维纸属于高速过滤介质。在低速过滤时,它的过滤机理以拦截扩散作用机理为主。当气流速度超过临界速度时,属于惯性冲击,气流速度越高,效率越高。生产上操作的气流速度应避开效率最低的临界气流速度。

超细玻璃纤维滤纸虽然有较高的过滤效率,但由于纤维细短,强度很差,容易受空气冲击而破坏,特别是受湿以后,这样细短的纤维间隙很小,水分在纤维间因毛细管表面力作用,使纤维松散,强度大大下降。为增加强度可采用树脂处理,用树脂处理时要注意所用树脂的浓度,树脂过浓,则会堵塞网格小孔,降低过滤效率和增加空气的阻力损失。一般只用 2%~5% 的 2124 酚醛树脂的 95% 酒精溶液进行浸渍、搽抹或喷洒处理,这样可提高机械强度,防止冲击穿孔,但还会使滤纸湿润,如果同时采用硅酮等疏水剂处理可防湿润,强度更大。

目前,国内多数采用多层复合使用超细纤维滤纸,目的是增加强度和进一步提高过滤效果。但实际上过滤效果并无显著提高,虽是多层使用,但滤层间并无重新分布空气的空间,故不可能达到多层过滤的要求。紧密重叠的多层滤纸,形成稍厚的超细纤维滤垫,过滤效果不但没有提高,反而大大增加压力损失。

目前已研制成 JU 型除菌滤纸,它是在制纸过程中加入适量疏水剂处理,起到抗油、水、蒸汽等作用。这种滤纸还具有坚韧、不怕折叠,抗湿强度高等特点;同时又具有很高的过滤效率和较低的过滤阻力等优点。

5. 烧结材料过滤介质

烧结材料过滤介质种类很多,有烧结金属(蒙太尔合金、青铜等)、烧结陶瓷、烧结塑料等。制造时用这些材料微粒末加压成型,使其处于熔点温度下粘结固定,由于只是表面粉末熔融粘结,内部粒子间的间隙仍得以保持,故形成的介质具有微孔通道,能起到微孔过滤的作用。

目前我国生产的蒙乃尔合金粉末烧结板(或烧结管)是由钛锰合金金属粉末烧结而成,具有强度高、寿命长、能耐高温、使用方便等优点。它的过滤性能与孔径大小无关,而孔径又随粉末的粒度及烧结条件而异,一般为 5~10μm(汞压法测定),过滤效果中等。

6. 石棉滤板

石棉滤板是采用 20% 的蓝石棉和 80% 的纸浆纤维混合打浆而成。由于纤维直径比较粗,纤维间隙比较大,虽然滤板较厚(3~5mm),但过滤效率还是比较低,只适宜用于分过滤器。

其特点是湿强度较大,受潮时也不易穿孔或折断,能耐受蒸汽反复杀菌,使用时间较长。

7. 新型过滤介质

随着科学技术的发展和发酵条件的不断提高,目前已研制成功了一些新型的过滤介质,超滤膜便是其中一种。超滤膜的微孔直径只有 $0.1 \sim 0.45 \mu m$,小于菌体,能有效地将菌体去除,但还不能阻截病毒、噬菌体等更小的微生物。使用超滤膜,必须同时使用粗过滤器,目的是先把空气中的大粒子固体物除去,减轻超滤膜的负荷和防止大颗粒堵塞滤孔。传统的棉花、活性炭、超细玻璃纤维、维尼纶、金属烧结过滤器由于无法保证绝对除菌,且系统阻力大、装拆不便,已逐渐被新一代的微孔滤膜介质所取代。新型过滤介质的高容尘空间引出了"高流(High Flow)"的概念,改变了以往过滤器单位过滤面积处理量低的状况。所采用的材料聚四氟乙烯(PrFE)被制成折叠式大面积滤芯,增加了过滤面积,使过滤器的结构更为合理、装拆方便从而被生物制药和发酵行业所接受。

表 4-21 列出了几种传统过滤器的适用条件及性能比较。表 4-22 列出了新一代微孔滤膜过滤器的适用条件。

表 4-21　传统过滤器的适用条件及性能比较

过滤器类型	适用条件及性能
棉花、活性炭	可以反复蒸汽灭菌,但介质经灭菌后过滤效率降低,装拆劳动强度大,环保条件差。活性炭对油雾的吸附效果较好,故可作为总过滤器以去除油雾、灰尘、管垢和铁锈等。
超细玻璃纤维滤纸	可以蒸汽灭菌,但重复次数有限,装拆不便,装填要求高,可作为终过滤器,但不能保证绝对除菌。
维尼纶	无需蒸汽灭菌,靠过滤介质本身的"自净"作用。要求有一定的填充密度和厚度,管路设计有一定要求,介质一旦受潮易失效。可作为总过滤器及微孔滤膜过滤器的预过滤。
金属烧结介质	耐高温,可反复蒸汽灭菌,过滤介质空隙在 $10 \sim 30 \mu m$,过滤阻力小,可作为终过滤器,但无法保证绝对除菌。

表 4-22　新一代微孔滤膜过滤器的适用条件及性能比较

滤膜材料	适用条件及性能
硼硅酸纤维	亲水性,无需蒸汽灭菌,95%容尘空间,过滤精度 1 斗 m,介质受潮后处理能力和过滤效率下降;适合无油干燥的空压系统,可作为预过滤器,除尘、管垢及铁锈等;过滤介质经折叠后制成滤芯,过滤面积大、阻力小、更换方便、容尘空间大、处理量大。
聚偏二氟乙烯	疏水性,可反复蒸汽灭菌,65%容尘空间,过滤精度 $0.1 \sim 0.01 \mu m$;可以作为无菌空气的终端过滤器;过滤介质经折叠后制成滤芯过滤面积大、阻力小、更换方便。
聚四氟乙烯	疏水性,可反复蒸汽灭菌,85%容尘空间,过滤精度 $0.01 \mu m$,可 100%去除微生物;可以作为无菌空气的终端过滤器,无菌槽、罐的呼吸过滤器及发酵罐尾气除菌过滤器;过滤介质经折叠后制成滤芯面积大、阻力小、更换方便。

(二)介质过滤除菌的原理

以棉花、玻璃纤维、尼龙等纤维类或者活性炭作为介质填充成一定厚度的过滤层,或者将玻璃纤维、聚乙烯醇、聚四氟乙烯、金属烧结材料等制成过滤层,其介质间的空隙度大于被滤除的尘埃或微生物。那么悬浮于空气中的微生物菌体何以能被过滤除去呢?当气流通过滤层时,基于滤层纤维的层层阻碍,迫使空气在流动过程中出现无数次改变气速大小和方向的绕流运动,从而使微生物微粒与滤层纤维间产生撞击、拦截、布朗扩散、重力及静电引力等作用,将其中的尘埃和微生物截留在介质层内,达到过滤除菌的目的。

1. 布朗扩散截留作用

直径很小的微粒在很慢的气流中能产生不规则的直线运动称为布朗扩散。布朗扩散的运动距离很短,在较大的气速、较大的纤维间隙中是不起作用的,但在很慢的气流速度和较小的纤维间隙中布朗扩散作用大大增加微粒与纤维的接触滞留机会。假设微粒扩散运动的距离为 x,则离纤维表面距离$\leqslant x$的气流微粒会因为扩散运动而与纤维接触,截留在纤维上。由于布朗扩散截留作用的存在,大大增加了纤维的截留效率。

2. 拦截截留作用

在一定条件下,空气速度是影响截留速度的重要参数,改变气流的流速就是改变微粒的运动惯力。通过降低气流速度,可以使惯性截留作用接近于零,此时的气流速度称为临界气流速度。气流速度在临界速度以下,微粒不能因惯性截留于纤维上,截留效率显著下降,但实践证明,随着气流速度的继续下降,纤维对微粒的截留作用又回升,说明有另一种机理在起作用。

因为微生物微粒直径很小,质量很轻,它随气流流动慢慢靠近纤维时,微粒所在主导气流流线受纤维所阻改变流动方向,绕过纤维前进,并在纤维的周边形成一层边界滞留区。滞留区的气流流速更慢,进到滞留区的微粒慢慢靠近和接触纤维而被黏附截留。拦截截留的截留效率与气流的雷诺数和微粒同纤维的直径比有关。

3. 惯性撞击截留作用

过滤器中的滤层交织着无数的纤维,并形成层层网格,随着纤维直径的减小和填充密度的增大,所形成的网格也就越细致、紧密,网格的层数也就越多,'纤维间的间隙就越小。当含有微生物颗粒的空气通过滤层时,纤维纵横交错,层层叠叠,迫使空气流不断地改变它的运动方向和速度大小。鉴于微生物颗粒的惯性大于空气,因而当空气流遇阻而绕道前进时,微生物颗粒不能及时改变它的运动方向,结果将撞击纤维并被截留于纤维的表面。

惯性撞击截流作用的大小取决于颗粒的动能和纤维的阻力,其中尤以气流的流速更为重要。惯性力与气流流速成正比,当空气流速过低时惯性撞击截留作用很少,甚至接近于零;当空气的流速增大时,惯性撞击截留作用起主导作用。

4. 重力沉降作用

重力沉降起到一个稳定的分离作用,当微粒所受的重力大于气流对它的拖带力时微粒就沉降。就单一的重力沉降情况来看,大颗粒比小颗粒作用显著,对于小颗粒只有气流速度很慢才起作用。一般它是配合拦截截留作用的,即在纤维的边界滞留区内微粒的沉降作用提高了拦截截留的效率。

5. 静电吸引作用

空气在非导体物质中间进行相对运动时,由于摩擦会产生诱导电荷,特别是纤维和树脂处理过的纤维更为显著。悬浮在空气中的微生物颗粒大多带有不同的电荷,当菌体所带的电荷与介质所带的电荷相反时,就会发生静电吸引作用。带电的微粒会受带异性电荷的物体吸引而沉降。此外表面吸附也归属于这个范畴,如活性炭的大部分过滤作用是表面吸附的作用。

在过滤除菌中,有时很难分辨上述各种机理各自所做出贡献的大小。随着参数的变化,各种作用之间有着复杂的关系,目前还未能作准确的理论计算。一般认为惯性截留、拦截和布朗运动的作用较大,而重力沉降作用和静电吸引的作用则很小。

四、空气净化的一般工艺流程

无菌空气制备的整个过程包括两部分内容:一是对进入空气过滤器的空气进行预处理,达到合适的空气状态(温度、湿度);二是对空气进行过滤处理,以除去微生物颗粒,满足生物细胞培养需要。图 4-10 是空气净化系统流程图,这一流程中过滤器以前的部分就是空气预处理过程。空气过滤除菌的工艺过程一般是将吸入的空气先经前过滤,再进空气压缩机,从压缩机出来的空气先冷却至适当的温度,经分离除去油水,再加热至适当的温度,使其相对湿度达到50%~60%,再经过空气过滤器除菌,得到合乎要求的无菌空气。

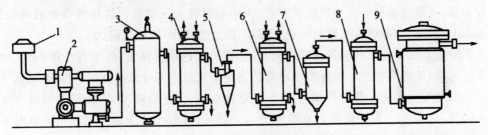

图 4-10　空气除菌设备流程图

1—粗过滤器;2—压缩机;3—贮罐;4,6—冷却器;5—旋风分离器;

7—丝网除沫器;8—加热器;9—空气过滤器

(一)空气预处理

空气预处理主要围绕两个目的来进行:一是提高压缩空气的洁净度,降低空气过滤器的负荷;二是去除压缩后空气中所带的油水,以合适的空气湿度和温度进入空气过滤器。

1. 采风塔

空气中的微生物通常不单独游离存在,一般附着在尘埃和雾沫上。提高压缩前空气的洁净度的主要措施是提高空气吸气口的位置和加强吸入空气的前过滤。一般认为:高度每上升10m,空气中微生物量下降一个数量级,因此,空气吸入口一般都选在比较洁净处,并尽量提高吸入口的高度,以减少吸入空气的尘埃含量和微生物含量。在工厂空气吸入口安装位置选择时,应选择在当地的上风口地点,并远离尘埃集中处,高度一般在 10m 左右,设计流速 8m·s^{-1},可建在空压机房的屋顶上。

2. 粗过滤

进入的空气在进入压缩机前先通过粗过滤器过滤(或前置高效过滤器),可以保护空气压缩机,延长空气压缩机的使用寿命,滤去空气中颗粒较大的尘埃,减少进入空气压缩机的灰尘和微生物含量,以降低压缩机的磨损程度,并减轻主过滤器的负荷,提高除菌空气的质量。对于这种前置过滤器,要求过滤效率高,阻力小,容灰量大,否则会增加压缩机的吸入负荷和降低压缩机的排气量。通常采用布袋过滤器、填料过滤器、油浴洗涤和水雾除尘装置等,流速一般为 $0.1\sim0.5\mathrm{m\cdot s^{-1}}$。

采用布袋过滤结构最简单,只要将滤布缝制成与骨架相同形状的布袋,紧套于焊在进气管的骨架上,并缝紧所有会造成短路的空隙。其过滤效率和阻力损失要视所选用的滤布结构情况和过滤面积而定。布质结实细致,则过滤效率高,但阻力大。采用毛质绒布效果较好,现多采用合成纤维滤布。气流速度越大,则阻力越大,且过滤效率也低。一般要求空气流速在 $2\sim2.5\mathrm{m\cdot min^{-1}}$。滤布要定期换洗,以减少阻力损失和提高过滤效率。

填料式粗过滤器一般用油浸铁回丝、玻璃纤维或其他合成纤维等作为填料,过滤效果比布袋过滤稍好,阻力损失也较小,但结构较复杂,占地面积也较大,内部填料经常洗换才能保持一定的过滤作用,操作比较麻烦。

油浴洗涤装置是在空气进入装置后要通过油箱中的油层洗涤,空气中的微粒被油黏附而逐渐沉降于油箱底部而被除去,经过油浴的空气因带有油雾,需要经过百叶窗式的圆盘,分离较大粒油雾,再经过滤网分离小颗粒油雾后,由中心管吸入压缩机。这种洗涤器效果比较好,若有分离不彻底的油雾进入压缩机时也无影响,阻力也不大,但耗油量大。

水雾除尘装置是空气从设备底部进入,经上部喷下的水雾洗涤,将空气中的灰尘、微生物微粒黏附沉降,从底部排出。带有细小水雾的洁净空气经上部过滤网过滤后排出,进入压缩机经洗涤后的空气可除去大部分的微粒和小部分微小粒子,一般对 $0.5\mu\mathrm{m}$ 粒子的过滤效率为 $50\%\sim70\%$,对 $1.0\mu\mathrm{m}$ 粒子的除去效率为 $55\%\sim88\%$,对 $5\mu\mathrm{m}$ 以上粒子的除去效率为 $90\%\sim99\%$。洗涤室内空气流速不能太大,一般在 $1\sim2\mathrm{m\cdot s^{-1}}$ 的范围,否则带出水雾太多,会影响压缩机工作,降低排气量。

3. 空气压缩

为了克服输送过程中过滤介质等阻力,进入的空气必须经空压机压缩,目前常用的空压机有涡轮式压缩机、往复式压缩机和螺杆式压缩机等。空气经压缩后,温度会显著上升,压缩比愈高,温度也愈高。由于空气的压缩过程可视为绝热过程,故压缩后的空气温度与被压缩后的压强的关系符合压缩多变公式。

涡轮式压缩机一般由电机直接带动涡轮,靠涡轮高速旋转时所产生的"空穴"现象进入空气,并使空气获得高速离心力,再通过固定的导轮和涡轮形成机壳,使部分动能转变为静压后输出。涡轮式压缩机的特点是输气量、输出空气压力稳定,效率高,设备紧凑,占地面积小,输出的空气不带油雾等。在选择涡轮式压缩机时应选择出口压力较低,但能满足工艺要求的型号,这样可以节省动力消耗。

往复式压缩机是靠活塞在汽缸内的往复运动而将空气抽吸和压出的,因此出口压力不够稳定,且汽缸内要加入润滑油以润滑活塞,这样又容易使空气中带进油雾。

螺杆式压缩机是容积式压缩机中的一种,空气的压缩是靠装于机壳内的相互平行啮合的阴阳转子的齿槽容积变化而沿着转子轴线由进入侧推向前排出侧,完成吸入、压缩、排气三个工作过程。螺杆压缩机具有优良的可靠性能,如机组质量轻、振动小、噪声低、操作方便、易损件少,运行效率高等。

4. 贮气

贮气罐的作用是消除压缩机排出空气量的脉动,维持稳定的空气压力,同时也可以利用重力沉降作用分离部分油雾。大多数是将贮罐紧接着压缩机安装,虽然由于空气温度较高,容器要求稍大,但对设备防腐、冷却器热交换都有好处。特别是当采用往复式空气压缩机时,由于排气压力不稳定,在其后安装空气贮罐,可以使后面的管道、空气压力稳定,气流速度均匀。贮气罐的结构较简单,是一个装有安全阀、压力表的空罐壳体。也可在罐内加装冷却蛇管,利用空气冷却器排出的冷却水进行冷却,提高冷却水的利用率。也有在贮罐内加装导筒,使进入贮气罐的热空气沿一定路线流过,增加一定的热杀菌效果。

5. 空气冷却

空气压缩机出口温度一般在120℃左右,若将此高温压缩空气直接通入空气过滤器,会引起过滤介质的碳化或燃烧,而且还会增大培养装置的降温负荷,给培养过程温度的控制带来困难,同时高温空气还会增加培养液水分的蒸发,对微生物的生长和生物合成都是不利的,因此要将压缩空气降温。另外在潮湿地域和季节,空气中含水量较高,为了避免过滤介质受潮而失效,冷却还可以达到降低湿度的目的。用于空气冷却的设备一般有列管式换热器和翘板式换热器两种。列管式换热器进行冷却时,其传热系数大约为$105J \cdot m^{-2} \cdot s^{-1} \cdot K^{-1}$。翘板式换热器则以强制流动的冷空气冷却,其总传热系数可达$350J \cdot m^{-2} \cdot s^{-1} \cdot K^{-1}$。

一般中小型工厂采用两级空气冷却器串联来冷却压缩空气。在夏季第一级冷却器可用循环水来冷却压缩空气,第二级冷却器采用9℃左右的低温水来冷却压缩空气。由于空气被冷却到露点以下会有凝结水析出,故冷却器外壳的下部应设置排除凝结水的接管口。

6. 气液分离

经冷却降温后的空气相对湿度增大,超过其饱和度时(或空气温度冷却至露点以下时),就会析出水来,使过滤介质受潮失效,因此压缩后的湿空气要除水,同时由于空气经压缩机后不可避免地会夹带润滑油,故除水的同时尚需进行除油。在实际操作中,将空气压缩后,经过冷却,就会有大量水蒸气及油分凝结下来,应先经油水分离器分离后再通过过滤器。油水分离器有两类:一类是利用离心力进行沉降的旋风分离器;另一类是利用惯性进行拦截的介质过滤器。旋风分离器是利用气流从切线方向进入容器,在容器内形成旋转运动时产生的离心力场来分离重量较大的微粒。介质过滤器是利用填料的惯性拦截作用,将空气中的水雾和油雾分离出来。填料的成分有焦炭、活性炭、瓷环、金属丝网、塑料丝网等,分离效率随表面积增大而增大。

7. 空气的加热

压缩空气冷却到一定温度,分去油水后,空气的相对湿度仍为100%,若不加热升温,只要湿度稍有所降低,便会再度析出水分,使过滤介质受潮而降低或丧失过滤效能,所以必须将冷却除水后的压缩空气加热到一定温度,使相对湿度降低,才能输入过滤器。压缩空气加热温度的选择对保证空气干燥,保证空气过滤器的除菌效率十分关键。一般来讲,降温后的温度与升温后的温度温差在10℃～15℃左右,即能够保证相对湿度降低至一定水平,满足进入过滤器的要求。空气的加热一般采用列管式换热器来实现。

(二)过滤除菌

过滤除菌即把经过预处理的空气经介质过滤从而取得无菌空气,其方法和介质见本节"空气净化的方法——过滤除菌"和"过滤除菌的介质材料"。

五、几种较典型空气净化流程

(一)空气压缩冷却过滤流程

图4-11为一个设备较简单的空气除菌流程,它由压缩机、贮罐、空气冷却器和过滤器组成。它只适用于那些气候寒冷、相对温度很低的地区。由于空气的温度低,经压缩后它的温度也不会升高很多,特别是空气的相对湿度低,空气中绝对湿含量很小,虽然空气经压缩并冷却到培养要求的温度,但最后空气的相对湿度还能保持在60%以下,这就能保证过滤设备的过滤除菌效率,满足微生物培养对无菌空气的要求。但是室外温度低到什么程度和空气的相对湿度低到多少才能采用这种流程,仍需要由空气中的相对湿度来确定。

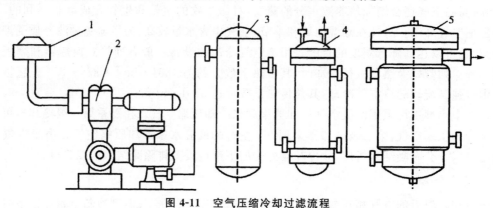

图4-11 空气压缩冷却过滤流程

1—粗过滤器;2—压缩机;3—贮罐;4—冷却器;5—总过滤器

这种流程在使用蜗轮式空气压缩机或无油润滑空压机的情况下效果较好,但采用普通空气压缩机时,可能会引起油雾污染过滤器,这时应加装丝网分离器将油雾除去。

(二)两级冷却、分离、加热的空气除菌流程

这是一个比较完善的空气除菌流程。它可以适应各种气候条件,能充分地分离空气中含有的水分,使空气在较低的相对湿度下进入过滤器,提高过滤除菌效率。

这种流程的特点是两次冷却、两次分离、适当加热。两次冷却、两次分离油水的主要优点是可节约冷却用水,油和水雾分离除去比较完全,保证干过滤。经第一次冷却后,大部分的水、油都已结成较大的雾粒,且雾粒浓度比较大,故适宜用旋风分离器分离。第二级冷却器使空气进一步冷却后析出较小的雾粒,宜采用丝网分离器分离,这类分离器可分离较小直径的雾粒且

分离效果较好。经两次分离后,空气中带有的雾沫就较少了,两级冷却可以减少油膜污染对传热的影响。图 4-10 为两级冷却、加热除菌流程示意图。

两级冷却、加热除菌流程尤其适用于潮湿地区,其他地区可根据当地的情况,对流程中的设备进行适当的增减。

(三)高效前置过滤空气除菌流程

高效前置过滤空气除菌流程采用了高效率的前置过滤设备,利用压缩机的抽吸作用,使空气先经中、高效过滤后,再进入空气压缩机,这样就降低了主过滤器的负荷,经高效前置过滤后,空气的无菌程度已经相当高,空气的无菌程度可以达到 99.99%,再经冷却、分离,进入主过滤器过滤,就可获得无菌程度很高的空气。此流程的特点是采用了高效率的前置过滤设备,使空气经多次过滤,因而所得空气的无菌程度很高。图 4-12 为高效前置过滤空气除菌的流程示意图。

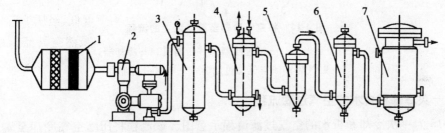

图 4-12 高效前置过滤空气除菌流程

1—高效前置过滤器;2—压缩机;3—贮罐;4—冷却器;

5—丝网分离器;6—加热器;7—过滤器

(四)利用热空气加热冷空气的流程

图 4-13 为利用热空气加热冷空气的流程示意图。利用压缩后的热空气和冷却后的冷空气进行热交换,使冷空气的温度升高,降低相对湿度。此流程对热能的利用比较合理,热交换器还可兼做贮气罐,但由于气-气换热的传热系数很小,加热面积要足够大才能满足要求。

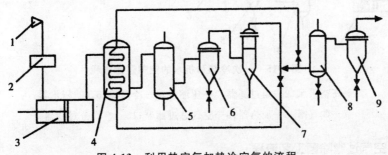

图 4-13 利用热空气加热冷空气的流程

1—高空采风;2—粗过滤器;3—压缩机;4—热交换器;5—冷却器;

6,7—析水器;8—空气总过滤器;9—空气分过滤器

(五)将空气冷却至露点以上的流程

图 4-14 是将冷空气冷却至露点以上的流程示意图。该流程将压缩空气冷却至露点以上，使空气在相对湿度 60%～70% 以下进入过滤器。此流程适合北方和内陆气候干燥地区。

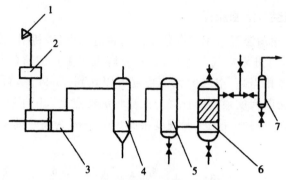

图 4-14　将空气冷却至露点以上的流程

1—高空采风；2—粗过滤器；3—压缩机；4—冷却器；
5—贮气罐；6—空气总过滤器；7—空气分过滤器

(六)一次冷却和析水的空气过滤流程

图 4-15 为一次冷却和析水的空气过滤流程示意图。该流程将压缩空气冷却至露点以下，析出部分水分，然后升温使相对湿度达到 60% 左右，再进入空气过滤器，采用一次冷却一次析水。

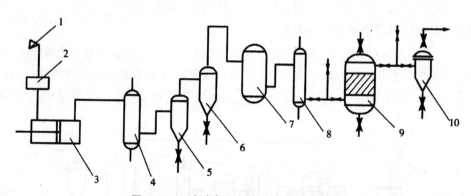

图 4-15　一次冷却和析水的空气过滤流程

1—高空采风；2—粗过滤器；3—压缩机；4—冷却器；5,6—析水器；
7—贮气罐；8—加热器；9—空气总过滤器；10—空气分过滤器

(七)新型空气过滤除菌工艺流程

由于粉末烧结金属过滤器、薄膜空气过滤器等的出现，空气净化工艺流程发生一些改变，如图 4-16。采用 2 个过滤器(AI 和 AII)对大气中大量尘埃、细菌进行初级过滤，以提高空压机进气口的空气质量。BI 是以折叠式面积滤芯作为过滤介质的总过滤器，过滤面积大，压力损耗小，在过滤效率的可靠性和安全使用寿命等方面优于棉花活性炭总过滤器。经 BII 处理后的净化空气基本达到无菌指标。C端为高精度终端过滤器(GS—NB型),使压缩空气进一步净化,过滤效率(0.01μm)为99.9999%。

以上几个除菌流程都是根据目前使用的过滤介质的过滤性能,结合环境条件,从提高过滤效率和使用寿命的角度来设计的。

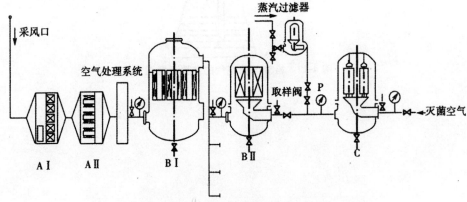

图4-16 新型空气过滤除菌工艺流程

AⅠ—袋式过滤器;AⅡ—折叠式过滤器;

BⅠ—总过滤器;BⅡ—预过滤器;C—终端过滤器

六、无菌空气的检查

无菌空气的检查是发酵工业必需的工作内容,但要准确地测定无菌空气中的含菌量有一定的困难。常用的方法有光学检查法和肉汤培养基检查法。

(一)光学检查法

此法原理是利用微粒对光线的散射作用来测量空气中粒子的大小和数量(不是活菌数)。常用的检测仪器为Y09—1型粒子计数器。测量时以一定的速度将试样空气通过检测区,同时用聚光透镜将光源的光线聚成强烈光束射入检测区。由于空气受到光线的强烈照射,空气中的微粒把光线散射出去,由聚光透镜将散射光聚集投入光电倍增管。将光转换成电讯号,经自动计数计算出粒子的大小和数量。粒子的大小与讯号峰值相关,其数量与讯号的脉冲频率有关。此法可测出空气中的0.5～5μm微粒的各种浓度。

(二)肉汤培养基检查法

在分过滤器空气出口端的管道支管取无菌空气,见图4-17,连续取气数小时或十几小时,小心卸下橡皮管,用无菌纸包扎好管的末端,置于37℃培养箱培养16h,若出现混浊,表明空气中有杂菌。检查无菌空气的装置按以下方式制备:取500mL三角瓶用带有2根900弯的玻璃管,其中一根长的一端插入瓶底培养基内,另一端与橡皮管连接,用牛皮纸包扎好,一根短玻璃管作为排气用,瓶外一端用八层纱布包裹。肉汤培养基是0.5%的牛肉膏,1.0%的蛋白胨和0.5%的NaCl,加水溶解,配制成25mL,pH=7.0～7.4的溶液,倒入上述500mL三角瓶中,连同橡皮管经121℃灭菌30min,冷却后使用。

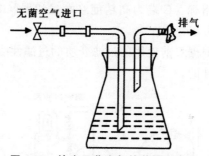

图 4-17　检查无菌空气的装置示意图

第五章　种子扩大培养技术

第一节　种子制备工艺

由于微生物的特性不同,培养目标不同,所以种子制备方法也不同。在工业生产中,培养方法大致有以下几种:

1. 固体培养法

固体培养法使用的培养基原料是小麦麸皮、大米和小米等。将其和水混合,必要时添加一些营养物和缓冲剂。经灭菌后,冷却到适宜温度时便可接种。将接种后的培养基薄薄的摊铺在容器的表面进行培养。

进行固体培养的设备有试管、三角瓶、茄子瓶、克氏瓶和浅盘等。大型的表面培养设备有能旋转的固体发酵罐,可以实现罐体旋转、夹套控温、深层通气。固体培养的设备简单,生产成本低,很多农用抗生素使用此法生产,效果还是不错的。但耗费的劳动力较多,占地面积大,容易污染杂菌,工艺控制比较困难,而且生产规模不易扩大。

2. 液体培养法

液体培养法生产效率高,适合机械化、自动化,是目前种子培养的主要方式。液体培养法有静置培养和通气培养两种类型。其中,静置培养适用于厌氧发酵,通气培养适用于需氧发酵。静置培养法一般是在厌氧种子罐中进行。液体通气培养法,一般是在摇瓶或种子罐中进行的。

摇瓶培养是依靠摇瓶在摇床上摇动振荡,使培养基液面与上方的空气不断接触,供给微生物生长所需的溶解氧。其优点是通气量充足,溶氧好,菌体在振荡培养过程中,不断接触四周培养基而获得营养和溶解氧。其培养条件接近于种子罐。作为培养种子用的种子罐,内装有搅拌系统和空气分布器,空气从罐底通入,在搅拌器的作用下分散成微小气泡以促进氧的溶解,是目前使用最多的方法。

抗生素的种子制备工艺比较复杂,既有固体培养法又有液体培养法。其生产大量孢子的孢子制备工艺是采用固体培养法,而生产大量菌丝的种子制备工艺是利用液体培养法。

种子制备的工艺流程如图5-1所示。

其过程大致可分为:

(1)实验室种子制备阶段

包括琼脂斜面孢子或营养体(菌丝体或单细胞)培养、孢子或营养体固体培养基扩大培养和营养体液体培养,对于需氧微生物,需摇瓶培养(图5-1中步序1~6)。

(2)生产车间种子制备阶段

包括各级种子罐扩大培养(图5-1中步序7~8)。

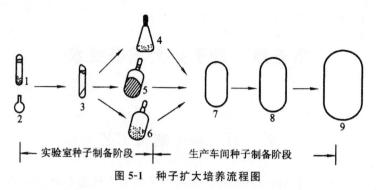

图 5-1　种子扩大培养流程图

1—沙土或斜面菌种;2—冷冻干燥菌种;3—斜面孢子或营养体培养;
4—营养体液体培养;5—茄子瓶斜面孢子培养;6—营养体固体培养基培养;
7,8—种子罐培养;9—发酵罐

一、实验室种子的制备

实验室种子的制备一般采用两种方式:对于产孢子能力强的及孢子发芽、生长繁殖快的菌种可以采用固体培养基培养孢子,孢子可直接作为种子罐的种子,这种方法操作简便,不易污染杂菌;对于细菌、酵母菌以及产孢子能力不强或孢子发芽慢的菌种,如卡那霉菌(S. kanamyceticus)和链霉菌(S. griseus),可以采用液体摇瓶培养法。

(一)孢子(固体种子)的制备

1.细菌种子的制备

细菌的斜面培养基多采用碳源限量而氮源丰富的配方,如常用的牛肉膏、蛋白胨培养基,培养温度一般为 30~37℃,细菌菌体培养时间一般为 1.2d,产芽孢的细菌培养则需要5~10d。

2.酵母种子的制备过程

一般采用麦芽汁琼脂培养基或 ZYCM 培养基[①]和 MYPG 培养基[②]。培养的温度一般为28℃~30℃,培养时间一般为1~2d。

3.霉菌孢子的制备

霉菌孢子的培养一般以大米、小米、玉米、麸皮、麦粒等天然农产品为培养基,实验室常用的如查氏培养基,培养温度一般 25℃~28℃,培养时间一般为 4~14d。

4.放线菌孢子的制备

放线菌的孢子培养一般采用琼脂斜面培养基,培养基中含有一些适合产孢子的营养成分,如麸皮、豌豆浸汁、蛋白胨和一些无机盐等,培养温度一般为 28℃,培养时间为 5~14d。放线菌培养基碳氮源不应过于丰富,碳源太多(大于1‰)容易造成酸性环境,不利于孢子繁殖;氮

---

①　ZYCM 培养基:3g 蛋白胨,0.5g 酵母浸膏,0.5g 酪蛋白分解物,4.0g 葡萄糖,0.4g 硫酸锌,2g 琼脂,溶解于 1000mL 蒸馏水中。

②　MYPG 培养基:0.3g 麦芽浸出物,0.3g 酵母浸出物,0.5g 蛋白胨,1.0g 葡萄糖,2g 琼脂,溶解于 1000mL 蒸馏水中。

源太多(大于0.5%)利于菌丝繁殖而不利于孢子形成。

孢子培养基是供菌种繁殖孢子的一种常用固体培养基,培养基制备的要求是能使菌体迅速生长,产生较多优质的孢子,并要求这种培养基不易引起菌种发生变异。对孢子培养基的基本配制要求如下:

①营养不要太丰富(特别是有机氮源),否则不易产生孢子。如灰色链霉菌在葡萄糖、硝酸盐和其他盐类的培养基上都能很好地生长和产孢子,但若加入0.5%酵母膏或酪蛋白后,就只长菌丝而不产生孢子。

②选择合适的无机盐浓度,如使用无机盐的浓度不当,则会影响孢子的产量和颜色。

③选择合适的孢子培养基的pH和湿度。

生产上常用的孢子培养基有:麸皮培养基、小米培养基、大米培养基、米糠培养基、玉米碎屑培养基,以及用葡萄糖、蛋白胨、牛肉膏和食盐等配制成的琼脂斜面培养基。大米和小米常用作霉菌孢子培养基,因为它们含氮量少、疏松、表面积大,所以是较好的孢子培养基。大米培养基的水分需控制在21%～50%,而曲房空气湿度需控制在90%～100%。

霉菌和放线菌常以大米或小米为培养基制成米孢子,即将霉菌或放线菌接种到灭菌后的大米或小米颗粒上,恒温培养一段时间后产生的分生孢子。米孢子的制备见图5-2。

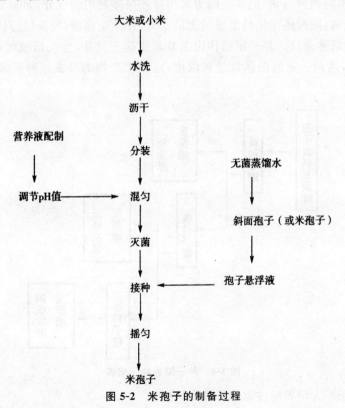

图 5-2　米孢子的制备过程

米孢子制备过程中应注意:为保证灭菌后米粒熟透但不粘连,应选择恰当的浸泡时间和营养液的添加量;分装量应控制在平铺后有2～3粒米的厚度,且米粒不应碰到瓶塞;为保证良好的氧气供应,培养前期应经常摇动米粒,使微生物在米粒表面生长均匀,气生菌丝及孢子长成后不再摇动,可以采用冰箱保存、真空干燥保存、10%~20%甘油浸泡保存等多种保藏方式。

(二)液体种子的制备

对于好氧细菌、产孢子能力不强或孢子发芽慢的菌种,如产链霉素的灰色链霉菌(S. griseus)、产卡那霉素的卡那链霉菌(S. Kanamuceticus)等可以用摇瓶液体培养法进行种子制备。将孢子接入含液体培养基的摇瓶中,于摇瓶机上恒温振荡培养,获得菌丝体,作为种子。摇瓶种子制备流程见图5-3。

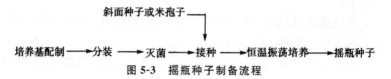

图5-3 摇瓶种子制备流程

二、生产车间种子的制备

生产车间种子扩大培养是以实验室制备的孢子或摇瓶营养细胞作种子,经种子罐扩大培养后,满足发酵罐对种子的要求。实验室制备的孢子或液体种子移种至种子罐扩大培养,种子罐的培养基虽因不同菌种而异,但其原则为采用易被菌体利用的成分,如葡萄糖、玉米浆、磷酸盐等,如果是需氧菌,同时还需供给足够的无菌空气,并不断搅拌,使菌(丝)体在培养液中均匀分布,获得相同的培养条件。种子罐的作用主要是使孢子发芽,生长繁殖成菌(丝)体,接入发酵罐能迅速生长,达到一定的菌体数量和浓度,以利于产物的合成。种子罐的种子培养见图5-4。

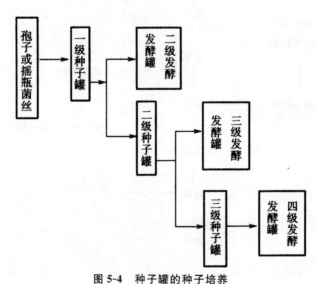

图5-4 种子罐的种子培养

生产车间种子扩大培养应注意以下几个问题:

1. 种子罐级数的确定

种子罐的作用在于使实验室制备的有限数量的菌种营养体或孢子发芽、生长并繁殖成足够量的营养体,接入发酵罐培养基后能迅速生长,达到一定菌体量,以利于产物的合成。种子罐级数是指制备种子需逐级扩大培养的次数。种子罐种子制备的工艺过程,因菌种不同而异,一般可分为一级种子、二级种子和三级种子的制备。采用茄子瓶孢子、营养体或摇瓶种子接入体积较小的种子罐培养得到的种子称为一级种子,把一级种子接入发酵罐内发酵,称为二级发酵。如果将一级种子接入体积较大的种子罐内,经培养得到的种子称为二级种子,将二级种子接入发酵罐内发酵,称为三级发酵。同样道理,使用三级种子的发酵称为四级发酵。

种子罐的级数主要取决于菌种的性质、菌体生长速度、产物品种、生产规模及发酵设备的合理利用率。如活性酸奶饮料的发酵生产中,三角瓶液体种子(嗜热链球菌和保加利亚乳杆菌)接入装有 200L 灭菌脱脂奶的种子罐,42℃～43℃保温发酵 4h,即可接入 10t 发酵罐作为种子。再如生长较慢的灵芝菌丝体深层液体发酵,摇瓶所得菌丝体接入装有 100L 培养基的种子罐,经 28℃ 48h 的扩大培养后,再移入装有 1000L 培养基的二级种子罐扩大培养 48h,才可作为 10t 发酵罐的种子。

在满足发酵罐对种子罐种子的质和量要求的情况下,种子罐的级数越少,越有利于简化工艺和控制,并可减少因多次移种而带来的染菌机会和菌种的变异。

2. 种子培养基的要求

种子培养基的作用是保证孢子发芽、生长和大量繁殖菌丝体,并使菌体长得粗壮;具有较高活力,因此种子培养基的营养成分要求比较丰富,氮源和维生素的含量也应相应较高,对于好氧菌来说,总浓度不宜过高,这样可达到较高的溶氧量,供大量菌体生长繁殖,此外还应根据不同菌种的生理特性,选择培养基适宜的 pH 和其他营养成分。一般种子培养基都用营养丰富而完全的天然有机氮源,因为有些氨基酸能刺激孢子发芽。但无机氮源(如硫酸铵)容易利用,有利于菌体迅速生长,所以在种子培养基中常包括有机和无机氮源。最后一级种子培养基的成分应该接近发酵培养基,这样可使种子进入发酵罐后能迅速适应,快速生长。

3. 各级种子移种方法

孢子悬浮液一般采用微孔接种法接种,摇瓶菌丝体种子可在火焰保护下接入种子罐或采用差压法接入。种子罐之间或发酵罐间的接种方式,主要采用差压法,由种子接种管道进行移种,移种过程中要防止接受罐表压降至零,否则会引起染菌。

第二节 种子质量的控制措施

一、种子质量标准

种子质量是影响发酵生产水平的重要因素。种子质量的优劣,主要取决于菌种本身的遗传特性和培养条件两个方面。这就是说既要有优良的菌种,又要有良好的培养条件才能获得高质量的种子。作为种子的质量准则是:

①菌种细胞的生长活力强,移种至发酵罐后能迅速生长,迟缓期短。

②生理性状稳定。

③菌体总量及浓度能满足大容量发酵罐的要求。

④无杂菌污染。

⑤保持稳定的生产能力。

判断种子质量优劣,可从以下几个方面进行:

1. 细胞或菌体

包括菌体形态、菌体浓度以及培养液的外观等。

菌体形态可通过显微镜观察来确定,单细胞菌体种子的质量要求是菌体健壮,菌形一致,均匀整齐,有的还要求有一定的排列或形态。以霉菌、放线菌为种子的质量要求是菌丝粗壮,对某些染料着色力强,生长旺盛,菌丝分支情况和内含物情况良好。

菌体的生长量也是种子质量的重要指标,生产上常用离心沉淀法、光密度法和细胞计数法等进行测定。

培养液外观如颜色、黏度等也可作为种子质量的粗略指标。

2. 生化指标

种子液的糖、氮、磷含量的变化和 pH 变化是菌生长繁殖、物质代谢的反映,不少产品的种子液质量是以这些物质的利用情况及变化为指标的。

种子液中产物的生成量是多种抗生素发酵中考察种子质量的重要指标,因为种子液中产物生成量的多少是种子生产能力和成熟程度的反映。

测定种子液中某种酶的活力,作为种子质量的标准,是一种较新的方法。如土霉素生产的种子液中的淀粉酶活力与土霉素发酵单位有一定的关系,因此种子液淀粉酶活力可作为判断该种子质量的依据。

二、影响种子质量的因素及控制措施

种子质量主要受孢子质量、培养基、培养条件、种龄和接种量等因素的影响。以下分别从影响孢子质量和影响种子质量两个方面说明影响种子质量的主要因素及控制措施。

(一)影响孢子质量的因素及控制措施

孢子质量与培养基、培养温度和湿度、培养时间和接种量等有关,这些因素相互联系、相互影响,因此必须全面考虑各种因素,认真加以控制。

1. 培养基

孢子培养基要适宜优质孢子的大量生成。如放线菌孢子的琼脂斜面培养基碳源、氮源不要太丰富,细菌芽孢斜面培养基采用碳源限量而氮源丰富的配方。

构成孢子培养基的原材料,其产地、品种、加工方法和用量对孢子质量都有一定的影响。生产过程中孢子质量不稳定的现象,常常是原材料质量不稳定所造成的。原材料产地、品种和加工方法的不同,会导致培养基中的微量元素和其他营养成分含量的变化。例如,由于生产蛋白胨所用的原材料及生产工艺的不同,蛋白胨的微量元素含量、磷含量、氨基酸组分均有所不同,而这些营养成分对于菌体生长和孢子形成有重要作用。

琼脂的牌号不同,对孢子质量也有影响,这是由于不同牌号的琼脂含有不同的无机离子造成的。

此外,水质的影响也不能忽视。地区的不同、季节的变化和水源的污染,均可成为水质波动的原因。为了避免水质波动对孢子质量的影响,可在蒸馏水或无盐水中加入适量的无机盐,供配制培养基使用。

为了保证孢子培养基的质量,斜面培养基所用的主要原材料,糖、氮、磷含量需经过化学分析及摇瓶发酵试验合格后才能使用。制备培养基时要严格控制灭菌后的培养基质量。斜面培养基使用前,需在适当温度下放置一定的时间,使斜面无冷凝水呈现,水分适中有利于孢子生长。

配制孢子培养基还应该考虑不同代谢类型的菌落对多种氨基酸的选择。菌种在固体培养基上可呈现多种不同代谢类型的菌落,各种氨基酸对菌落有不同影响。氮源品种越多,出现的菌落类型也越多,不利于生产的稳定。斜面培养基上用较单一的氮源,可抑制某些不正常型菌落的出现;而在分离筛选的平板培养基中则需加入较复杂的氮源,使其多种菌落类型充分表现,以利于筛选。因此在制备固体培养基时有两条经验:①供生产用的孢子培养基或作为制备沙土孢子或传代所用的培养基要用比较单一的氮源,以便保持正常菌落类型的优势。②作为选种或分离用的平板培养基,则需采用较复杂的有机氮源,目的是便于选择特殊代谢类型的菌落。

2. 培养温度和湿度

微生物能在一个较宽的温度范围内生长。但是,要获得高质量的孢子,其最适温度区间很狭窄。一般来说,提高培养温度,可使菌体代谢活动加快,缩短培养时间。但是,菌体的糖代谢和氮代谢的各种酶类,对温度的敏感性是不同的。因此,培养温度不同,菌的生理状态也不同,如果不是用最适温度培养的孢子,其生产能力就会下降。不同的菌株要求的最适温度不同,需经实践考察确定。例如,龟裂链霉菌斜面最适温度为 $36.5℃～37.0℃$,如果高于 $37℃$,则孢子成熟早,易老化,接入发酵罐后,就会出现菌丝对糖、氮利用缓慢,氨基氮回升提前,发酵产量降低等现象。培养温度控制低一些,则有利于孢子的形成。龟裂链霉菌斜面先放在 $36.5℃$ 培养 $3d$,再放在 $28.5℃$ 培养 $1d$,所得的孢子数量比在 $36.5℃$ 培养 $4d$ 所得的孢子数量增加 $3～7$ 倍。

斜面孢子培养时,培养室的相对湿度对孢子形成的速度、数量和质量有很大影响。空气中相对湿度高时,培养基内的水分蒸发少;相对湿度低时,培养基内的水分蒸发多。试验表明,在一定条件下培养斜面孢子时,在北方相对湿度控制在 $40\%～45\%$,而在南方相对湿度控制在 $35\%～42\%$,所得孢子质量较好。一般来说,真菌对湿度要求偏高,而放线菌对湿度要求偏低。

在培养箱培养时,如果相对湿度偏低,可放入盛水的平皿,提高培养箱内的相对湿度,为了保证新鲜空气的交换,培养箱每天宜开启几次,以利于孢子生长。现代化的培养箱是恒温、恒湿,并且换气,不用人工控制。

最适培养温度和湿度是相对的。例如,相对湿度、培养基组分不同,对微生物的最适温度会有影响。培养温度、培养基组分不同也会影响到微生物培养的最适相对湿度。

3. 培养时间和冷藏时间

丝状菌在斜面培养基上的生长发育过程可分为五个阶段:①孢子发芽和基质菌丝生长阶段;②气生菌丝生长阶段;③孢子形成阶段;④孢子成熟阶段;⑤斜面衰老菌丝自溶阶段。

孢子的培养时间对孢子质量有重要影响,过于年幼的孢子经不起冷藏,如土霉素菌种斜面培养 $4.5d$,孢子尚未完全成熟,冷藏 $7～8d$ 菌丝即开始自溶。而培养时间延长半天(即培养

5d),孢子完全成熟,可冷藏 20d 也不自溶。过于衰老的孢子会导致生产能力下降,孢子的培养时间应控制在孢子量多、孢子成熟、发酵产量正常的阶段终止。孢子一般选择在孢子成熟阶段时终止培养,此时显微镜下可见到成串孢子或游离的分散孢子,如果继续培养,则进入斜面衰老菌丝自溶阶段,表现为斜面外观变色,发暗或黄,菌层下陷,有时出现白色斑点或发黑。白斑表示孢子发芽长出第二代菌丝,黑色显示菌丝自溶。

斜面孢子的冷藏时间,对孢子质量也有影响,其影响随菌种不同而异,总的原则是冷藏时间宜短不宜长。如在链霉素生产中,斜面孢子在 6℃冷藏 2 个月后的发酵单位比冷藏 1 个月的低 18%,冷藏 3 个月后则降低 35%。

4. 接种量

制备孢子时的接种量要适中,接种量过大或过小均对孢子质量产生影响。因为接种量的大小影响到在一定量培养基中孢子的个体数量的多少,进而影响到菌体的生理状况。凡接种后菌落均匀分布整个斜面,隐约可分菌落者为正常。接种摇瓶或进罐的斜面孢子,要求菌落密度适中或稍密,孢子数达到要求标准。

接入种子罐的孢子接种量对发酵生产也有影响。例如,青霉素产生菌之一的球状菌的孢子数量对青霉素发酵产量影响极大,因为孢子数量过少,则进罐后长出的球状体过大,影响通气效果;若孢子数量过多,则进罐后不能很好地维持球状体。

除了以上几个因素需加以控制之外,要获得高质量的孢子,还需要对菌种质量加以控制。用各种方法保存的菌种每过 1 年都应进行 1 次自然分离,从中选出形态、生产性能好的单菌落接种孢子培养基。制备好的斜面孢子,要经过摇瓶发酵试验,合格后才能用于发酵生产。

(二)影响种子质量的因素及控制措施

1. 培养基

种子培养基的原材料质量的控制类似于孢子培养基原材料质量的控制。种子培养基的营养成分应适合种子培养的需要,一般选择一些有利于孢子发芽和营养体生长繁殖的培养基,在营养上要易于被菌体直接吸收和利用,营养成分要适当地丰富和完全,氮源和维生素含量较高,这样可以使菌丝粗壮并具有较强的活力。另一方面,培养基的营养成分要尽可能地和发酵培养基接近,以适合发酵的需要,这样的种子一旦移入发酵罐后也能比较容易适应发酵的培养条件。发酵的目的是为了获得尽可能多的发酵产物,其培养基一般比较浓,而种子培养基以略稀薄为宜。

2. 培养条件

种子培养应选择最适温度,培养过程中通气搅拌的控制也很重要,各级种子罐或者同级种子罐的各个不同时期的需氧量不同,应区别控制,一般前期需氧量较少,后期需氧量较多,应适当增大供氧量。通气搅拌不足可引起菌丝结团、菌丝黏壁等异常现象。生产过程中,有时种子培养会产生大量泡沫而影响正常的通气搅拌,此时应严格控制培养基的消毒质量,甚至考虑改变培养基配方,以减少发泡。

有时可用补料工艺提高种子质量,即在种子培养一定时间后,补入一定量的种子培养基,结果种子罐放罐体积增加,种子质量也有所提高,菌丝团明显减少,菌丝内积蓄物增多,菌丝粗壮,发酵单位增高。

此外,许多菌种的生长条件和目的产物的发酵条件不尽相同,为缩短种子接种入发酵罐后的延迟期,在种子逐级扩大培养的过程中,培养条件应逐渐接近发酵罐的条件。

3. 种龄

种子培养时间称为种龄。随着培养时间延长,菌体量逐渐增加。但是菌体繁殖到一定程度,由于营养物质消耗和代谢产物积累,菌体量不再继续增加,而是逐渐趋于老化。由于菌体在生长发育过程中,不同生长阶段的菌体的生理活性差别很大,接种龄的控制就显得非常重要。在工业发酵生产中,最适的种龄一般都选在生命力极为旺盛的对数期,菌体量尚未达到最高峰时接种。此时种子能很快适应环境,生长繁殖快,可大大缩短在发酵罐中的调整期,缩短在发酵罐中的非产物合成时间,提高发酵罐的利用率,节省动力消耗。如果种龄控制不适当,种龄过于年幼的种子接入发酵罐后,往往会出现前期生长缓慢、泡沫多、发酵周期延长以及因菌体量过少而菌丝结团,引起异常发酵等现象;而种龄过老的种子接入发酵罐后,则会因菌体老化而导致生产能力衰退。在土霉素生产中,一级种子的种龄相差 2~3h,转入发酵罐后,菌体的代谢就会有明显的差异。

最适种龄因菌种不同而有很大的差异。细菌种龄一般为 7~24h,霉菌种龄一般为 16~50h,放线菌种龄一般为 21~64h。同一菌种采用不同的工艺条件,其种龄也有所不同。即使在稳定的工艺条件下,同一菌种的不同罐批培养相同的时间,得到的种子质量也不完全一致,因此最适的种龄应通过多次试验,特别要根据本批种子质量来确定。

4. 接种量

接种量是指移入的种子液体积和接种后培养液体积的比例。发酵罐的接种量的大小与菌种特性、种子质量和发酵条件等有关。不同的微生物其发酵的接种量是不同的,如制霉菌素发酵的接种量为 0.1%~1.0%,肌苷酸发酵接种量为 1.5%~2.0%,霉菌的发酵接种量一般为10%,多数抗生素发酵的接种量为 7%~15%,有时可加大到 20%~25%。

接种量的大小与该菌在发酵罐中生长繁殖的速度有关。有些产品的发酵以接种量大一些较为有利,采用大接种量,种子进入发酵罐后容易适应,而且种子液中含有大量的水解酶,有利于对发酵培养基的利用。大接种量还可以缩短发酵罐菌体繁殖至高峰所需的时间,使产物合成速度加快。但是,过大的接种量往往使菌体生长过快、过稠,造成培养基缺乏或溶解氧不足而不利于发酵。接种量过小,则会引起发酵前期菌体生长缓慢,使发酵周期延长,菌丝量少,还可能产生菌丝结团,导致发酵异常等现象。但是,对于某些品种,较小的接种量也可以获得较好的生产效果。例如,生产制霉菌素时用 1% 的接种量,其效果比用 10% 的为好,而 0.1% 接种量的生产效果与 1% 接种量的生产效果相似。

近年来,生产上多以大接种量和丰富培养基作为高产措施。为了加大接种量,有些品种的生产采用双种法,即 2 个种子罐的种子接入 1 个发酵罐。有时因为种子罐染菌或种子质量不理想,而采用倒种法,即以适宜的发酵液倒出部分给另一发酵罐作为种子。有时 2 个种子罐中有 1 个染菌,此时可采用混种进罐的方法,即以种子液和发酵液混合作为发酵罐的种子。以上三种接种方法运用得当,有可能提高发酵产量,但是其染菌机会和变异机会增多。

(三)影响种子质量的其他因素及控制措施

扩大培养得到的种子除了以上所述影响因素外,还应确保无任何杂菌污染。为此,在种子制备过程中每移种一步均需进行杂菌检查。通常采用的方法有：

①种子液显微镜观察。

②肉汤或琼脂斜面接入种子液培养进行无菌试验。

③对种子液进行生化分析。

其中无菌试验是判断杂菌的主要依据。无菌试验主要是将种子液涂在双碟上划线培养、斜面培养和酚红肉汤培养，经肉眼观察双碟上是否出现异常菌落、酚红肉汤有否变黄色及镜检鉴别是否污染杂菌。在移种的同时进行上述试验，经涂双碟及接入肉汤后于 37℃ 培养，在 24h 内每隔 2～3h 取出在灯光下检查一次。24～48h 间每天检查一次，以防生长缓慢的杂菌漏检。

第六章 微生物发酵动力学

第一节 发酵过程动力学描述

一、菌体生长速率

发酵过程动力学描述采用群体生物量的变化来表示在液体培养基中的群体生长,其生长速率即单位体积(或面积)、单位时间里微生物群体生长的菌体量。在表面上的群体生长,其生长速率以单位表面积来表示。菌体量一般指其干重。

生长微生物群体存在细胞大小的分布,单细胞的生长速率与细胞的大小直接相关,因此也存在生长速率分布。以下讨论的微生物生长速率指具有这种分布的群体平均值。群体的繁殖速率是群体的各个新单体的生长速率。

比生长速率是菌体浓度除菌体的生长速率和菌体浓度除菌体的繁殖速率。在平衡条件下。比生长速率 μ 的定义式为

$$\mu = \frac{1}{c(X)}\frac{\mathrm{d}c(X)}{\mathrm{d}t} \text{ 或 } v_X = \frac{\mathrm{d}c(X)}{\mathrm{d}t} = \mu c(X) \tag{6-1}$$

式中,v_X 为菌体生长速率,$g/(L \cdot h)$。

菌体的生长速率 v_X 与微生物的浓度 $c(X)$ 成正比。比生长速率 μ 除受细胞自身遗传信息支配外,还受环境因素的影响。

二、基质消耗速率

以菌体得率系数为媒介,可确定基质消耗速率与菌体生长速率的关系。基质的消耗速率 v_S 可表示为

$$-v_S = \frac{v_X}{Y_{X/S}} \tag{6-2}$$

式中,$Y_{X/S}$ 为菌体得率系数又称细胞得率系数,g/mol。

基质的消耗速率常以单位菌体表示,称为基质的比消耗速率,v 表示。

$$v = \frac{v_S}{c(X)} \tag{6-3}$$

当以氮源、无机盐、维生素等为基质时,由于这些成分只能构成菌体的组成成分,不能成为能源,$Y_{X/S}$ 近似一定,所以上式能够成立。但当基质既是能源又是碳源时,就应考虑维持能量。

$$-v_S = \frac{1}{Y_G}v_X + m \cdot c(X) \tag{6-4}$$

碳源总消耗速率＝用于生长的消耗速率＋用于维持代谢的消耗速率

式中,m 为基质维持代谢系数,$moL/(g \cdot h)$;$-v_S$ 为碳源总消耗速率,$moL/(L \cdot h)$;v_X 为菌

体生长速率，$g/(L \cdot h)$；Y_G 为菌体得率系数（对细胞生长所消耗的基质而言），g/mol。两边同除以 $c(X)$，则

$$-v = \frac{1}{Y_G}\mu + m \qquad (6-5)$$

式(6-5)作为连接 v 和 μ 的关联式，可看做是含有两个参数的线性模型。v 对 μ 的依赖关系可一般简化为

$$-v = g(\mu) \qquad (6-6)$$

式(6-6)也间接表明了 v 对环境的依赖关系。

三、代谢产物的生成速率

代谢产物有分泌于培养液中的，也有保留在细胞内的，因此讨论生成速率的数学模式有必要区分这两种情况。

与生长速率和基质消耗速率相同，当以体积为基准时，称为代谢产物的生成速率，记为 v_P；当以单位质量为基准时，称为产物的比生成速率，记为 Q，相关式为

$$Q = \frac{v_P}{c(X)} \qquad (6-7)$$

CO_2 不是目的代谢产物，但是，在微生物反应中是一定会产生的。CO_2 的 Q 值，常表示为 Q_{CO_2}。好氧微生物反应中 Q_{CO_2} 相对于氧的消耗，又称为呼吸商(RQ)。

$$RQ = \frac{\Delta c(CO_2)}{-\Delta c(O_2)} = \frac{v_{CO_2}}{-v_{O_2}} = \frac{Q_{CO_2}}{Q_{O_2}} \qquad (6-8)$$

一般 Q 是 μ 的函数，考虑到生长偶联与非生长偶联两种情况，Q 与 μ 的关系可写成

$$\beta Q = A + B\mu \qquad (6-9)$$

另外，作为一般形式，可认为是二次方程，即

$$Q = A + B\mu + C\mu^2$$

式中，A、B、C 为常数。某些酶的生产和氨基酸的合成属于这种类型。

四、混合生长学

当两种或更多微生物生活在同一环境时，随之产生群体之间的相互作用，这些作用分为直接和间接两类。

间接相互作用是指两种可以单独生活的微生物共同生活在一起时，可以互相有利或彼此依赖，创造相互有利的营养和生活条件，微生物间的互生和共生关系属于此类型。

直接相互作用是指微生物间的互不相容性，即一种微生物的生长繁殖，致使另一类微生物趋于死亡的过程，微生物学中的捕食、寄生及竞争等属于此类。嗜杀性酵母的生长也属于此类。

五、发酵动力学分类与发酵方法

为了获得发酵过程变化的第一手资料，首先，要尽可能寻找能反映过程变化的理论参数；其次，将各种参数变化和现象与发酵代谢规律联系起来，找出它们之间的相互关系和变化；第

三,建立各种数学模型以描述各参数随时间变化的关系;第四,通过计算机的在线控制,反复验证各种模型的可行性与适用范围。

(一)发酵动力学分类

表 6-1 为各种发酵动力学分类表。

表 6-1 发酵动力学

分类依据及类型		判断因素	举例
按产物生成与基质消耗的关系	I	产物生成直接与基质(糖类)消耗有关	酒精发酵、葡萄糖酸发酵、乳酸发酵、酵母培养等
	II	产物生成与基质(糖类)消耗间接有关	柠檬酸、衣康酸、谷氨酸、赖氨酸、丙酮、丁醇等的发酵
	III	产物生成与基质(糖类)消耗无关	青霉素、链霉素、糖化酶、核黄素等的发酵
按生长有否偶联	偶联型	产物生成速率与菌体生长速率有紧密联系	酒精发酵
	混合型	产物生成速率与菌体生长速率只有部分联系	乳酸发酵
	非偶联型	产物生成速率与菌体生长速率无紧密联系	抗生素发酵
按反应进程	简单型	营养成分以固定的化学量转化为产物,无中间物积累	黑曲霉葡萄糖酸发酵、阴沟产气杆菌的生长
	并联型	营养成分以不定的化学量转化为一种以上的产物,且产物生成速率随营养成分含量而异,也无中间物积累	黏红酵母的生长
	串联型	形成产物前积累一定程度的中间物的反应	极毛杆菌的葡萄糖酸发酵
	分段型	营养成分在转化为产物前全转变为中间物或以优先顺序选择性地转化为产物,反应过程由两个简单反应段组成	大肠杆菌的两段生长,弱氧化醋酸杆菌的 5-酮基葡萄糖酸发酵
	复合型	大多数的发酵过程是一个复杂的联合反应	青霉素发酵

发酵动力学可根据菌体生长与产物形成的关联关系,产物形成与基质消耗的关系,以及反应的进程等三种分类方式进行分类。

1. 按菌体生长与产物形成是否偶联分类

(1)偶联型

产物生成速率与菌体生长速率有紧密关系,发酵产物通常是分解代谢的直接产物。

$$\frac{dc(P)}{dt}=Y_{P/X}\frac{dc(X)}{dt}=Y_{P/X}\mu c(X) \text{ 或 } Q_P=Y_{P/X}\mu \tag{6-10}$$

式中,$Y_{P/X}$是以菌体细胞为基准的产物得率系数,g/g 细胞;$c(P)$为产物浓度,g/L;$c(X)$为菌体浓度,g/L;μ 为比生长速率,h^{-1};Q_P 为产物比生成速率,h^{-1};$\dfrac{\mathrm{d}c(P)}{\mathrm{d}t}$ 为产物生成速率,g/(L·h);$\dfrac{\mathrm{d}c(X)}{\mathrm{d}t}$ 为菌体生长速率,g/(L·h)。

(2)非偶联型

在菌体生长和发酵产物无关联的发酵模式中,菌体生长时,无产物形成,但菌体停止生长后,则有大量产物积累,发酵产物的生成速率只与菌体积累量有关。产物合成发生在菌体停止生长之后(即产生于次级生长),故习惯上把这类与生长无关联的产物称为次级代谢产物,但不是所有次级代谢产物一定是与生长无关联的。非偶联型发酵的生成速率只与已有的菌体量有关,而产物比生成速率为一常数,与比生长速率没有直接关系。因此,其产率和浓度高低取决于菌体生长期结束时的生物量。产物形成与菌体浓度的关系如下:

$$\frac{\mathrm{d}c(P)}{\mathrm{d}t}=\beta c(X) \tag{6-11}$$

式中,β 为非生长偶联的比生成系数,g/(g 细胞·h)。

(3)混合型

菌体生长与产物生成相关(如乳酸、柠檬酸、谷氨酸等的发酵),发酵产物生成速率可由下式描述:

$$\frac{\mathrm{d}c(P)}{\mathrm{d}t}=\alpha\frac{\mathrm{d}c(X)}{\mathrm{d}t}+\beta c(X)=\alpha\mu c(X)+\beta c(X) \tag{6-12}$$

或 $$Q_P=\alpha\mu+\beta$$

式中,α 为与生长偶联的产物生成系数,g/g;β 为非生长偶联的产物比生成系数,g/(g·h)。

该复合模型的形成是将常数 α、β 作为变数,它们在分批生长的四个时期分别具有特定的数值。

2. 按产物形成与基质消耗的关系分类

(1)类型 I

产物的形成直接与基质(糖类)的消耗有关,这是一种产物合成与利用糖类有化学计量关系的发酵,糖类提供了生长所需的能量。糖耗速率与产物合成速率的变化是平行的,如利用酵母菌的酒精发酵和酵母菌的好氧生长。这种形式也叫做有生长联系的培养。

(2)类型 II

产物的形成间接与基质(糖类)的消耗有关,即微生物生长和产物合成是分开的,糖既满足菌体生长所需的能量,又作为产物合成的碳源。但在发酵过程中有两个时期对糖的利用最为迅速,一个是最高生长时期,另一个是产物合成的最高时期。

(3)类型 III

产物的形成显然与基质(糖类)的消耗无关,如抗生素发酵。即产物是微生物的次级代谢产物,其特征是产物合成与利用碳源无准量关系,产物合成在菌体生长停止才开始。此种培养也叫做无生长联系的培养。

图 6-1 示意一个典型的分批发酵过程,其产物不是菌体本身。图的纵坐标分别为菌体浓度 $c(X)$,产物浓度 $c(P)$ 及底物浓度 $c(S)$;横坐标是发酵时间 t。在时间 $t=t_1$ 时的生长速

率,产物比生成速率和底物比消耗速率都明确地表示在图上。

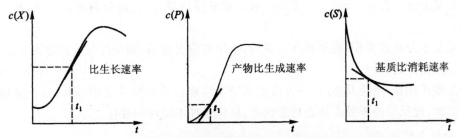

图 6-1　比生长速率、产物比生成速率及基质比消耗速率的定义

由图可知,各比速率是分批发酵过程时间 t 的函数,与对数生长期相一致,即

$$\mu = \frac{1}{c(X)} \frac{dc(X)}{dt} = \frac{d\ln c(X)}{dt} \tag{6-13}$$

3. 按反应形式分类

(1)简单反应型

营养成分以固定的化学量转化为产物,没有中间物积聚。又可分为有生长偶联和无生长偶联两类。

(2)并行反应型

营养成分以不定的化学量转化为产物,在反应过程中产生一种以上的产物,而且这些产物的生成速率随营养成分的浓度而异,同时没有中间物积聚。

(3)串联反应型

串联反应型是指在形成产物之前积累一定程度的中间物的反应。

(4)分段反应型

其营养成分在转化为产物之前全部转变为中间物。或营养成分以优先顺序选择性地转化为产物。反应过程是由两个简单反应段组成,这两段反应是由酶诱导调节。

(5)复合型

大多数发酵过程是一个联合反应,它们的联合可能相当复杂。青霉素发酵过程就是这种反应。菌种的生长曲线是一个特殊的两段型。青霉素的生产曲线也呈现一个两段型的特征并滞后于生长曲线。一个中间产物的积聚是在糖分消失和青霉素出现之间的某处。这也是青霉素发酵过程中添加糖的一个理由。

(二)发酵方法

发酵过程根据生产菌种和发酵条件的要求分为好氧发酵和厌氧发酵。好氧发酵有液体表面培养发酵、在多孔或颗粒状固体培养基表面发酵和通氧式液体深层发酵。厌氧发酵采用不通氧的深层发酵。液体深层培养是在有一定径高比的圆柱形发酵罐内完成的,根据其操作方法可分为以下几种:

①分批式操作:基质一次性装入罐内,在适宜条件下接种进行反应,经过一定时间后,将全部反应物取出。

②半分批式操作(也称流加操作):先将一定量基质装入罐内,在适宜条件下接种使反应开始。反应过程中,将限制性基质送入反应器,以将罐内限制性基质浓度控制在一定范围。反应

终止将全部反应物取出。

③反复分批式操作:分批操作完成后取出部分反应系,剩余部分再加入基质,按分批式操作进行。

④反复半分批式操作:流加操作完成后,取出部分反应系,剩余部分重新加入一定量基质,再按流加式操作进行。

⑤连续式操作:反应开始后,一方面把基质连续地供给到反应器中,同时又把反应液连续不断地取出,使反应过程处于动态稳定状态,反应条件不随时间变化。

1. 分批发酵法

分批发酵法(batch fermentation)是采用单罐深层分批发酵法。每一个分批发酵过程都经历接种、生长繁殖、菌体衰老进而结束发酵,分离产物。这一过程在某些培养液的条件支配下,微生物经历着由生到死的一系列变化阶段,在各个变化的进程中都受到菌体本身特性的制约,也受到周围环境的影响。只有正确认识和掌握这一系列变化过程,才有利于控制发酵生产。

分批发酵的特点是微生物所处的环境是不断变化的,可进行少量多品种的发酵生产,如果发生染菌能够很容易终止操作,当运转条件发生变化或需要生产新产品时,易改变处理对策,对原料组成要求较粗放等。

2. 补料分批发酵法

补料分批发酵法(fed-batch fermentation)又称半连续发酵或半连续培养,是指在分批培养过程中,间歇或连续地补加新鲜培养基。与传统分批发酵相比,其优点是:①使发酵系统中维持很低的基质浓度,可以除去快速利用碳源的阻遏效应,并维持适当的菌体浓度,使不致加剧供氧的矛盾;②避免培养基积累有毒代谢物。补料分批发酵法广泛应用于抗生素、氨基酸、酶制剂、核苷酸、有机酸及高聚物等的生产。

3. 连续发酵法

连续发酵(continuous fermentation)过程是当微生物培养到对数生长期时,在发酵罐中一方面以一定速度连续不断地流加新鲜液体培养基,另一方面又以同样的速度连续不断地将发酵液排出,使发酵罐中微生物的生长和代谢活动始终保持旺盛的稳定状态,而 pH、温度、营养成分的浓度、溶解氧等都保持一定,并从系统外部予以调整,使菌体维持在恒定生长速率下进行连续生长和发酵,这样就大大提高了发酵的生长效率和设备利用率。连续发酵的类型见表 6-2。

表 6-2　连续发酵类型

类型		开放式(菌体取出)		封闭式(菌体不取出)	
		单罐	双罐	单罐	双罐
均匀混合	非循环	搅拌发酵罐	搅拌罐(串联)	透析膜培养	搅拌发酵罐串联(菌体100%重复使用)
	循环	搅拌发酵罐(菌体部分重复使用)	搅拌罐串联(菌体部分重复使用)	搅拌发酵罐(菌体100%重复使用)	塔式发酵罐(菌体100%重复使用)

续表

类型		开放式(菌体取出)		封闭式(菌体不取出)	
		单罐	双罐	单罐	双罐
非均匀混合	非循环	管道发酵罐 塔式发酵罐	塔式发酵罐装有隔板的管道发酵器(卧式、立式)	塔式发酵罐（菌体100％重复使用）	塔式发酵罐装有隔板的管道发酵器（菌体100％重复使用）
	循环	管道发酵器塔式发酵罐（菌体部分重复使用）	塔式发酵罐装有隔板的管道发酵器（菌体部分重复使用）	搅拌发酵罐串联（菌体100％重复使用）	管道发酵罐（菌体100％重复使用）

(1)开放式连续发酵

在开放式连续发酵系统中,菌体随着发酵液而一起流出,菌体流出的速度等于新菌体生成速度。因此在这种情况下,可使菌体浓度处于某种稳定状态。另外,最后流出的发酵液如部分返回(反馈)发酵罐进行重复使用,则该装置叫做循环系统,发酵液不重复使用的装置叫做不循环系统。

①单罐均匀混合连续发酵。培养液以一定的流速不断地流加到带有机械搅拌装置的发酵罐中,与罐内发酵液充分混合,同时带有菌体和产物的发酵液又以同样流速连续流出。如果用一个装置将流出的发酵液中部分细胞返回发酵罐,就构成循环系统。图 6-2 为单罐连续发酵系统示意图。

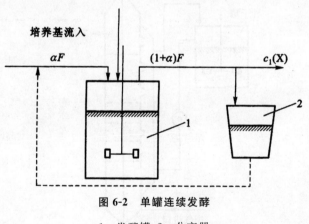

培养基流入

αF　　　　$(1+\alpha)F$　　$c_1(X)$

图 6-2　单罐连续发酵

1—发酵罐;2—分离器

②多罐均匀混合连续发酵。将若干搅拌发酵罐串联起来,就构成多罐均匀混合发酵装置。新鲜培养液不断流入第一只发酵罐,发酵液以同样流速依次流入下一只发酵罐,在最后一只发酵罐中流出。多级连续发酵可以在每个罐中控制不同的环境条件以满足微生物生长各阶段的不同需要,并能使培养液中的营养成分得到较充分的利用,最后流出的发酵液中菌体和产物的浓度较高,所以是最经济的连续发酵法。

③管道非均匀混合连续发酵。管道的形式有多种,如直线形、S形、蛇形管等。培养液和

来自于种子罐的种子不断流入管道发酵器内,使微生物在其中生长、繁殖和积累代谢产物。这种连续发酵的方法主要用于厌氧发酵。如在管道中用隔板加以分隔,每一个分隔等于一台发酵罐,就相当于多罐串联的连续发酵。图 6-3 为该系统示意图。

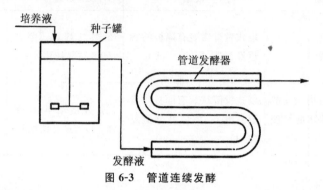

图 6-3 管道连续发酵

④塔式非均匀混合连续发酵。塔式发酵罐有两种,一种是用多孔板将其分隔成若干室,每个室等于一台发酵罐,这样一台多孔板塔式发酵罐就相当于一组多级串联的连续发酵装置;另一种是在罐内装设填充物,使菌体在上面生长,这种形式仍然属于单罐式。图 6-4 是一种气液并流型连续发酵装置,培养液和空气从塔底部并流进入,在用多孔板分隔的多段发酵室中培养后由塔顶流出。

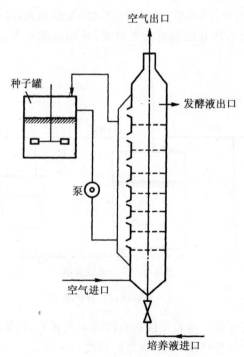

图 6-4 气液并流型塔式连续发酵装置

(2)封闭式连续发酵

在封闭式连续发酵系统中,运用某种方法使菌体一直保持在培养器内,并使其数量不断增加。这种条件下,某些限制因素在培养器中发生变化,最后大部分菌体死亡。因此在这种系统中,不可能维持稳定状态。封闭式连续发酵装置可以用开放式连续发酵设备加以改装,只要使部分菌体重新循环。另一种方法是采用间隔物或填充物置于设备内,使菌体在上面生长,发酵液流出时不携带细胞或所携带细胞极少。

(3)透析膜连续发酵法

这是一种新方法,它是采用一种具有微孔的有机膜将发酵设备分隔,这种膜只能通过发酵产物,而不能通过菌体细胞。这样,将培养液连续流加到发酵设备的具有菌体的间隔中,微生物的代谢产物就通过透析膜连续不断地从另一间隔流出。在一些发酵过程中,当发酵液中代谢产物积累到一定程度时就会抑制它的继续积累,而采用透析膜发酵的方法可使代谢产物不断透析出去,发酵液中留下不多,因而可以提高产品得率。

第二节　分批发酵动力学

一、分批培养的不同阶段

分批培养是指在一个密闭系统内投入有限数量的营养物质后,接入少量的微生物菌种进行培养,使微生物生长繁殖,在特定的条件下只完成一个生长周期的微生物培养方法。该方法在发酵开始时,将微生物菌种接入已灭菌的新鲜培养基中,在微生物最适宜的培养条件下进行培养,在整个培养过程中,除氧气的供给、发酵尾气的排出、消泡剂的添加和控制 pH 需要加入酸或碱外,整个培养系统与外界没有其他物质的交换。分批培养过程中随着培养基中营养物质的不断减少,微生物生长的环境条件也随之不断变化。因此,微生物分批培养是一种非稳态的培养方法。

在分批培养过程中,随着微生物生长和繁殖,细胞量、底物、代谢产物的浓度等均不断发生变化。微生物的生长可分为四个阶段:延滞期(a)、对数生长期(b)、稳定期(c)和衰亡期(d),见图 6-5。各时期期细胞成分的变化见图 6-6。

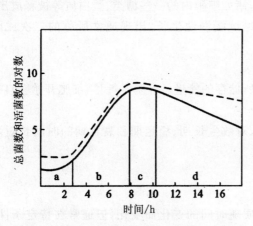

图 6-5　分批培养过程中典型的细菌生长曲线

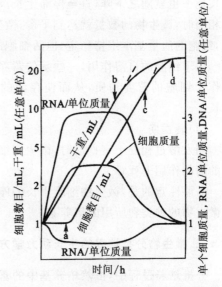

图 6-6　不同生长阶段细胞成分的变化曲线

(1)停滞期

停滞期是微生物细胞适应新环境的过程。在该过程中,系统的微生物细胞数量并没有增加,处于一个相对的停止生长状态。但细胞内却在诱导产生新的营养物质运输系统,可能有一些基本的辅助因子会扩散到细胞外,同时参加初级代谢的酶类再调节状态以适应新的环境。

(2)对数生长期

处于对数生长期的微生物细胞的生长速度大大加快,单位时间内细胞的数量或质量的增加维持恒定,并达到最大值。如在半对数纸上用细胞数目或细胞质量的对数值对培养时间作图,将可得到一条直线,该直线的斜率就等于 μ。

在对数生长期,随着时间的推移,培养基中的成分不断发生变化,但此期间,细胞的生长速率基本维持恒定,其生长速率可用数学方程式表示:

$$\frac{\mathrm{d}c(X)}{\mathrm{d}t} = \mu c(X) \tag{6-14}$$

式中,$c(X)$ 为细胞浓度,g/L;t 为培养时间,h;μ 为细胞的比生长速度,1/h。

如果当 $t=0$ 时,细胞的浓度为 $c_0(X)$,上式积分后就为

$$\ln = \frac{c(X)}{c_0(X)} = \mu \cdot t \tag{6-15}$$

微生物的生长有时也可用"倍增时间"(t_d)表示,定义为微生物细胞浓度增加一倍所需要的时间,即

$$t_d = \frac{\ln 2}{\mu} = \frac{0.693}{\mu} \tag{6-16}$$

微生物细胞比生长速率和倍增时间因受遗传特性及生长条件的控制,有很大的差异。应当指出,并不是所有微生物的生长速度都符合上述方程。

(3)稳定期

在微生物的培养过程中,随着培养基中营养物质的消耗和代谢物的积累或释放,微生物的生长速率也就随之下降,直至停滞生长。当所有微生物细胞分裂或细胞增加的速率与死亡速率相当时,微生物的数量就达到平衡,微生物的生长也就进入了稳定期。在微生物生长的稳定期,细胞的质量基本维持稳定,但活细胞的数量可能下降。

由于细胞的自溶作用,一些新的营养物质,诸如细胞内的一些糖类、蛋白质等被释放出来,又作为细胞的营养物质,从而使存活的细胞继续缓慢地生长,出现通常所称的二次或隐性生长。

(4)衰亡期

当发酵过程处于衰亡期时,微生物细胞内所储存的能量已经基本耗尽,细胞开始在自身所含的酶的作用下死亡。

需要注意的是,微生物细胞生长的停滞期、对数生长期、稳定期和衰亡期的时间长短取决于微生物的种类和所用的培养基。

二、微生物分批培养的生长动力学方程

分批培养过程中,虽然培养基中的营养物质随时间的变化而变化,但通常在特定条件下,其比生长速率往往是恒定的。从 20 世纪 40 年代以来,人们提出了许多描述微生物生长过程

中比生长速率和营养物质浓度之间关系的方程，其中，1942 年，Monod 提出了在特定温度、pH、营养物类型、营养物浓度等条件下，微生物细胞的比生长速率与限制性营养物的浓度之间存在如下的关系式：

$$\mu = \frac{\mu_m c(S)}{K_S + c(S)} \tag{6-17}$$

式中，μ_m 为微生物的最大比生长速率，1/h；$c(S)$ 为限制性营养物质的浓度，g/L；K_S 为饱和常数，mg/L。

K_S 的物理意义为当比生长速率为最大比生长速率的一半时，限制性营养物质的浓度，它的大小表示了微生物对营养物质的吸收亲和力大小。K_S 越大，表示微生物对营养物质的吸收亲和力越小；反之就越大。

对于微生物来说，K_S 值是很小的，一般为 0.1～120mg/L 或 0.01～3.0mmoL/L，这表示微生物对营养物质有较高的吸收亲和力。

一些微生物的 K_S 值见表 6-3。

表 6-3　某些微生物的 K_S 值

微生物	基质	K_S 值/(mg/L)
产气肠道细菌	葡萄糖	1.0
大肠杆菌	葡萄糖	2.0～4.0
啤酒酵母	葡萄糖	25.0
多形汉逊酵母	核糖	3.0
多形汉逊酵母	甲醇	120
产气肠道细菌	氮	0.1
产气肠道细菌	镁	0.6
产气肠道细菌	硫酸盐	3.0

微生物生长的最大比生长速率 μ_m 在工业生产上有很大的意义，μ_m 随微生物的种类和培养条件的不同而不同，通常为 0.09～0.64/h 。一般来说，细菌的 μ_m 大于真菌。就同一细菌而言，培养温度升高，μ_m 增大；营养物质的改变，μ_m 也要发生变化。

通常容易被微生物利用的营养物质，其 μ_m 较大；随着营养物质碳链的逐渐加长，μ_m 则逐渐变小。习惯上(6-16)式称为莫诺德(Monod)方程。

微生物的比生长速率与基质消耗之间关系见图 6-7 。

图 6-7 中线段 a 表示营养物质浓度很低，即 $c(S) \ll K_S$ 时，微生物的比生长速率与营养物质的关系为线性关系，此时，Monod 方程可写为

$$\mu = \frac{\mu_m}{K_S} c(S) \tag{6-18}$$

线段 b 为适合 Monod 方程段；线段 c 表示营养物质浓度很高，即 $c(S) \gg K_S$ 时，微生物的比生长速率与营养物质的关系。正常情况下，$\mu \approx \mu_m$，但这也正是由于营养物质或代谢产物导致抑制作用的区域，目前尚没有相应的理论方程描述此区域的情况，但有时可按下式表达：

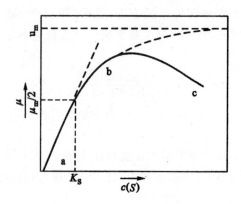

图 6-7　比生长速率与基质之间关系

$$\mu = \frac{\mu_m K_1}{K_1 + c(S)} \tag{6-19}$$

式中，K_1 为抑制常数。

　　因此，实践上，为了避免发生营养物质的抑制作用，分批培养应在高营养物质浓度下开始进行。

　　Monod 方程纯粹是基于经验得出的。在纯培养情况下，只有当微生物细胞生长受一种限制性营养物质制约时，Monod 方程才与实验数据相一致。而当培养基中存在多种营养物质时，Monod 方程必须加以修改，写成(6-19)式才能与实验数据相符合。如果所有营养物质都过量时，$\mu = \mu_m$，此时细胞处于对数生长期，生长速率达到最大值。

$$\mu = \mu_m \left[\frac{K_1 c_1(S)}{K_1 + c_1(S)} + \frac{K_2 c_2(S)}{K_2 + c_2(S)} + \cdots + \frac{K_i c_i(S)}{K_i + c_i(S)} \right] \cdot \left[\frac{1}{\sum\limits_{i=1}^{} K_i} \right] \tag{6-20}$$

三、分批培养时基质的消耗速率

　　在发酵培养过程中，培养基中的营养物质被细胞利用，生成细胞和代谢产物，我们常用得率系数描述微生物生长过程的特征，即生成的细胞或产物与消耗的营养物质之间的关系。在实际生产中，最常用的是细胞得率系数($Y_{X/S}$)和产物得率系数($Y_{P/S}$)，其含义为

　　细胞得率系数($Y_{X/S}$)：消耗 1g 营养物质生成的细胞的质量，单位为克。

　　产物得率系数($Y_{P/S}$)：消耗 1g 营养物质生成的产物的质量，单位为克。

　　可通过测定一定时间内细胞和产物的生成量以及营养物质的消耗量来进行计算，获得表观得率系数。

$$Y_{X/S} = \frac{c(X) - c_0(X)}{c_0(S) - c(S)} = \frac{\Delta c(X)}{\Delta c(S)}$$

$$Y_{P/S} = \frac{c(P) - P_0}{c_0(S) - c(S)} = \frac{\Delta c(P)}{\Delta c(S)}$$

$$Y_{X/O} = \frac{c(X) - c_0(X)}{c_0(O) - c(O)} = \frac{\Delta c(X)}{\Delta c(O)}$$

　　发酵培养基中基质的减少是由于细胞和产物的形成。即

$$-\frac{dc(S)}{dt} = \frac{\mu c(X)}{Y_{X/S}} \tag{6-21}$$

$$\frac{\mathrm{d}c(P)}{\mathrm{d}t} = Y_{P/S}\frac{\mathrm{d}c(X)}{\mathrm{d}t} \tag{6-22}$$

如果限制性的基质是碳源,消耗掉的碳源中一部分形成细胞物质,一部分形成产物,一部分产物维持生命活动,即有

$$-\frac{\mathrm{d}c(S)}{\mathrm{d}t} = \frac{\mu c(X)}{Y_G} + mc(X) + \frac{1}{Y_P} + \cdots \tag{6-23}$$

式中,Y_G 为菌体得率系数,g/g;m 为维持常数;Y_P 为产物得率系数,g/g。

$Y_{X/S}$、$Y_{P/S}$ 分别是对基质总消耗而言的。Y_G 和 Y_P 是分别对用于生长和产物形成所消耗的基质而言的,如果用比速率来表示基质的消耗和产物的形成,则有

$$v = -\frac{1}{c(X)} \cdot \frac{\mathrm{d}c(S)}{\mathrm{d}t} \tag{6-24}$$

$$Q_P = -\frac{1}{c(X)} \cdot \frac{\mathrm{d}c(P)}{\mathrm{d}t} \tag{6-25}$$

式中,v 为基质比消耗速率,mol/(g 菌体·h);Q_P 为产物比生成速率,mol/(g 菌体·h)。

根据比生长速率的关系式和基质消耗速率的关系式可得到下列关系:

$$v = \frac{\mu}{Y_{X/S}} \tag{6-26}$$

根据式(6-22)和式(6-25)可得到下式:

$$v = \frac{\mu}{Y_G} + m + \frac{\mu}{Y_P} \tag{6-27}$$

若产物可忽略,则式(6-26)可写成下式:

$$\frac{1}{Y_{X/S}} = \frac{1}{Y_G} + \frac{m}{\mu} \tag{6-28}$$

由于 Y_G、m 很难直接测定,只要得出细胞在不同比生长速率下的 $Y_{X/S}$,可根据式(6-27)用图解法求 Y_G、m 的值,从而可得到基质消耗的速率。

四、分批培养中产物的生成速率

在微生物的分批培养中,产物的生成与微生物细胞生长关系的动力学模式有三种,图 6-8 表示营养物质以化学计量关系转化为单一产物(P)、产物生成速率与细胞生长速率的关系。

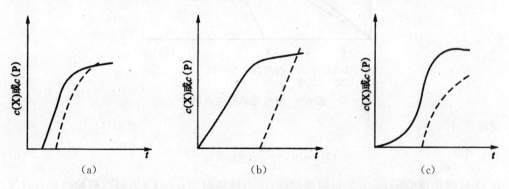

图 6-8 微生物细胞的分批培养中细胞生长与产物生成的动力学模式

(a)产物生成与细胞生长相关;(b)产物生成与细胞生长部分相关;(c)产物生成与细胞生长无关

（1）产物形成与细胞生长相关

在该模式中，产物的生成速率与生长速率的关系可表示为

$$\frac{dc(P)}{dt} = \mu Y_{P/S} \tag{6-29}$$

（2）产物生成与细胞生长无关联

$$\frac{dc(P)}{dt} = \beta c(X) \tag{6-30}$$

（3）产物生成与细胞生长有关联和无关联的复合模式

这时，产物生成与细胞生长的关系可表示为

$$\frac{dc(P)}{dt} = \alpha \frac{dc(X)}{dt} + \beta c(X) \tag{6-31}$$

五、分批培养过程的生产率

在评价发酵过程的成本、效率时，应利用生产率（P）这个概念。发酵过程中的生产率可定义为

$$生产率(P) = \frac{产物浓度(g/L)}{发酵时间(h)} (g/h \cdot L)$$

生产率是个综合指标，在讨论分批培养时，必须考虑所有的因素。在计算时间时，不仅包括发酵时间，还应包括放罐、清洗、装料和消毒时间以及停滞期所消耗时间。图 6-9 表示整个发酵过程中所经历的时间的典型分析，并显示出了平均生产率和最大生产率。

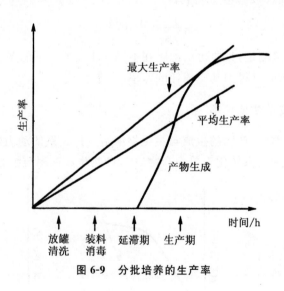

图 6-9　分批培养的生产率

发酵总时间为

$$t = \frac{1}{\mu_m} \ln \frac{c_1(X)}{c_0(X)} + t_c + t_f + t_1 \tag{6-32}$$

式中，t_c 为放罐清洗时间；t_f 为装料消毒时间；t_1 为停滞时间；$c_0(X)$ 为细胞初始浓度；$c_1(X)$ 为细胞最终浓度。

如令 $t_L = t_c + t_f + t_1$，平均生产率 P 可表示为

$$P = \frac{c_1(X) - c_0(X)}{\frac{1}{\mu_m}\ln\frac{c_1(X)}{c_0(X)} + t_L} \qquad (6-33)$$

第三节　连续发酵动力学

连续培养是以一定的速度向培养基系统内添加新鲜的培养基，同时以相同的速度流出培养液，从而使培养系统内培养液的量维持恒定，使微生物细胞能在近似恒定状态下生长。连续培养也称发酵。

在连续培养过程中，微生物细胞所处的环境条件，如营养物质的浓度、产物的浓度、pH 以及微生物细胞浓度、比生长速率等可以自始至终基本保持不变，甚至还可以根据需要来调节微生物细胞的生长速率，因此连续培养的最大特点是微生物细胞的生长速率、产物的代谢均处于恒定状态，可达到稳定、高速培养微生物细胞或产生大量的代谢产物的目的。

一、单罐连续培养的动力学

1. 细胞的物料平衡

为了描述恒定状态下恒化器的特性，必须求出细胞和限制性营养物质的浓度与培养基流速之间的关系方程。对发酵反应器来说，细胞的物料平衡可表示为：流入的细胞－流出的细胞＋生长的细胞－死去的细胞＝积累的细胞

$$\frac{Fc_0(X)}{V} - \frac{Fc(X)}{V} + \mu c(X) - kc(X) = \frac{dc(X)}{dt} \qquad (6-34)$$

式中，$c_0(X)$ 为流入发酵罐的细胞浓度，g/L；$c(X)$ 为流出发酵罐的细胞浓度，g/L；F 为培养基的流速，1/h；V 为发酵罐内液体的体积，L；μ 为比生长速率，1/h；k 为比死亡速率，1/h；t 为时间，h。

对普通单级恒化器而言，$c_0(X) = 0$，在多数连续培养中，$\mu \gg k$，所以方程可简化为

$$-\frac{F}{V}c(X) + \mu c(X) = \frac{dc(X)}{dt} \qquad (6-35)$$

定义稀释率 $D = F/V$，单位为 h^{-1}。在恒定状态时，$\frac{dc(X)}{dt} = 0$，所以

$$\mu = \frac{F}{V} \qquad (6-36)$$

即在恒定状态时，比生长速率等于稀释率：

$$\mu = D \qquad (6-37)$$

这就表明，在一定范围内，认为调节培养基的流加速率，可以使细胞按所希望的比生长速率来生长。

2. 限制性营养物质的物料平衡

对生物反应器（发酵罐）而言，营养物的物料平衡可表示为：流入的营养物质－流出的营养物质－生长消耗的营养物质－维持生命需要的营养物质－形成产物消耗的营养物＝积累的营

养物,即

$$\frac{Fc_0(S)}{V}-\frac{Fc(S)}{V}+\frac{\mu c(S)}{Y_{X/S}}-mc(X)-\frac{Q_P c(X)}{Y_{P/S}}=\frac{dc(S)}{dt} \tag{6-38}$$

式中,$c_0(S)$ 为流入发酵罐的营养物浓度,g/L;$c(S)$ 为流出发酵罐的营养物浓度,g/L;$Y_{X/S}$ 为细胞得率系数;Q_P 为产物的比生成速率,g 产物/(g 细胞·h);$Y_{P/S}$ 为产物得率系数。

在一般情况下,$mc(X)\ll\mu c(X)/Y_{X/S}$ 而形成产物很少,可忽略不计。在恒定状态下,$\dfrac{dc(S)}{dt}=0$,式(6-38)为

$$D[c_0(S)-c(S)]=\frac{\mu c(X)}{Y_{X/S}} \tag{6-39}$$

因为 $\mu=D$,所以

$$c(X)=Y_{X/S}[c(S)-c_0(S)] \tag{6-40}$$

3. 细胞浓度与稀释率的关系

为了使细胞浓度、营养物的浓度与稀释率发生关系,需要利用 Monod 方程。当 Monod 方程应用于连续培养时,则变为

$$D=\frac{D_c c(S)}{K_S+c(S)}=\frac{\mu_m c(S)}{K_S+c(S)} \tag{6-41}$$

式中,D_c 为临界稀释率,即在恒化器中可能达到的最大稀释率。

除极少数外,D_c 相当于分批培养中的 μ_m,由式(6-41)可得到

$$X=Y_{X/S}\left[c_0(S)-\frac{DK_S}{\mu_m-D}\right] \tag{6-42}$$

式(6-41)和式(6-42)分别表示了 $c(S)$ 和 $c(X)$ 对培养基流速的依赖关系。当流速低时,即 D 小时,营养物全部被细胞利用,$c(S)\to 0$,细胞浓度 $c(X)=c_0(S)Y_{X/S}$。如果 D 增加,开始 $c(X)$ 呈线性慢慢下降,然后,当 $D=D_c=\mu_m$ 时,$c(X)$ 下降到 0。开始时,$c(S)$ 随 D 的增加而缓慢增加。当 $D=\mu_m$ 时,$c(S)\to c_0(S)$。当 $c(X)=0$ 时,达到"清洗点",即有

$$D=\frac{\mu_m c_0(S)}{K_S+c_0(S)} \tag{6-43}$$

因为 $\dfrac{c_0(S)}{K_S+c_0(S)}=1$,所以 $D=\mu_m$。

当 D 在 μ_m 以上时,不可能达到恒定状态。如果 D 只稍稍低于 μ_m,那么整个系统对外界环境变化是非常敏感的。随着 D 的微小变化,$c(X)$ 将发生巨大的变化。图 6-10 表示稀释率对 $c(S)$、$c(X)$、t_d(倍增时间)和细胞产率的影响。

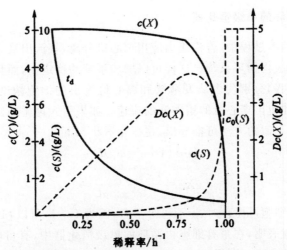

图 6-10 稀释率对营养物浓度[$c(S)$]、细胞浓度[$c(X)$]、倍增
时间(t_d)和细胞生成速率[$D_c(X)$]的影响

二、连续培养生产率与分批培养生产率的比较

在工业生产中,连续培养主要用于生产微生物菌体。连续培养的生产率可表示为

$$P = D_c(X) \qquad\qquad (6-44)$$

将方程(6-42)代入方程(6-44)得到

$$P = D Y_{X/S} \left[c_0(S) - \frac{D K_S}{\mu_m - D} \right] \qquad\qquad (6-45)$$

为求出最大生产率所需要的稀释率,可求方程(6-45)的一阶导数并使其为零来计算。由此得到

$$D_m = \mu_m \left[1 - \sqrt{\frac{K_S}{K_S + c_0(S)}} \right] \qquad\qquad (6-46)$$

将方程(6-46)代入方程(6-42)得到

$$c_m(X) = Y_{X/S} \left\{ [K_S + c_0(S)] - \sqrt{K_S[K_S + c_0(S)]} \right\} \qquad\qquad (6-47)$$

由此得到连续培养生产率和分批培养生产率之比为

$$\frac{P_c}{P_b} = \frac{D_m c_m(X)}{P_b} = \frac{\mu_m Y_{X/S} \left[\sqrt{\dfrac{K_S + c_0(S)}{c_0(S)}} - \sqrt{\dfrac{K_S}{c_0(S)}} \right]^2}{\dfrac{c_m(X) - c_0(X)}{\dfrac{1}{\mu_m} \ln \dfrac{c_m(X)}{c_0(X)} + t_L}} \qquad\qquad (6-48)$$

因为 $c_0(S) \gg K_S$,所以 $\dfrac{K_S + c_0(S)}{c_0(S)} \approx 1$,$\dfrac{K_S}{c_0(S)} \approx 0$,方程(6-48)可以简化为

$$\frac{P_c}{P_b} = \frac{\ln \dfrac{c_m(X)}{c_0(X)} + \mu_m t_L}{c_m(X) - c_0(X)} Y_{X/S} \qquad\qquad (6-49)$$

由式中可见:μ_m 越大,连续培养生产率与分批培养生产率之比越大,采用连续培养越有利;如 μ_m 过小,则不宜采用连续培养。

三、带有细胞再循环的单级恒化器

在单级恒化器的培养过程中,若将流出液用离心机分离,将流出液中的微生物细胞再部分地回加到发酵罐内,形成再循环系统。这样可以增加系统的稳定性,而且可使恒化器内细胞的浓度增加。$c_1(X)$、$c_2(X)$分别代表从发酵罐和离心机流出的细胞浓度,F、F_1分别代表充入发酵罐的培养基流速和流出离心机的培养液的流速。如果引入再循环比率α和浓缩因子C两个参数,再采取与前述类似的方法可推导出,在恒化器状态下

$$\mu = (1+\alpha-\alpha C)D$$

$$c(X) = \frac{Y_{X/S}[c_0(S)-c(S)]}{1+\alpha-\alpha C} \tag{6-50}$$

由此可见,当存在细胞再循环时,μ不再等于D,因为$C>1$,所以$(1+\alpha-\alpha C)$永远小于1,则μ永远大于D。这就表明,在带有细胞再循环的单级恒化器中,有可能达到很高的稀释率,而细胞没有被"清洗"的危险。同样,在恒定状态下细胞浓度比不带再循环的恒化器大一个因子$\frac{1}{1+\alpha-\alpha C}$。

将式(6-50)代入 Monod 方程,则

$$c(S) = \frac{K_S\mu}{\mu_m-\mu} = K_S\frac{D(1+\alpha-\alpha C)}{\mu_m-D(1+\alpha-\alpha C)} \tag{6-51}$$

$$c_1(X) = \frac{Y_{X/S}}{1+\alpha-\alpha C}c_0(S) - \frac{K_S D(1+\alpha-\alpha C)}{\mu_m-D(1+\alpha-\alpha C)} \tag{6-52}$$

式(6-51)和(6-52)是在带有循环的单级恒化器中基质浓度与细胞浓度的表达式,说明该系统有利于增加细胞浓度。

四、多级连续培养

图 6-11 显示一种简单的多级连续培养。图中 F 为由第一个发酵罐流出的培养液的流速(单位为 L/h),V_1、V_2 分别为第一和第二个发酵罐的体积(单位为 L),F' 是补加到第二个发酵罐的新鲜培养基的流速(单位为 L/h),$F_2=F_1+F'$,$c_0(S)$、$c_0'(S)$ 分别为加到第一和第二个发酵罐内限制性营养物浓度,$c_1(S)$、$c_2(S)$分别为剩余限制性营养物的浓度,$c_1(X)$、$c_2(X)$分别为第一和第二个发酵罐内细胞浓度。采用与前述类似的方法,可以推导出在恒定状态下,两级串联恒化器中每个发酵罐内物料平衡的结果。

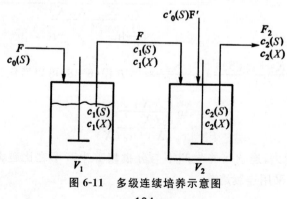

图 6-11　多级连续培养示意图

表 6-4 为恒定状态下两级串联恒化器中每个发酵罐内的物料平衡。

表 6-4 恒定状态下两级串联恒化器中每个发酵罐内的物料平衡

发酵罐	细胞物料平衡	限制性营养物料平衡
第一个发酵罐	$\mu_1 = D_1$	$c_1(X) = Y_{X/S}\left[c_0(S) - c_1(S)\right]$
第二个发酵罐（不补加新鲜培养基）	$\mu_2 = D_2\left[1 - \dfrac{c_1(X)}{c_2(X)}\right]$	$c_2(X) = \dfrac{D_2}{\mu_2} Y_{X/S}\left[c_1(S) - c_2(S)\right]$
第二个发酵罐（补加新鲜培养基）	$\mu_2 = D_2 - \dfrac{F_1(X)}{V_2(X)}$	$c_2(X) = \dfrac{Y_{X/S}}{\mu_2}\left[\dfrac{F_1}{V_2}c_1(S) + \dfrac{F'}{V_2}S' - D_2 c_2(S)\right]$

由上表可见,在第二个发酵罐内 $\mu_2 \neq D_2$,如果不向第二个发酵罐补加新鲜培养基,则第二个发酵罐的净生长速率就会很小;如果向第二个发酵罐内补加新鲜培养基,不仅可以促进细胞的生长,而且可以使 D 选定在比 μ_m 更大的数值。

第四节　补料分批发酵动力学

补料分批发酵指在分批培养过程中,间歇或连续地补加新鲜培养基的培养方法,又称半连续培养或半连续发酵,是介于分批培养过程与连续培养过程之间的一种过渡培养方式。目前,该方法在发酵工业上普遍用于氨基酸、抗生素、维生素、酶制剂、单细胞蛋白、有机酸及有机溶剂等的生产过程中。

一、补料分批发酵的类型

补料分批发酵类型很多,没有统一的分类方法,比较混乱。

①按补料方式可分为连续补料、不连续补料、多周期补料。

②按每次补料的流速可分为快速补料、恒速补料、指数速度补料、变速补料。

③按反应器中发酵液的体积可分为变体积、恒体积。

④按反应器的数目分为单级、多级。

⑤按补料培养基组成分为单一组分补料、多组分补料。

发酵过程中不同的补料方法对细胞密度、生长速率及生产率均有影响。图 6-12 为微生物补料分批发酵类型及操作过程。表 6-5 为补料方法对细胞密度、生长速率及生产率的影响。

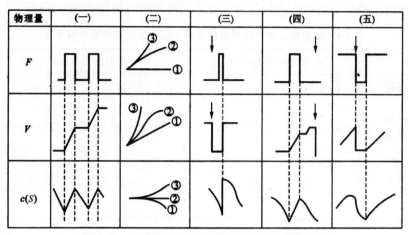

图 6-12 微生物补料分批发酵类型及其操作过程

F—流速；V—发酵液体积；$c(S)$—限制性营养物质浓度

①—指数速率补料培养；②—恒速补料培养；③—变速补料培养

表 6-5　补料方法对细胞密度、生长速率及生产率的影响

微生物	培养基	搅拌通气	补料方式	细胞浓度/(g/L)	比生长速率/(L/h)	生产率/[g/(L·h)]
大肠杆菌	完全培养基	O_2	补加葡萄糖,提高最低溶氧浓度	26	0.46	2.3
大肠杆菌	完全培养基	O_2	改变加入蔗糖的量,控制最低溶氧浓度	42	0.36	4.7
大肠杆菌	完全培养基	O_2	按比例加入葡萄糖和铵盐,控制 pH	35	0.23	3.9
大肠杆菌	完全培养基	O_2	按比例加入葡萄糖和铵盐,控制 pH,低温维持最低溶氧浓度大于 10%,	47	0.58	3.6
大肠杆菌	完全培养基	O_2	补加碳源,维持恒定的浓度;以适当比例加入盐和铵盐,控制 pH	138	0.55	5.8
大肠杆菌	完全培养基	空气	以恒定的速度(不导致 O_2 的供应受到限制)补加碳源	43	0.38	0.8
大肠杆菌	完全培养基	空气	补加碳源,限制细胞生长,避免乙酸产生	65	0.10~0.14	1.3
大肠杆菌	完全培养基	空气	补加碳源,控制细胞生长	80	0.2~1.3	6.2

二、补料分批培养的动力学

1. 单一补料分批培养

单一补料分批培养的特点是补料一直到培养液达到额定值为止,培养过程中不取出培养

液。在单一补料分批培养过程中，假定 $c_0(S)$ 为开始时培养基中限制性营养物质的浓度，F 为培养基的流速，V 为培养基的体积，F/V 为稀释率，用 D 表示，刚接种时培养液中的微生物细胞浓度为 $c_0(X)$，那么在某了瞬间培养液中微生物细胞浓度 $c(X)$ 可表示为

$$c(X) = c_0(X) + Y_{X/S}[c_0(X) - c(S)] \tag{6-53}$$

由式可知，当 $c(S) = 0$ 时，微生物细胞的最终浓度为 $c_{\max}(X)$，假如 $c_{\max}(X) \gg c_0(X)$，则

$$c_{\max}(X) = Y_{X/S} c_0(S) \tag{6-54}$$

如果在 $c(X) = c_0(X)$ 时，开始以恒定的速率补加培养基，这时，稀释率 D 小于 μ_m，发酵过程中随着补料的进行，所有限制性营养物质都很快被消耗。此时

$$F c_0(S) \approx \mu \frac{c'(X)}{Y_{X/S}} \tag{6-55}$$

式中，F 为补料的培养基流速，$1/h$；$c'(X)$ 为培养液中微生物细胞总量，g，$c'(X) = c(X)V$；V 为时间 t 时培养基的体积，L。

方程(6-55)可以看出补加的营养物质与细胞消耗掉的营养物质相等，因此 $\frac{dc(S)}{dt} = 0$。随着时间的延长，培养液中微生物细胞的量 $c'(X)$ 增加，但细胞的浓度却保持不变，即 $\frac{dc(X)}{dt} = 0$，因而 $\mu \approx D$。这种 $\frac{dc(S)}{dt} = 0$、$\frac{dc(X)}{dt} = 0$、$\mu \approx D$ 时微生物细胞的培养状态，就称为"准恒毒状态"，同样有

$$c(S) \approx \frac{DK_S}{\mu_m - D} c'(X) = c_0'(X) + F \cdot Y_{X/S} \cdot c_0(S) \cdot t$$

式中，$c_0'(X)$ 为开始补料时的总微生物细胞量，g。

2. 重复补料分批培养

重复补料分批培养是在培养过程中，每间隔一定的时间，取出一定体积的培养液，同时又在同一时间间隔内加入相等体积的培养基，如此反复进行的培养方式。采用这种培养方式，培养液体积、稀释率、比生长速率以及其他与代谢有关的参数都将发生周期性变化。表6-6是连续补料和分批补料发酵的比较。

表6-6　连续补料和分批补料发酵的比较

项目	连续流加法	分批流加法
批数	4	4
加糖总量/g	190±3	189±4
残糖(以最终体积计)/(g/L)	23.3	24.6
发酵时间/h	23.0	27
最终谷氨酸的浓度	95.2	90.8
糖转化率/(g/g)	0.504	0.479

三、补料分批培养的优点

补料分批培养是介于分批培养和连续培养之间的一种微生物细胞的培养方式，它同时含

有两种培养方式的优点,并在某种程度上克服了它们所存在的缺点。表 6-7 为补料分批培养的优点。

表 6-7　补料分批培养的优点

与分批培养方式比较	与连续培养方式比较
1. 可以解除培养过程中的底物抑制、产物反馈抑制和葡萄糖分解阻遏效应 2. 对于耗氧过程,可以避免在分批培养过程中因一次性投糖过多造成的细胞大量生长、耗氧过多以至通风搅拌设备不能匹配的状况;在某种程度上可减少微生物细胞的生成量、提高目的产物的转化率 3. 微生物细胞可以被控制在一系列连续的过滤态阶段,可用来控制细胞的质量;并可重复某个时期细胞培养的过渡态,可用于理论研究	1. 不需要严格的无菌条件 2. 不会产生微生物菌种的老化和变异 3. 最终产物浓度较高,有利于产物的分离 4. 使用范围广

第七章 发酵工艺的控制

第一节 概述

一、发酵过程控制特性

标准化检测装置的大部分仪表用于检测温度、压力、搅拌转速、功率输入、流率和质量等物理参数。这些参数的测量在一般工业中的应用已相当普遍,在用于发酵过程检测时,只需进行微小的调整即可。化学参数检测技术中比较成熟的是尾气中 O_2 和 CO_2 浓度、发酵液 pH 的检测,溶氧、CO_2 浓度检测结果的可靠性和有效性还相对较差。目前较为缺乏的是用于检测发酵生物学参数的装置,如检测菌体量、基质和产物浓度等基本参数的传感器。目前,这些重要的生物学参数仍然很难实现直接在线检测。由于缺乏可靠的生物传感器,有关微生物的信息反馈量极少,这就使得发酵过程中微生物的状态只能通过理化指标间接得到。例如,构建物质平衡关系式是生化工程中的重要工具,由平衡关系式可以确定导出量,并能补充传感器直接测得的数值。物料平衡可用于估计呼吸商、氧吸收速率、CO_2 得率等导出量。微生物反应的参数检测及传感器具有以下特点:①需要检测的参数种类多。对于普通的化学反应过程而言,只需要检测温度、压力、反应物及产物的浓度等几个参数。但对于微生物反应,需要测定的参数非常多,这些参数可分为物理参数、化学参数和生物学参数三大类;②传感器直接装在反应器内使用时,必须能承受高温蒸汽灭菌,以避免灭菌后其性能下降。这一点对于防止染菌是完全必要的。

二、发酵的相关参数

微生物发酵过程中,其代谢变化可通过各种状态参数反映出来。根据参数的性质特点,与微生物发酵有关的参数可分为物理、化学和生物三类。

1. 物理参数

温度、压力、空气流量、搅拌转速及搅拌功率、黏度等属于物理参数。对于不同菌种、不同产品、不同发酵阶段,所维持的温度会有较大差别,而发酵罐压则一般维持在 $(0.2\sim0.5)\times10^{-5}$ Pa。空气流量、搅拌转速及搅拌功率均是好氧发酵过程的重要参数,它们的大小与氧的传递有关。空气流量一般控制在 $0.5\sim1.0$ m$^3\cdot$(m$^3\cdot$min)$^{-1}$;搅拌转速视发酵罐的容积而定,如 50L 发酵罐,搅拌转速一般为 $100\sim800$r$\cdot$min^{-1},而 500L 发酵罐,搅拌转速为 $50\sim300$r$\cdot$min^{-1}。

2. 化学参数

主要有 pH、溶解氧浓度(DO)、基质浓度(如糖及氮浓度等)、产物浓度、氧化还原电位、尾

气中的氧及 CO_2 含量等。发酵液的 pH 是发酵过程中各种生化反应的综合结果,它是发酵工艺控制的重要参数之一。溶解氧是好氧菌发酵的必备条件,利用溶解氧参数可以了解生产菌对氧利用规律,反映发酵的异常情况,也可作为发酵中间控制的参数及设备供氧能力的指标。氧浓度一般用绝对含量($mmol \cdot L^{-1}$,$mg \cdot L^{-1}$)来表示,有时也用培养液中的溶解氧浓度与在相同条件下未接种前培养基中饱和氧浓度比值的百分数表示。基质浓度和产物浓度对生产菌的生长和产物的合成均有着重要的影响,是发酵产物产量高低或合成代谢正常与否的重要参数,也是决定发酵周期长短的依据。培养基的氧化还原电位检测在限氧发酵过程中显得相当重要。如某些氨基酸发酵,由于溶解氧浓度低,氧电极已不能精确使用,这时用氧化还原电位参数控制较为理想。从尾气中的氧和 CO_2 的含量可以计算出生产菌的摄氧率、呼吸熵和发酵罐的供氧能力,从而可以了解生产菌的呼吸代谢规律。

3. 生物参数

主要指菌丝形态和菌体浓度,常以菌丝形态作为衡量种子质量、区分发酵阶段、控制发酵代谢变化和决定发酵周期的依据之一。菌体浓度与培养液的表观黏度有关,直接影响发酵液的溶解氧浓度。在生产上,对抗生素次级代谢产物的发酵,常常根据菌体浓度来决定适合的补料量和供氧量,以保证生产达到预期的水平。

以上参数能直接反映发酵过程中微生物生理代谢状况,属于直接状态参数。根据发酵的菌体量和单位时间的菌体浓度、溶解氧浓度、糖浓度、氮浓度和产物浓度等直接状态参数计算求得的参数称为间接状态参数,如菌体的比生长速率、氧比消耗速率和产物比生成速率等。这些参数也是控制生产菌的代谢、决定补料和供氧工艺条件的主要依据,多用于发酵动力学研究,以建立能定量描述发酵过程的数学模型,并借助现代过程控制手段,为发酵生产的优化控制提供技术和条件支持。

除上述参数外,还有跟踪细胞生物活性的其他化学参数,如 NAD-NADH 体系、ATP-ADP-AMP 体系、DNA、RNA、生物合成的关键酶等。

由于发酵生产水平主要取决于生产菌种特性和发酵条件的适合程度。因此,了解生产菌种的特性及其与环境条件(如培养基、罐温、pH、DO 等)的相互作用、产物合成代谢规律及调控机制,就可为发酵过程控制提供理论依据。

三、发酵过程的种类

根据微生物的生理特征、营养要求、培养基性质以及发酵生产方式不同,可以将工业微生物发酵分成不同的类型。

1. 按微生物与氧的关系分

按微生物与氧的关系分,发酵可以分为好氧发酵、厌氧发酵以及兼性厌氧发酵三大类型。

好氧发酵是由好氧菌在有分子氧存在的条件下进行的发酵过程。因此,在好氧发酵过程中要不断地向发酵液中通入无菌空气,以满足微生物对氧的需求。多数现代工业发酵属于好氧发酵类型,如利用棒状杆菌进行的谷氨酸发酵,利用黑曲霉进行的柠檬酸发酵,以及绝大多数的抗生素发酵都属于好氧发酵。厌氧发酵是由厌氧菌进行的发酵,在整个发酵过程中无需供给空气,发酵产品包括丙酮、乳酸、丁醇、丁酸等。有的微生物属于兼性厌氧型,如酵母菌,在有氧供给的情况下,可以积累酵母菌体,进行好氧呼吸,而在缺氧的情况下它又进行厌氧发酵,积累代谢产物——酒精。

2. 按培养基的物理性状分

按培养基的物理性状分,发酵可以分为液体发酵和固体发酵两大类型。

固体发酵又分为浅盘固体发酵和深层固体发酵,统称曲法培养,源自于我国酿造生产特有的传统制曲技术,如白酒的酿造和固体制曲过程。浅盘固体发酵是将固体培养基铺成薄层(厚2~3cm)装盘,进行发酵;而深层固体发酵是将固体培养基堆成厚层(厚30cm),并在培育期间不断通入空气进行的发酵方法。现在许多微生物菌体蛋白饲料、蛋白酶的生产大多采用固体发酵法。固体发酵最大的特点是固体曲的酶活力高,但无论浅盘与深层固体通风培养都需要较大的劳动强度和工作面积。目前比较完善的深层固体通风制曲可以在曲房周围使用循环的冷却增湿的无菌空气来控制温度和湿度,并且能适应菌种在不同生理时期的需要加以灵活调节,曲层的翻动全部自动化。

在液体发酵工艺中,浅盘液体培养法由于占地面积大,技术管理不便,而为液体深层培养所代替。目前,现代工业发酵中,几乎所有好氧发酵都采用液体深层发酵法,如青霉素、谷氨酸、肌苷酸、柠檬酸等大多数发酵产品都先后采用此法大量生产。液体深层发酵的特点是容易按照生产菌种营养要求以及在不同生理时期对通气、搅拌、温度及 pH 等的要求,选择最适发酵工艺条件。但是,液体深层发酵无菌操作要求高,在生产上防止杂菌污染是一个十分重要的问题。

随着微生物培养技术的发展,一些新的培养方法逐渐产生,并被广泛应用在大规模工业生产上,如载体培养和两步法液体深层培养等。

载体培养的特点是用天然或人工合成的多孔材料代替麦麸之类固态基质作微生物生长的载体,营养成分可严格控制。发酵结束后,只需将菌体和培养液挤压出来抽提,载体又可以重新使用。此种培养法适于菌丝丰富的菌种培养。常用的载体为脲烷泡沫塑料。

在酶制剂和氨基酸生产中,由于微生物生长与产物生成的最适条件往往有很大差异,常采取两步法培养将菌体生长条件与产物生成条件区分开来,利于控制各个生理时期的最适条件。如在某些氨基酸的两步法生产中,第一步是属有机酸发酵或氨基酸发酵,第二步是在微生物产生的某种酶的作用下,把第一步产物转化为所需的氨基酸。

3. 按投料方式分

按投料方式分,发酵可分为分批发酵、连续发酵和补料分批发酵三大类型。

分批发酵指的是一次性投入料液,经过培养基灭菌、接种后,在后续发酵过程中不再补入料液。

连续发酵是在特定的发酵设备中进行的,在连续不断地输入新鲜无菌料液的同时,也连续不断地放出发酵液。连续发酵又可分为单级恒化器连续发酵、多级恒化器连续发酵及带有细胞再循环的单级恒化器连续发酵。

补料分批发酵是介于分批培养和连续培养之间的操作方法,在发酵过程中一次或多次补入含有一种或多种营养成分的新鲜料液,以达到延长产物合成周期、提高产量的目的。

4. 按菌体的生长、碳源的利用及产物的生成三者的动力学关系分

按菌体的生长、碳源的利用及产物的生成三者的动力学关系分,发酵分为三种类型。

第一种类型为生长偶联型发酵(图 7-1a),特点是菌体的生长、碳源的利用和产物的生成几乎是平行的,即表现出产物直接和碳源利用有关。这一类型又分为以单纯菌体培养为目的和获得代谢产物为目的的两种发酵情况。前者如酵母、蘑菇菌丝、苏云金杆菌等的培养,终产物是菌体本身,菌体增加和碳源利用平行,且两者有定量关系。单细胞微生物培养时,菌体增长与时间的关系多为对数关系。在酵母生产过程中,为防止过量糖的加入引起酒精产生,常用的办法就是根据对数生长关系和菌体产量常数计算加糖速度。代谢产物类型指的是产物的积累与菌体生长平行,并与碳源消耗有准量关系,如乳酸、酒精、α-酮戊二酸等都是碳源的直接氧化产物。

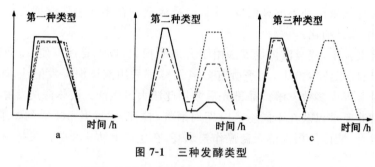

图 7-1 三种发酵类型

——比生长速率; ---碳源利用比速率; ······产物生成速率

第二种类型为部分生长偶联型发酵(图 7-1b),特点是产物不是碳源的直接氧化产物,而是菌体内生物氧化过程的主流产物,因而产量较高。发酵分为两个时期:在第一个时期,菌体生长迅速,而产物生成很少;在第二个时期,产物快速生成,生长也可能出现第二个高峰。碳的利用在菌体最高生长期和最大产物形成期出现两个高峰。

第三种类型为非生长偶联型发酵(图 7-1c),特点是产物生成在菌体生长和基质消耗完以后才开始,即产物在稳定期生成,与生长不相偶联,产物合成与碳源利用无定量关系,产物生成量远远低于碳源消耗量。如抗生素、维生素等次级代谢产物的发酵多属于此类型,但氯霉素和杆菌肽等次级代谢产物的发酵属于第一型发酵。

此外,依据代谢产物生物合成与菌体生长关系的不同,发酵可以分为初级代谢产物发酵和次级代谢产物发酵;依据产品的类别不同,发酵还可以分为抗生素发酵、氨基酸发酵、维生素发酵与有机酸发酵等。

四、发酵过程的参数检测

发酵过程参数的测定是进行发酵过程控制的重要依据。通过各种参数的检测,对生产过程进行定性和定量地描述,以期达到对发酵过程进行有效控制的目的。

发酵过程参数的检测形式分为原位检测、在线检测、离线检测三种。

原位检测通过安装在发酵罐内的原位传感器直接与发酵液接触进行测量,对发酵过程不发生影响。常用于 pH、溶解氧、罐压的测量。在线检测是利用连续的取样系统与相关的分析

器连接,取得测量信号的参数测定方法,常用的分析器有各种传感器,如 pH、溶解氧、温度、液位、泡沫等电极,尾气分析仪,流动注射分析系统(FIA)和高效液相色谱(HPLC)系统等。离线检测是指在一定的时间内离散取样,采用常规的化学分析和自动的分析系统,在发酵罐外进行样品的处理和分析测量,如分光光度法、电位分析法、重量法、气相色谱(GC)法等。目前,除了温度、压力、pH、溶解氧、尾气等参数可利用自动检测系统进行在线检测外,多数化学和生物参数仍需通过定时取样方法离线检测,如发酵液中的基质(糖、脂质、盐等)、前体和代谢产物(抗生素、酶、有机酸和氨基酸等)以及菌量的监测主要还是依赖人工取样,然后在罐外进行分析。

发酵过程中可根据产品特点和可能条件,有选择地检测部分参数。表 7-1 列举了一些常用的直接状态参数项目及其测定方法,而表 7-2 列举了一些间接状态参数计算所要求测定的直接参数及计算方法。间接状态参数一般是通过在线计算机数据处理、显示或贮存。

表 7-1　发酵过程直接状态参数一览表

参数类型	参数名称	单位	测定方法
物理参数	温度	K,℃	水银或电阻温度计、热电阻检测器
	罐压	Pa	压力表、压力信号转换器
	空气流量	$m^3 \cdot h^{-1}$	流量计或热质量流量传感器
	搅拌转速	$r \cdot min^{-1}$	磁感应式或光感应式检测器
	黏度	$Pa \cdot s$	涡轮旋转黏度计
	发酵液体积	m^3,L	压差或荷重传感器,液位探针
	泡沫	L	电导或电容探头
化学参数	pH		复合 pH 电极
	溶 O_2	$mmol \cdot L^{-1}$	复膜氧电极
	溶 CO_2	$mmol \cdot L^{-1}$	CO_2 电极
	加料速度	$kg \cdot h^{-1}$	流量计或蠕动泵
	尾气 O_2	%	磁氧分析仪、质谱仪
	尾气 CO_2	%	GC、IR、CO_2 电极
	氧化还原电位	mV	氧化还原电位电极
生物参数	生物量		浊度法、干重法、荧光法
	细胞形态		摄像显微镜
	代谢物	$\mu g \cdot mL^{-1}$	HPLC
	基质	$g \cdot L^{-1}$	化学分析法

表 7-2 发酵过程间接状态参数及其计算方法一览表

间接参数	所需基本参数	计算公式
摄氧率 OUR	空气流量 V，发酵体积 V_L，进气和尾气中的 O_2 含量 $c_{O_2,in}$、$c_{O_2,out}$	$OUR = V(c_{O_2,in} - c_{O_2,out})/V_L = Q_{O_2}X$
呼吸强度 Q_{O_2}、$Y_{X/O}$	OUR、菌体浓度 X、$(Q_{O_2})_m$、$Y_{X/O}$、μ	$Q_{O_2} = OUR/X$
CO_2 生成率 CER	空气流量 V、发酵体积 V_L、进气和尾气中的 CO_2 含量、菌体浓度 X	$CER = V(c_{CO_2,in} - c_{CO_2,out})/V_L = Q_{CO_2}X$
比生长速率 μ	c_{O_2}、$Y_{X/O}$、$(Q_{O_2})_m$	$\mu = [Q_{O_2} - (Q_{O_2})_m]Y_{X/O}$
呼吸熵 RQ	进气和尾气中的 O_2 和 CO_2 含量	$RQ = CER/OUR$
容积氧传递系数 K_{La}	OTR、c_L、$c*$	$K_{La} = OTR/(c* - c_L)$

在线测量有许多优点，主要是及时、省力，且可使操作者从繁琐操作中解脱出来，便于用计算机控制。但其应用还受到诸多因素的限制。例如，发酵液的性质复杂和培养过程的严密性要求；菌体或培养基等固体物易附着在传感器表面，从而影响其性能；罐内气泡对测量的干扰；培养基和有关设备需高压蒸汽灭菌。因此，用于微生物发酵参数原位或在线检测的传感器除了必须耐高温高压蒸汽反复灭菌外，还要避免探头表面被微生物堵塞导致测量失败的危险。现已发明了探头可伸缩的适合于大规模生产的装置。这样，探头可以随时拉出，经重新校正和灭菌，然后再推进去而不会影响发酵罐的无菌状况。

比较有价值的状态参数检测是尾气分析和空气流量的在线测量。用不分光红外和热磁氧分析仪可分别测定尾气中二氧化碳和氧气的含量。也可以用一种快速、不连续、能同时测定多种组分的质谱仪进行检测。尾气在线分析能及时反映生产菌的生长及代谢状况，通过尾气分析可以判断菌种发酵过程，摄氧率(OUR)、二氧化碳生成率(CER)和呼吸熵(RQ)等参数的变化都不一样。以面包酵母补料分批发酵为例，有两种主要原因导致乙醇的形成，即培养基中基质浓度过高或溶解氧的不足都会形成乙醇。当乙醇产生时，CER升高，OUR维持不变，RQ也会增加。因此，通过应用尾气分析即可控制面包酵母分批发酵的效果。

直接状态参数能直接反映发酵过程中微生物生理代谢状况；间接状态参数更能反映发酵过程的整体状况，尤其能提供从生长向生产过渡或主要基质间的代谢过渡指标。

综合各种状态变量，可以了解过程状态、反应速率、设备性能、设备利用效率等信息，以便及时做出调整。如pH变化受系统反馈控制，也同时受到代谢变化及溶解氧控制操作的综合影响。又如，从冷却水的流量和测得的温度可以准确计算大规模发酵时发酵罐的总热负荷和热传质系数，而热传质系数的变化能反映黏度增加和积垢问题。

五、发酵过程的代谢调控

微生物在长期的进化过程中形成了一整套可塑性极强和极精确的代谢调节系统，可以通过自我调节使机体内的代谢途径与代谢类型互相协调与平衡，经济合理地利用和合成所需的各种物质和能量，使细胞处于平衡生长状态。因此，在正常生长状态下，微生物通常不会过量积累初级代谢产物,过量积累的中间代谢产物也能够被诱导酶转化为次级代谢产物。

微生物的自我调节部位受到三种方式的控制:调节营养物质透过细胞膜进入细胞的能力;通过酶的定位以限制它与相应底物接近;调节代谢流。其中以调节代谢流的方式最为重要,它又包括两个方面:一是调节酶的合成量,常称为"粗调";二是调节现有酶分子的催化活力,又称作"细调"。两者往往密切配合和协调,以达到最佳调节效果。实际上,上述三种控制方式都涉及酶促反应调节。酶促调节方式包括酶活性调节和酶合成调节两大类。酶活性调节通过酶的激活作用或酶的抑制作用进行,目前研究得最为清楚的调节机制是酶的变构理论和酶分子的化学修饰调节理论,前者是通过酶分子空间构型上的变化来引起酶活性的改变,后者则是通过酶分子本身化学组成上的改变来引起酶活性的变化。酶合成调节方式主要通过影响酶合成或酶合成速率来控制酶量变化,最终达到控制代谢过程的目的。在某种化合物作用下,如导致某种酶合成或酶合成速率提高,属于诱导作用;相反,如是导致某种酶合成停止或酶合成速率降低,则属于酶的阻遏作用。酶活性调节和酶合成调节往往同时存在于同一个代谢途径中,使有机体能够迅速、准确和有效地控制代谢过程。

在微生物发酵工业中,往往需要超量积累某一种代谢产物,以获得人们所期望的目标产物,提高生产效率。为达到这一目的,必须打破微生物原有的代谢调控系统,让微生物建立新的代谢方式,高浓度地积累人们所期望的代谢产物。常采用的方式有两种:一种是通过各种育种方法,改变微生物遗传特性,从根本上改变微生物的代谢;另一种是发酵过程的代谢调控,即根据代谢调节的理论,通过改变发酵工艺条件(如 pH、温度、通气量、培养基组成等)改变菌体内的代谢平衡,最大限度积累对人类有用的代谢产物。下面讨论的主要是后一种调控方式。

①控制不同的发酵条件,从而改变其代谢方向,进而达到获得高浓度积累所需产物的目标。同一种微生物在同样的培养基中进行培养时,只要控制不同的发酵条件,就有可能获得不同的代谢产物。如啤酒酵母在中性和酸性条件下培养,可将葡萄糖氧化生成乙醇和二氧化碳;当在培养基中加入亚硫酸氢钠或在碱性条件下培养时,则主要生成甘油。又如谷氨酸发酵,通气较好时生成谷氨酸,通气不足时则生成乳酸;只有当 NH_4^+ 过量时才积累谷氨酸,当 NH_4^+ 不足时则主要生成 α-酮戊二酸。

②使用诱导物或添加前体物也是发酵工业中常用于提高目标产量的方法。许多与蛋白质、糖类或其他物质降解有关的酶类都是诱导酶,在发酵过程中加入相应的底物或底物类似物作为诱导物,可以有效地增加这些酶的产量。例如,青霉素酰化酶发酵时,可用苯乙酸为诱导物;在木霉发酵生产纤维素酶中,加入槐糖可以诱导纤维素酶的合成,而加入木糖可以诱导半纤维素酶的生成。有些氨基酸、核苷酸和抗生素发酵必须添加前体物质才能获得较高的产率。例如,邻氨基苯甲酸是色氨酸合成的一个前体,在发酵过程中加入邻氨基苯甲酸可以大幅度提高发酵产量。

③在发酵培养基中通常采用适量的速效和迟效碳源、氮源的配比,来满足机体生长的需要和避免速效碳源、氮源可能引起的分解代谢阻遏。例如,用甘油代替果糖作为碳源培养嗜热脂肪酵母,可以使淀粉酶的产量提高 25 倍以上;用甘露糖代替乳糖作为培养荧光假单胞菌的碳源,可使纤维素酶产量提高 1500 倍以上。

④使用影响细胞通透性的物质作为培养基的成分,有利于代谢产物分泌,从而避免末端产物的反馈调节。常用于改变细胞膜通透性的物质有青霉素、表面活性剂等。前者能抑制细胞

壁肽聚糖合成中肽链的交联；后者可以将脂类从细胞壁中溶解出来，使细胞壁疏松。

如在里氏木霉发酵过程中加入吐温 80，能增加细胞膜通透性，可提高纤维素酶的产量。控制 Mn^{2+}、Zn^{2+} 的浓度，也可以干扰细胞膜或细胞壁的形成。另外，也可通过诱变育种筛选细胞透性突变株来实现。

第二节　温度对发酵的影响及控制

一、温度对微生物细胞生长的影响

大多数微生物适宜在 20℃～40℃ 的温度范围内生长。嗜冷菌在温度低于 20℃ 下生长速率最大，嗜中温菌在 30℃～35℃ 生长，嗜热菌在 50℃ 以上生长。在最适宜的温度范围内，微生物的生长速率可以达到最大，当温度超过最适生长温度，生长速率随温度增加而迅速下降。

温度对细胞生长的影响仅表现为对表面的作用，而且因热平衡的关系，热可以传递到细胞内，对微生物细胞内部的所有结构物质都有作用。微生物的生命活动可以看作是相互连续进行酶反应的过程，任何反应又都与温度有关。高温会使微生物细胞内的蛋白质发生变性或凝固，同时破坏微生物细胞内的酶活性，从而杀死微生物，温度越高，微生物的死亡就越快。

微生物对低温的抵抗力一般比对高温的强。原因是微生物体积小，在其细胞内不能形成冰结晶体，因此不能破坏细胞内的原生质，但低温能抑制微生物的生长。

各种微生物在一定条件下都有一个最适的生长温度范围，在此温度范围内，微生物生长繁殖最快。微生物的种类不同，所具有的酶系及其性质不同，生长所要求的温度也不同。即使同一种微生物，由于培养条件不同，其最适的温度也有所不同。

温度和微生物生长的关系，一方面，在细胞最适生长温度范围内，微生物的生长速度随温度的升高而增加，通常在生物学范围内温度每升高 10℃，微生物的生长速度就加快 1 倍。因此，发酵温度越高，培养的周期就越短；另一方面，处于不同生长阶段的微生物对温度的反应不同，处于 4 个不同生长时期的微生物对环境的敏感程度不同。处于停滞期的微生物对环境十分敏感，将其置于最适温度范围内，可以缩短该时期，并促使孢子萌发。在最适温度范围内提高对数生长期的培养温度，既有利于菌体的生长，又避免热作用的破坏。处于生长后期的菌体，其生长速度一般来说主要取决于氧，而不是温度。

二、温度对发酵代谢产物的影响

温度对发酵的影响体现在影响发酵动力学特性、改变菌体代谢产物的合成方向、影响微生物的代谢调节机制、影响发酵液的理化性质和产物的生物合成。

在一定的温度范围内，随着温度的升高酶反应速率增加，温度越高酶反应的速度就越大，微生物细胞的生长代谢加快，产物生成提前。但酶本身很容易因热的作用而失去活性，温度升高酶的失活也越快，表现出微生物细胞容易衰老，使发酵周期缩短，从而影响发酵过程的最终产物产量。

温度能够改变菌体代谢产物的合成方向。例如，在四环素的发酵过程中，生产菌株金色链霉菌同时也能产生金霉素，当温度低于 30℃ 时，生产菌株金色链霉菌合成金霉素的能力较强，随着温度的升高,合成四环素的能力也逐渐增强,当温度提高到 35℃时则只合成四环素,而金霉素的合成几乎处于停止状态。

温度对多组分次级代谢产物的组分比例产生影响。如黄曲霉产生的多组分黄曲霉毒素,在 20℃、25℃和 30℃发酵所产生的黄曲霉毒素(aflatoxin)G_1 与 B_1 比例分别为 $3:1,1:2,1:1$。

温度还能影响微生物的代谢机制。例如在氨基酸生物合成途径中的终产物对第一个合成酶的反馈抑制作用,在 20℃时比 37℃时终产物对第二个合成酶的抑制作用更敏感。

温度可以通过改变培养液的物理性质而间接影响发酵的进程。如发酵液的黏度、基质和氧在发酵液中的溶解和传递速率、某些基质的分解和吸收速率等,都受到温度变化的影响,进而影响发酵动力学特性和产物合成。

有时,同一微生物细胞的细胞生长和代谢产物积累的最适温度不同。例如,青霉素产生菌的生长最适温度为 30℃,而产生青霉素的最适温度为 25℃;黑曲霉的最适生长温度为 37℃,而产生糖化酶和柠檬酸的最适温度都是 32℃~34℃;谷氨酸产生菌的最适生长温度为 30℃~32℃,而代谢产生谷氨酸的最适温度却为 34℃~37℃。对于此种发酵类型,必须根据要求在发酵过程中适时调整培养温度。

三、影响发酵温度变化的因素

发酵过程中,随着微生物菌种对培养基的利用和机械搅拌作用将产生一定的热量。同时,发酵罐的罐壁散热和部分蒸发也会带走一些热量,总之,发酵过程中产生的热量,叫做发酵热。发酵热包括生物热、搅拌热、蒸发热和辐射热等,是引起发酵过程中温度变化的原因。

$$Q_{发酵} = Q_{生物} + Q_{搅拌} - Q_{蒸发} - Q_{辐射}$$

1. 生物热

生物热($Q_{生物}$)是微生物生长繁殖过程中产生的热量,是由培养基中的碳水化合物、脂肪和蛋白质等被微生物分解成 CO_2、H_2O 和其他物质时释放出来的。释放出的能量一部分用来合成高能化合物,供微生物合成和代谢活动的需要,另一部分用来合成代谢产物,其余的以热的形式散发出来,导致发酵热温度的升高。

在发酵过程中,生物热的产生有很强的时间性,即在微生物生长的不同时期菌体的呼吸作用和发酵作用强度不同所产生的热量也不同。在菌体处于对数生长期时,繁殖旺盛,呼吸作用剧烈,细胞数量也多,产生的热量多。

2. 搅拌热

机械搅拌通气发酵罐,由于机械带动发酵液作机械运动,造成液体之间、液体与搅拌器和液体与罐壁之间的摩擦而产生搅拌热($Q_{搅拌}$)。

$$Q_{搅拌} = P \times 3600 \tag{7-2}$$

式中,P 为搅拌功率,kW;3600 为机械能转变为热能的热功当量,kJ/(kW·h)。

3. 蒸发热

空气进入发酵罐后与发酵液广泛接触,引起发酵液水分的蒸发,被空气和蒸发水分带走的热量叫做蒸发热($Q_{蒸发}$)或汽化热。

$$Q_{蒸发} = q_m (H_{出} - H_{进})\tag{7-3}$$

式中，q_m 为干空气的重量流量，kg/h；$H_{出}$、$H_{进}$ 分别为发酵罐排气、进气的热焓，kJ/kg。

4. 辐射热

因发酵罐液体温度与罐外周围环境温度不同，发酵液中有一部分热通过罐体向大气辐射称为辐射热（$Q_{辐射}$）。辐射热的大小决定于罐内温度与外界温度的差值大小。

发酵过程中的上述热量，产热的因素是生物热和搅拌热，散热因素有蒸发热和辐射热。产生的热能减去散失的热能，所得的净热量就是发酵热，该发酵热是使得发酵温度变化的主要原因。

发酵热是随时间变化的，要维持一定的发酵温度，必须采取保温措施，在夹套内通冷却水控制温度。

四、发酵温度的检测与控制

（一）最适发酵温度的选择

在发酵过程中，为了使微生物的生长速度最快和代谢产物的产率最高，需根据菌种特性选择和控制最适的发酵温度，但微生物生长的最适温度和产物合成的最适温度往往不同，不同的菌种、培养条件及菌种不同的生长阶段，最适温度也会有所不同。

在不同的发酵阶段选择不同的最适温度。例如，在谷氨酸发酵中，生产菌的最适生长温度为 30℃～34℃，代谢产物谷氨酸生成的最适温度为 36℃～37℃。在发酵前期，长菌阶段和种子培养阶段应满足菌体生长的最适温度，若温度过高，菌体容易衰老；在发酵的中后期，菌体生长已经停止，为了大量积累谷氨酸，需要适当提高温度。

选择最适发酵温度还应参考其他发酵条件。例如，通气条件较差的情况下，最适温度可能比正常通气条件下低。这是由于在较低的温度下，氧溶解度相应较大，菌的生长速率相应小些，从而弥补了因通气不足而造成的代谢异常。此外，培养基成分和浓度的不同也应考虑。在使用浓度较稀或较易利用的培养基时，过高的培养温度会使营养物质过早耗竭而导致菌体过早自溶，使产物合成提前终止，产量下降。

（二）发酵温度的检测与控制

发酵过程中检测温度的方法很多，可利用水银玻璃温度计、热电偶、热敏电阻等。通常采用热电阻监测系统检测发酵温度，其测温范围为 -200～500℃，温控误差为 ±0.5℃，一般是将热电阻插入发酵液中经过仪表进行温度的测量。其工作原理是根据金属导体或半导体的电阻值随温度变化的性质，将电阻值的变化转换为电信号，从而达到测温的目的。热电阻测温系统一般由热电阻、连接导线和显示仪表等组成。发酵系统常采用温度自控方法，如图 7-2 所示。温度控制仪使用铂电阻探头感知发酵罐内的温度，并将温度变化转变成电信号，与控制仪表相连，比较设定温度后，调节外置水浴进口阀门和加热装置以改变水浴温度，并经各类控制开关或回路将指令传给执行元件，开启或关闭冷却或加热装置，使发酵罐的温度维持恒定。

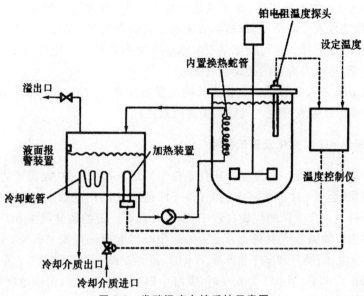

图 7-2　发酵温度自控系统示意图

发酵生产规模大小不同时,其控温系统也存在差异。实验用小型发酵罐由于其直径小,常利用夹套换热控温,而大型罐常采用罐内蛇管或竖式列管换热控温。如果气温较高,冷却水温度较高,致使冷却效果很差,就可采用冷冻盐水进行循环式降温,以迅速将系统降到最适温度。在小型种子罐或发酵前期,散热量常常会大于产生的发酵热,特别是在气候寒冷的地区或冬季,此时则需通热水保温。

第三节　pH 对发酵的影响及控制

一、pH 值对发酵过程的影响

微生物发酵有各自的最适生长 pH 和最适生产 pH。这两种 pH 范围对发酵控制来说都是很重要的参数。pH 对发酵过程的菌体生长和产物形成的影响主要体现在以下几个方面:

①影响酶的活性,以致影响菌体的生长和产物的合成。菌体生长和产物合成都是酶反应的结果,在不适宜的 pH 下,微生物的某些酶的活性受到抑制,从而影响菌体的生长和产物的合成。有时 pH 不同甚至菌体的代谢途径会随之发生改变,如酵母菌在 pH＝4.5～5.0 时发酵产物主要是酒精,但在 pH＝8.0 时产物不仅有酒精,还有醋酸和甘油。

②影响菌体细胞结构的变化和细胞形态的变化,因而影响菌体对营养物质的吸收和代谢产物的形成。如 pH 影响菌体细胞膜的电荷状况,引起膜透性发生改变。Collnig 等人发现产黄青霉的细胞壁的厚度就随 pH 的增加而减小。其菌丝直径在 pH＝6.0 时为 2～3μm,pH＝4 时为2～18μm,并呈膨胀酵母状,pH 下降后,菌丝形态又会恢复正常。

③影响基质和中间代谢产物的解离,从而影响微生物对这些物质的利用。

④还对发酵液或代谢产物产生物理化学的影响,其中要特别注意的是对产物稳定性的影响。如在 β-内酯胺抗生素沙纳霉素的发酵中,考察 pH 对产物生物合成的影响时,发现 pH 在

6.7～7.5 之间,抗生素的产量相近,高于或低于这个范围,合成就受到抑制,在这个 pH 范围内,沙纳霉素的稳定性未受到严重影响,半衰期也无大的变化,但 pH>7.5 时,稳定性下降,半衰期缩短,发酵单位也下降。这可能就是发酵单位下降与产物的稳定性有关。青霉素在碱性条件下发酵单位低,也与青霉素的稳定性有关。

控制一定的 pH,不仅是保证微生物生长的主要条件之一,而且是防止杂菌感染的一个措施。维持最适 pH 已成为发酵生产成败的关键因素之一。

二、发酵过程中 pH 的变化及影响因素

发酵过程中由于菌种在一定温度及通气条件下对培养基中碳源、氮源等的利用,随着有机酸或氨基酸的积累,会使 pH 产生一定的变化。pH 值变化的幅度取决于所用的菌种、培养基的成分和培养条件。在产生菌的代谢过程中,菌本身具有一定的调整周围 pH 的能力,从而构建最适 pH 的环境。如以生产利福霉素 SV 的地中海诺卡菌进行发酵研究,采用 pH 为 6.0、6.8、7.5 三个出发值,结果发现 pH 在 6.8、7.5 时,最终发酵 pH 都达到 7.5 左右,菌丝生长和发酵单位都达到正常水平;但 pH 为 6.0 时,发酵中期 pH 仅达 4.5,菌体浓度仅为 20%,发酵单位为零。这说明菌体仅有一定的自调节能力。

一般在正常情况下,菌体生长阶段 pH 有上升或下降的趋势(相对于接种后起始 pH 而言)。如利福霉素 B 发酵起始 pH 为中性,但生长初期由于菌体产生的蛋白酶水解培养基中蛋白胨而生成铵离子,使 pH 上升为碱性。接着,随着菌体量的增多和铵离子的利用,以及葡萄糖利用过程中产生的有机酸的积累,使 pH 下降到酸性(pH=6.5),此时有利于菌的生长。在生长阶段,pH 趋于稳定,维持在最适产物合成的范围(pH=7.0～7.5)。到菌体自溶阶段,随着基质的耗尽,菌体蛋白酶的活跃,培养基中氨基酸增加,使 pH 又上升,此时菌丝趋于自溶而代谢活动停止。

外界环境发生较大变化时,pH 将会不断波动。凡是导致酸性物质生成或释放,碱性物质的消耗都会引起发酵液的 pH 下降;反之,凡是造成碱性物质的生成或释放,酸性物质的利用将使 pH 上升。此外,引起发酵液中 pH 下降的因素还有:

①培养基中碳、氮比例不当,碳源过多,特别是葡萄糖过量或者中间补糖过多,加之溶解氧不足,致使有机酸大量积累而 pH 下跌。

②消泡剂(油)加量过多。

③生理酸性物质的存在,氨被利用,pH 下降。

引起发酵液 pH 上升的因素有:

①培养基中碳/氮比例不当,氮源过多,氨基氮释放,使 pH 上升。

②生理碱性物质存在。

③中间补料中氨水或尿素等碱性物质的加量过多,使 pH 上升。

pH 的变化会引起各种酶活力的改变,影响菌对基质的利用速度和细胞的结构,以致影响菌体的生长和产物的合成。pH 还会影响菌体细胞膜电荷状况,引起膜的渗透性改变,因而影响菌体对营养的吸收和代谢产物的形成等。因此,确定发酵过程中的最佳 pH 及采取有效控制措施是保证或提高产量的重要环节。

三、发酵过程中 pH 的确定和控制

在产生菌的代谢过程中,菌本身具有一定的调节周围 pH 的能力。曾以产生利福霉素 SV 的地中海诺卡氏菌进行发酵研究,采用 pH=6.0、6.8、7.5 三个出发值,结果发现 pH 在 6.8、7.5 时,最终发酵 pH 都达到 7.5 左右,菌丝生长和发酵单位都达到正常水平,但 pH 为 6.0 时,发酵中期 pH 只达 4.5,菌浓仅为 20%,发酵单位为零。这说明菌体仅有一定的自调能力。大多数微生物生长适应 pH 跨度为 3～4 个单位,其最佳生长 pH 跨度在 0.5～1 个单位。

发酵的 pH 随菌种和产品不同而不同。由于发酵是多酶复合反应系统,各酶的最适 pH 也不相同。因此,同一菌种,生长最适 pH 可能与产物合成的最适 pH 是不一样的。如初级代谢产物丙酮－丁醇的梭状芽孢杆菌发酵,pH 在中性时,菌种生长良好,但产物产量很低,实际发酵的最适 pH 为 5～6。次级代谢产物抗生素的发酵更是如此,链霉素产生菌生长的最适 pH 为 6.2～7.0,而合成链霉素的最适 pH 为 6.8～7.3。因此,应该按发酵过程的不同阶段分别控制不同的 pH 值范围,使产物的产量达到最大。

最适 pH 是根据实验结果来确定的。将发酵培养基调节成不同的出发 pH,进行发酵,在发酵过程中,定时测定和调节 pH。以分别维持出发 pH,或者利用缓冲液来配制培养基以维持之,定时观察菌体的生长情况,以菌体生长达到最高值的 pH 为菌体生长的最适 pH。以同样的方法,可测得产物合成的最适 pH。

在确定最适发酵 pH 时,还要考虑培养温度的影响,若温度提高或降低,最适 pH 也可能发生变动。

在实际生产中,调节 pH 的方法应根据具体情况加以选用。如调节培养基的原始 pH;加入缓冲剂;使盐类和碳源的配比平衡;在发酵过程中加入弱酸或弱碱;合理控制发酵条件,尤其是调节通气量;进行补料控制等。发酵生产中调节 pH 的主要方法有。

1. 添加碳酸钙法

采用生理酸性铵盐作为氮源时,由于 NH_4^+ 被菌体利用后,剩下的酸根引起发酵液 pH 下降,在培养基中加入碳酸钙,就能调节 pH。但碳酸钙用量过大,在操作上容易引起染菌。

2. 氨水流加法

在发酵过程中根据 pH 的变化流加氨水调节 pH,且作为氮源供给 NH_4^+。氨水价格便宜,来源容易。但氨水作用快,对发酵液的 pH 波动影响大,应采用少量多次流加,以避免造成 pH 过高,抑制菌体生长,或 pH 过低,NH_4^+ 不足等现象。具体流加方法应根据菌种特性、长菌情况、耗糖情况等决定,一般控制 pH 在 7.0～8.0 之间,最好能够采用自动控制连续流加方法。

3. 尿素流加法

以尿素作为氮源进行流加调节 pH,由于 pH 变化有一定规律性,易于操作控制。由于通风、搅拌和菌体尿酶作用使尿素分解放氨,使 pH 上升;氨和培养基成分被菌体利用并形成有机酸等中间代谢产物,使 pH 降低,这时就需要及时流加尿素,以调节 pH 和补充氮源。

当流加尿素后,尿素被菌体脲酶分解放出氨使 pH 上升,氨被菌体利用和形成代谢产物使 pH 下降,再次进行流加,反复进行维持一定的 pH。

流加尿素时,除主要根据 pH 的变化外,还应考虑菌体生长、耗糖、发酵的不同阶段来采取

少量多次流加,维持 pH 稍低些,以利长菌。当长菌快,耗糖快,流加量可适当多些,pH 可略高些,发酵后期有利于发酵产物的形成。

第四节 溶解氧对发酵的影响及控制

一、氧的供需与传递

(一)影响需氧的因素

微生物对氧的需求主要受菌体代谢活动变化的影响,常用呼吸强度和摄氧率(也称耗氧速率)来表示。呼吸强度是指单位质量的干菌体在单位时间内所吸取的氧量,以 Q_{O_2} 表示,单位为 $mmol(O_2) \cdot kg^{-1}(\text{干菌体}) \cdot h^{-1}$。摄氧率是指单位体积培养液在单位时间内的耗氧量,以 γ 表示,单位为 $mmol(O_2) \cdot m^{-3} \cdot h^{-1}$。

呼吸强度可以表示微生物的相对吸氧量,但是当培养液中有固体成分存在时,对测定有困难,这时可用摄氧率来表示。微生物在发酵过程中的摄氧率取决于微生物的呼吸强度和单位体积菌体浓度。呼吸强度和摄氧率之间的关系可表示为

$$\gamma = Q_{O_2} \cdot X \tag{7-4}$$

式中,X 为菌体浓度,$kg(\text{干重}) \cdot m^{-3}$。

影响微生物需氧量的因素很多,除菌体本身的遗传特性外,还和培养基的成分及浓度、菌龄、培养条件、有毒产物的形成及积累、代谢类型等因素有关。

(二)氧的传递途径

在需氧发酵过程中,气态氧必须先溶解于培养液,然后才可能传递至细胞表面,再经过扩散作用进入细胞内呼吸酶的位置上而被利用。氧的这一系列传递过程需要克服供氧方面和需氧方面的各种阻力才能完成(如图 7-3 所示)。

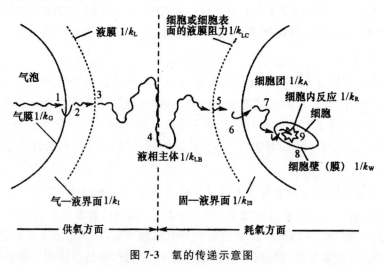

图 7-3 氧的传递示意图

供氧是指空气中的氧气从空气泡通过气膜、气液界面和液膜扩散到液相主体中。供氧方面的阻力有:气体主流与气—液界面间的气膜阻力 $1/k_G$;气—液界面阻力 $1/k_I$;从气—液界面

至液体主流间的液膜阻力 $1/k_L$；液体主流中的传递阻力 $1/k_{LB}$。

需氧是指分子氧自液相主体通过液膜、菌丝丛、细胞膜扩散到细胞内。需氧方面的阻力有：细胞或细胞团表面上的传递阻力 $1/k_{LC}$；固—液界面的传递阻力 $1/k_{LS}$；菌丝丛（或菌丝团）内的传递阻力 $1/k_A$；细胞壁（膜）的阻力 $1/k_W$；细胞内反应阻力 $1/k_R$。

由于氧很难溶于水，所以供氧方面的液膜阻力（$1/k_L$）是氧溶于水时的限制因素。在需氧方面，细胞壁上与液体主流中氧的浓度差很小，即 $1/k_{IS}$ 很小，而菌丝丛内的传递阻力（$1/k_A$）对菌丝体的摄氧能力影响显著，当细胞是以游离状态存在于液体中时，该阻力消失。细胞壁（膜）的阻力（$1/k_W$）和氧反应阻力（$1/k_R$）与菌种的遗传特性相关。

从以上过程可知，供氧方面的主要阻力是气膜阻力和液膜阻力，因此工业上常将通入培养液的空气分散成细小的气泡，尽可能增大气、液两相的接触面和接触时间，以促进氧的溶解。耗氧方面的阻力主要来自细胞团阻力与细胞膜阻力，但搅拌可以减少逆向扩散的梯度，因此可以降低这方面的阻力。

（三）氧的传递理论及方程

氧从气相传递到液相的主要阻力存在于气膜和液膜中，因此常用双膜理论来描述这一传递过程。该理论假定在气泡和液体之间存在界面，两边分别有气膜和液膜，均处于层流状态，氧分子只能借浓度差以扩散方式透过双膜，气体和液体主流空间中任一点氧分子的浓度相同，液体主流中亦如此；在双膜之间的界面上，氧气的分压强与溶于液体中的氧浓度处于平衡关系（$P_i \propto C_i$，$P_i = H \cdot C_i$）；传质过程处于稳定状态，传质途径上各点的氧浓度不随时间而变（如图7-4所示）。氧首先由气相扩散到气—液界面，再进入液相。氧从空气扩散到气—液界面的推动力为空气中氧分压与界面处氧分压之差（$P - P_i$），对应的阻力是气膜阻力 $1/k_G$；氧穿过界面溶于液相，继续扩散到液相中的推动力为界面处氧浓度与液相中氧浓度之差（$C_i - C_L$），对应的阻力是液膜阻力 $1/k_L$，由于氧难溶于水，故液膜阻力是这一过程中的主要因素。为了便于实际应用，通常用 $K_L a$ 表示，称为体积溶氧系数或体积传质系数。在单位体积的培养液中，氧的传质速率可表示为

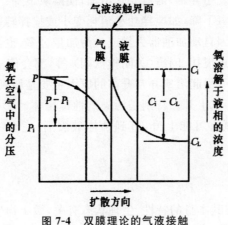

图 7-4　双膜理论的气液接触

$$N_V = K_L a (C^* - C_L) \tag{7-5}$$

式中，N_V 为单位体积液体的传氧速率，$kmol \cdot m^{-3} \cdot h^{-1}$；$K_L a$ 为以浓度差为推动力的体积溶

氧系数,h^{-1};C^* 为与气相中氧分压 P 平衡时溶液中的氧浓度,$kmol \cdot m^{-3}$;C_L 为溶液中氧的实际浓度,$kmol \cdot m^{-3}$。

二、发酵过程中溶氧的变化

在正常发酵条件下,每种产物发酵的溶氧浓度变化都有一定的规律性。一般情况下,发酵初期,菌体的呼吸强度虽大,但菌量较少,总体上需氧量不大,此时发酵液的溶氧较高。对数期的菌体量大增,发酵液的菌浓度不断上升,需氧量也不断增加,使溶氧明显下降。对数生长期后,菌体的呼吸强度有所下降,需氧量有所减少,溶氧经过一段时间的平稳后开始有所回升。对于分批发酵而言,如不进行补料,发酵液的摄氧率变化不大,溶氧变化也不大。当进行补料时,溶氧会发生变化,变化的大小和持续时间的长短随补料情况而变化。在生产后期,由于菌体衰老,呼吸强度减弱,溶氧也会逐步上升,一旦菌体自溶,溶氧会上升更快。谷氨酸正常和异常的溶氧情况如图 7-5 所示。

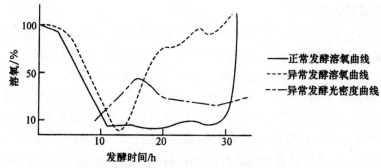

图 7-5　谷氨酸发酵时正常和异常的溶氧曲线

发酵过程中出现的溶氧浓度明显降低或升高,其本质都是由耗氧或供氧方面出现了变化引起的氧供需不平衡。引起发酵过程中溶氧异常下降可能有下列原因:一是污染了好氧性杂菌,消耗大量溶氧,使溶氧在短时间内下降到零附近,如果是耗氧能力不强的杂菌,溶氧变化也可能不明显;二是菌体代谢发生异常,需氧要求增加,使溶氧下降;三是某些设备或工艺控制发生故障或变化,也能引起溶氧下降,如搅拌功率消耗变小或搅拌转速变慢,会影响供氧能力,使溶氧降低,又如加消泡油时因自动加油器失灵或人为加量过多,也会引起溶氧迅速下降。其他影响供氧的工艺操作,如停止搅拌、闷罐(关闭排汽阀)等,都会使溶氧发生异常变化。在供氧条件没有发生变化的情况下,引起溶氧异常升高的原因主要是耗氧出现改变,如菌体代谢出现异常,耗氧能力下降,导致溶氧上升。特别是污染烈性噬菌体时影响最为明显,产生菌尚未裂解前,呼吸已受到抑制,溶氧有可能上升,直到菌体破裂后,完全失去呼吸能力,溶氧就直线上升。

三、溶氧的检测与控制

各种微生物的耗氧量与其本身的特性、生理状态有关,微生物生长阶段和产物形成阶段的耗氧速率往往不同。掌握不同类型的微生物各个阶段的需氧情况,并在生产过程中加以控制,才能获得良好的发酵效果。

(一)溶氧的检测

溶解氧的含量与大气压、氧分压、发酵液温度和浓度等有密切关系。溶氧浓度可用化学滴定法测定,发酵中溶氧多用装有聚四氟乙烯薄膜的测氧探头(如图 7-6 所示)来测定。在发酵过程中进行连续不断的测定,同时这种复膜氧电极的探头可以耐高温蒸汽灭菌。目前国内外已制成多种型号的溶氧测定仪,可连续、准确、自动记录被测发酵液中溶氧的变化。常用复膜电极的测氧探头有复膜 Pt-Al 电极的测氧探头、复膜 Au-Ag 电极的测氧探头和复膜 Ag-Pb 电极的测氧探头等。

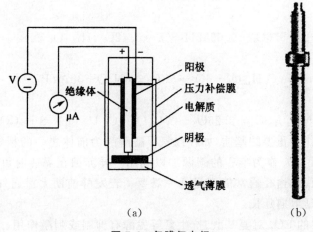

阳极
压力补偿膜
电解质
阴极
透气薄膜
绝缘体
μA
V

(a)　　　　　　　　(b)

图 7-6　复膜氧电极

(a)复膜氧电极工作原理示意图;(b)复膜氧电极外形图

(二)溶氧的控制

发酵液的溶氧是由供氧和需氧两方面决定的,溶氧的任何变化都是氧供需不平衡的结果。在实验室中,可以通过摇瓶机的往复运动或偏心旋转运动对摇瓶中的微生物供氧,而中试和生产规模的反应器则需采用通入无菌空气并同时进行搅拌的方式对微生物供氧。根据氧的传递方程:$N_v = K_L a(C^* - C_L)$,凡是能使 $K_L a$ 和 C^* 增加的因素都能使发酵供氧得到改善。

在供氧方面,影响推动力$(C^* - C_L)$的因素有发酵液的温度、氧分压、发酵液的性质等,而与溶氧系数 $K_L a$ 有关的则有搅拌、空气线速度、空气分布器的形式、发酵液的黏度等。但供氧的大小还必须与需氧量相协调,即要有适当的工艺条件来控制需氧量,使生产菌的需氧量不超过设备的供氧能力,生产菌才能发挥出最大的生产能力。

发酵过程的需氧量受菌体浓度、营养基质的种类和浓度以及培养条件等因素的影响,其中以菌体浓度的影响最为明显。发酵液的摄氧率随菌体浓度增加而按比例增加,但氧的传递速率是随菌体浓度成对数关系减少的。因此,可通过控制菌体的比生长速率比临界值略高一点的水平,以达到最适菌体浓度,这样既可保证产物的比生长速率维持在最大值,又不会使需氧大于供氧。而要控制最适菌体浓度,可以通过控制基度的浓度来实现,如青霉素发酵通过控制流加葡萄糖的速率来控制菌体浓度。根据溶氧浓度的变化来自动控制补糖速率,间接控制供氧速率和 pH,实现菌体浓度、溶氧和 pH 三位一体的控制体系。

在工业上,除控制补料速度外,还可采用调节发酵温度(降低培养温度可提高溶氧浓度)、液化培养基、中间补水、添加表面活性剂等工艺措施来改善溶氧水平。

第五节 CO_2 浓度对发酵的影响及控制

一、CO_2 对发酵的影响

CO_2 是呼吸和分解代谢的终产物,几乎所有发酵均产生大量的 CO_2。例如,在产黄青霉的生长和产物形成中的 CO_2 来源可用下式表示。

菌体生长时:

$$C_6H_{12}O_6 + 0.42NH_3 + 5.6O_2 + 0.0252H_2SO_4 \rightarrow 0.42C_{7.1}H_{13.2}O_{4.4}NS_{0.06} + 3CO_2 + 4.8H_2O$$

菌体维持时:

$$C_6H_{12}O_6 + 6O_2 \rightarrow 6CO_2 + 6H_2O + 38ATP$$

青霉素生产时:

$$2C_6H_{12}O_6 + (NH_4)_2SO_4 + 2.25O_2 + C_8H_8O_2 \rightarrow C_{16}H_{17}O_4N_2S + 4CO_2 + 11.5H_2O$$

同时,CO_2 也可作为重要的基质,如在以氨甲酰磷酸为前体之一的精氨酸的合成过程中,无机化能营养菌能以 CO_2 作为唯一的碳源加以利用。异养菌在需要时可利用补给反应来固定 CO_2,细胞本身的代谢途径通常能满足这一需要。若发酵前期大量通气,可能出现 CO_2 减少,导致这种异养菌延迟期延长。

溶解在发酵液中的 CO_2 对氨基酸、抗生素等发酵有抑制或刺激作用。大多数微生物适应低含量 CO_2($0.02\% \sim 0.04\%$)。当尾气 CO_2 含量高于 4% 时,微生物的糖代谢与呼吸速率下降;当 CO_2 分压为 $0.08 \times 10^5 Pa$ 时,青霉素比合成速率降低 40%。又如发酵液中溶解 CO_2 为 0.0016% 时会强烈抑制酵母的生长。当进气 CO_2 含量占混合气体流量的 80% 时,酵母活力只有对照值的 80%。在充分供氧条件下,即使细胞的最大摄氧率得到满足,发酵液中的 CO_2 浓度对精氨酸和组氨酸发酵仍有影响。组氨酸发酵中 CO_2 分压大于 $0.05 \times 10^5 Pa$ 时,其产量随 CO_2 分压的提高而下降。精氨酸发酵中有一最适 CO_2 分压,即 $1.25 \times 10^5 Pa$,高于此值对精氨酸合成有较大的影响。因此即使供氧已足够,还应考虑通气量,以控制发酵液中的 CO_2 含量。

CO_2 对氨基糖苷类抗生素如紫苏霉素(sisomicin)的合成也有影响。当进气中的 CO_2 含量为 1% 和 2% 时,紫苏霉素的产量分别为对照组的 $2/3$ 和 $1/7$,CO_2 分压为 $0.0042 \times 10^5 Pa$ 时四环素发酵单位最高。高浓度的 CO_2 会影响产黄青霉的菌丝形态。当 CO_2 含量为 $0\% \sim 8\%$ 时菌呈丝状;当 CO_2 含量高达 $15\% \sim 22\%$ 时,大多数菌丝变膨胀、粗短;当 CO_2 含量更高,达到 $0.08 \times 10^5 Pa$ 时会出现球状或酵母状细胞,青霉素合成受阻,其比生产速率约减少 40%。

纤维素发酵是一种非牛顿型高黏度性质的发酵。采用增加罐压的办法提高溶氧会使气相的 CO_2 分压(p_{CO_2}),同时增加,从而降低纤维素的生产速率。这可能是由于生长或呼吸受到抑制,而纤维素的生产速率又取决于耗氧速率。纤维素的生产需要消耗 ATP,而 ATP 在胞内的含量也会受高 p_{CO_2} 的抑制。Kouda 等在 50L 发酵罐中研究了通入含 10% CO_2 的空气对纤维素产量、摄氧率、细胞生长速率、ATP 浓度的影响。实验结果表明,高 p_{CO_2}[$0.15 \sim 0.20atm$(1atm=101325Pa)]会减少细胞浓度、纤维素生产速率与得率,但提高摄氧率与活细胞的 ATP 含量,可提高纤维素的比生产速率。这说明高 p_{CO_2} 降低纤维素的生产速率是由于减少菌体生长,而不是抑制纤维素的生物合成。

CO_2 对细胞的作用机制是影响细胞膜的结构。溶解 CO_2 主要作用于细胞膜的脂溶性部位,而 CO_2 溶于水后形成的 HCO_3^- 则影响细胞膜上亲水性部位,如膜磷脂和膜蛋白等。当细胞膜的脂质相中 CO_2 浓度达到一临界值时,膜的流动性及表面电荷密度发生变化,这将导致许多基质的跨膜运输受阻,影响了细胞膜的运输效率,使细胞处于"麻醉"状态,生长受到抑制。

在工业发酵罐中,CO_2 的影响值得注意,因罐内的 CO_2 分压是液体深度的函数。在 10m 高的罐中,1.01×10^5 Pa 的气压下操作时,底部的 CO_2 分压是顶部的两倍。为了排除 CO_2 的影响,需综合考虑 CO_2 在发酵液中的溶解度、温度和通气状况。在发酵过程中,如遇到泡沫上升引起逃液时,有时采用减少通气量和提高罐压的措施来抑制逃液,但这将增加 CO_2 的溶解度,对菌体的生长有害。

二、呼吸商与发酵的关系

发酵过程中的摄氧率(OUR)和 CO_2 的释放率(CER)可分别通过以下两个公式求得。

$$OUR = Q_{O_2} X = F_{in}/V \{ C_{O_2,in} - [C_{inert} C_{O_2,out}]/[1-(C_{CO_2,out}+C_{O_2,out})] \} f$$
$$CER = Q_{CO_2} X = F_{in}/V \{ [C_{inert} C_{CO_2,out}]/[1-(C_{CO_2,out}+C_{O_2,out})-C_{CO_2,in}] \} f$$

式中,Q_{O_2} 为呼吸强度,$mol O_2/(g \cdot h)$;Q_{CO_2} 为比 CO_2 释放率,$mol CO_2/(g \cdot h) X$ 为菌体干重,g/L;F_{in} 进气流量,mol/h;C_{inert}、$C_{O_2,in}$、$C_{CO_2,in}$ 为进气中惰性气体、O_2、CO_2 含量,%;$C_{CO_2,out}$、$C_{O_2,out}$ 分别为尾气中 CO_2 和 O_2 含量,%;V 为发酵液体积,L。

发酵过程中尾气 O_2 含量的变化恰与 CO_2 含量变化成反向同步关系。由此可判断菌的生长、呼吸情况,求得菌的呼吸商 RQ 值(RQ=ER/OUR)。RQ 值可以反映菌体的代谢情况,如酵母培养过程中 RQ=1,表示糖代谢进行有氧分解代谢途径,仅供生长,无产物形成;如 RQ>1.1,表示进行 EMP 途径,生成乙醇;RQ=0.93,生成柠檬酸;RQ<0.7,表示生成的乙醇被当作基质再利用。

菌体在利用不同基质时,其 RQ 值也不同。在抗生素发酵中生长、维持和产物形成阶段的 RQ 值也不一样。如青霉素发酵中生长、维持和产物形成阶段的理论 RQ 值分别为 0.9、1.0 和 4.0 可见,在发酵前期的 RQ 值小于 1。在过渡期由于葡萄糖代谢不仅用于生长,也用于生命活动的维持和产物的形成,此时的 RQ 值比生长期略有增加。产物形成对 RQ 的影响较明显。如果产物的还原性比基质的还原性大,其 RQ 值就增加;而当产物的氧化性比基质氧化性大时,其 RQ 值就减小。其偏离程度取决于单位菌体利用基质形成产物的量。

在实际生产中,测得的 RQ 值明显低于理论值,说明发酵过程中存在着不完全氧化的中间代谢物和葡萄糖以外的碳源。如油的存在(油具有不饱和性与还原性)使 RQ 值远低于葡萄糖为唯一碳源时的 RQ 值,在 0.5~0.7 范围内,其值随葡萄糖与油量之比波动。如在生长期提高油与葡萄糖量之比(O/G),维持加入总碳量不变,结果 OUR 和 CER 上升的速度减慢。且菌体浓度增加也慢。若降低 O/G,则 OUR 和 CER 快速上升,菌体浓度迅速增加。这说明葡萄糖有利于生长,油不利于生长。由此得知,油的加入主要用于控制生长,并作为维持和产物合成的碳源。

第六节　泡沫对发酵的影响及控制

一、发酵过程中泡沫的形成及变化

好氧性发酵过程中泡沫的形成是有一定规律的。泡沫的多少一方面与通风、搅拌的剧烈程度有关,搅拌所引起的泡沫比通风来得大;另一方面与培养基所用原材料的性质有关。蛋白质原料,如蛋白胨、玉米浆、黄豆粉、酵母粉等是主要的起泡因素。随原料品种、产地、加工条件而不同;还与配比及培养基浓度和黏度有关。糊精含量多也引起泡沫的形成。葡萄糖等糖类本身起泡能力很差,但在丰富培养基中浓度较高的糖类增加了培养基的黏度,从而有利于泡沫的稳定性。通常培养基的配方含蛋白质多、浓度高、黏度大,更容易起泡,泡沫多而持久稳定。而胶体物质多,黏度大的培养基更容易产生泡沫,如糖蜜原料发泡能力特别强,泡沫多而持久稳定。水解糖水解不完全时,糊精含量多,也容易引起泡沫产生。

发酵过程中,泡沫的形成有一定的规律性。发酵中起泡的方式被认为有 5 种:①整个发酵过程中,泡沫保持恒定的水平;②发酵早期,起泡后稳定地下降,以后保持恒定;③发酵前期,泡沫稍微降低后又开始回升;④发酵开始起泡能力低,以后上升;⑤以上类型的综合方式。这些方式的出现与基质的种类、通气搅拌强度和灭菌条件等因素有关,其中基质中的有机氮源(如黄豆饼粉等)是起泡的主要因素。

培养基的灭菌方法和操作条件均会影响培养基成分的变化而影响发酵时泡沫产生。由此可见,发酵过程中泡沫的形成和稳定性与培养基的性质有着密切的关系。此外,发酵过程中污染杂菌而使发酵液黏度增加,也会产生大量泡沫。

二、泡沫对发酵的影响

在发酵过程中,因微生物的代谢活动处在运动变化中,因此培养基的性质也发生相应变化,也影响到泡沫的形成和消长。例如,霉菌在发酵过程中的代谢活动所引起培养液的液体表面性质变化也直接影响泡沫的消长。发酵初期,由于培养基浓度大、黏度高、养料丰富,因而泡沫的稳定性与高的表面黏度和低的表面张力有关。随着发酵进行,表面黏度下降和表面张力上升,泡沫寿命逐渐缩短,这说明霉菌在代谢过程中在各种细胞外酶,如蛋白酶、淀粉酶等作用下,把造成泡沫稳定的物质如蛋白质等逐步降解利用,结果发酵液黏度降低,泡沫减少。另外,由于菌的繁殖,尤其是细菌本身具有稳定泡沫的作用,在发酵最旺盛时泡沫形成比较多,在发酵后期菌体自溶导致发酵液中可溶性蛋白质增加,又有利于泡沫的产生。此外,当发酵过程感染杂菌或噬菌体时,泡沫也会异常增多。

泡沫的大量存在会给发酵带来许多负作用。主要表现在:①降低了发酵罐的装料系数,一般需氧发酵中,发酵罐装料系数为 0.6~0.7,余下的空间用于容纳泡沫;②泡沫过多时,造成大量逃液,发酵液从排气管路或轴封逃出而增加染菌机会和产物损失;③严重时通气搅拌也无法进行,菌体呼吸受到阻碍,导致代谢异常或菌体自溶。所以控制泡沫乃是保证正常发酵的基本条件。

三、泡沫的消除

发酵工业消除泡沫常用的方法有化学消泡法和机械消泡法,以下分别叙述。

(一)化学消泡法

化学消泡法是一种使用化学消泡剂消除泡沫的方法,优点是化学消泡剂来源广泛,消泡效果好,作用迅速可靠,尤其是合成消泡剂效率高、用量少、不需改造现有设备,不仅适用于大规模发酵生产,同时也适用于小规模发酵试验,添加某种测试装置后容易实现自动控制等。

1. 化学消泡的机理

当化学消泡剂加入起泡体系中,由于消泡剂本身的表面张力比较低(相对于发泡体系而言),当消泡剂接触到气泡膜表面时,使气泡膜局部的表面张力降低,力的平衡受到破坏。此外,被周围表面张力较大的膜所牵引,因而气泡破裂,产生气泡合并,最后导致泡沫破裂。但是,当泡沫的表面层存在极性的表面活性物质而形成双电层时,可以加一种具有相反电荷的表面活性剂,降低液膜的弹性(机械强度),或加入某些具有强极性的物质与起泡剂争夺液膜上的空间,并使液膜的机械强度降低,从而促使泡沫破裂。当泡沫的液膜具有较大的表面黏度时,可加入某些分子内聚力较弱的物质,以降低液膜的表面黏度,从而促使液膜的液体流失而使泡沫破裂。通常一种好的化学消泡剂应同时具有降低液膜的机械强度和表面黏度的双重性能。

2. 消泡剂的特点及发酵工业常用的消泡剂种类

根据消泡原理和发酵液的性质和要求,消泡剂必须具有以下特点:

①消泡剂必须是表面活性剂,且具有较低的表面张力,消泡作用迅速,效率高。

②消泡剂在气-液界面有足够大的散布系数,才能迅速发挥其消泡活性,这就要求消泡剂有一定的亲水性。

③消泡剂在水中的溶解度较小,以保持其持久的消泡或抑泡性能,并防止形成新的泡沫。

④对微生物和发酵过程无毒,对人、畜无害,不被微生物同化,对菌体的生长和代谢无影响,对产物提取和产品质量无影响。

⑤不干扰溶解氧、pH等测定仪表使用,不影响氧的传递。

⑥消泡剂来源方便,价格便宜,不会在使用和运输中引起任何危害。

⑦能耐受高温灭菌。

发酵工业常用的消泡剂主要有天然油脂类,高碳醇、脂肪酸和酯类,聚醚类,硅酮类(聚硅油)等4类,以天然油脂类和聚醚类最为常用。

天然油脂类中有豆油、玉米油、棉籽油、菜籽油和猪油。油不仅用作消泡剂,还可作为碳源和发酵控制的手段,它们的消泡能力和对产物合成影响也不相同。如对于土霉素发酵,用豆油和玉米油效果较好,而亚麻油则会产生不良作用。油脂的质量也会影响消泡效果,碘价或酸价高的油,消泡能力差并产生不良影响。油脂越新鲜,所含的抗氧化剂越多,形成过氧化物的机会少;酸也低,消泡能力越强,副作用也小。

聚醚类消泡剂是氧化丙烯或氧化丙烯和环氧乙烷与甘油聚合而成的聚合物。氧化丙烯与甘油聚合为聚氧丙烯甘油(GP);氧化丙烯、环氧乙烷与甘油聚合为聚氧乙烯氧丙烯甘油(GPE),又称泡敌,消泡能力相当于豆油的10~80倍。

3. 消泡剂的应用和增效作用

消泡剂加入发酵罐内能否及时起作用主要决定于该消泡剂的性能和扩散能力。增加消泡剂散布可通过机械搅拌分散，也可借助某种载体或分散剂物质，使消泡剂更易于分布。

①消泡剂加载体增效。载体一般为惰性液体，消泡剂能溶于载体或分散于载体中，如聚氧烯甘油用豆油为载体(消泡剂：油=1：1.5)，增效作用非常明显。

②消泡剂并用增效 6 取各种消泡剂的优点进行互补，达到增效，如 GP：GPE—1：1 混合用于青霉素发酵，结果比单独使用 GP 时效力增加 2 倍。

③消泡剂乳化增效。如 GP 用吐温-80 为乳化剂在庆大霉素和谷氨酸发酵中效力提高 1~2 倍。

生产中，消泡的效果与消泡剂种类、性质、分子质量大小、消泡剂的亲水性、亲油性等因素相关，还与其使用方法、使用浓度和温度有很大关系。

(二)机械消泡

机械消泡是一种物理作用，靠机械强烈振动，压力的变化，促使气泡破裂，或借机械力将排出气体中的液体加以分离回收。优点是不用在发酵液中加入其他物质，节省原料(消泡剂)，减少由于加入消泡剂所引起的污染机会。缺点在于它不能从根本上消除引起稳定泡沫的因素。

理想的机械消泡装置必须满足的条件有：动力小、结构简单、坚固耐用、容易清扫和杀菌、维修和保养费用低等。

机械消泡的方法，一种是在发酵罐内将泡沫消除；另一种是将泡沫引出发酵罐外，泡沫消除后，液体再返回发酵罐内。

罐内消泡有耙式消泡桨、旋转圆板式、气流吸入式、流体吹入式、冲击反射板式、碟式及超声波的机械消泡等类型；罐外消泡有旋转叶片式、喷雾式、离心力式及转向板式的机械消泡等类型。

1. 罐内消泡

各种罐内消泡装置有如下几种。耙式消泡桨的机械消泡，见图7-7，耙式消泡桨装于发酵罐内搅拌轴上，齿面略高于液面，当产生少量泡沫时耙齿随时将泡沫打碎。

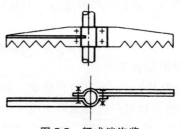

图 7-7　耙式消泡桨

旋转圆板式的机械消泡，见图7-8，圆板旋转同时将槽内发酵液注入圆板中央部分，通过离心力将破碎成微小泡沫的微粒散向槽壁，以达到消泡的目的。

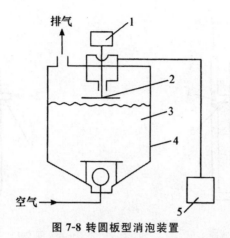

图 7-8 转圆板型消泡装置

1—马达；2—旋转圆板；3—槽内液；4—发酵槽；5—供液泵

流体吹入式消泡，见图 7-9，把空气及空气与培养液吹入培养槽中形成泡沫层来进行消泡的方法。

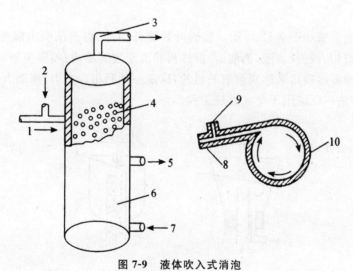

图 7-9　液体吹入式消泡

1,8—供液管；2,9—供气管；3—排气管；4—泡沫；
5—排液管；6,10—培养槽；7—空气吹入管

气体吹入管内吸引消泡，见图 7-10，将发酵罐形成的气泡群吸引到气体吹入管，利用吹入气体流速。

冲击反射板消泡，见图 7-11，把气体吹入液面上部，然后通过在液面上部设置的冲击板冲击反射，吹回到液面，将液面上产生的泡沫击碎的方法。

超声波消泡，即将空气在 1.5～3.0MPa 下 1～2L/s 的速度由喷嘴喷入共振室而这到破泡的目的；碟片式消泡器的机械消泡是将消泡器装于发酵罐顶，碟片位于罐顶的空间内，当其高速旋转时，进入碟片间的空气中的气泡被打碎同时将液滴甩出，返回发酵液中，被分离后的气体由空心轴经排气口排出。

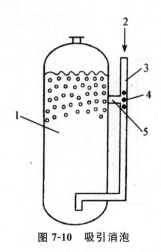 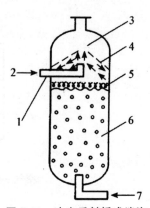

图 7-10　吸引消泡　　　　　　　　　图 7-11　冲击反射板式消泡

1—培养槽；2—无菌空气；3—空气吹入管。　　　1—喷嘴；2—气体；3—小孔；4—冲击板；

4—增速喷头；5—吸入管　　　　　　　　5—气泡；6—培养槽；7—空气

2. 罐外消泡

各种罐外消泡装置如图 7-12 所示。旋转叶片罐外消泡，将泡沫引出罐外，利用旋转叶片产生的冲击力和剪切力进行消泡，消泡后，液体再回流至发酵罐内；喷雾消泡，即将水及培养液等液体通过适当喷雾器喷出来达到消泡的目的，这是一种利用冲击力、压缩力及剪切力的消泡方法，这种消泡方法广泛应用于废水处理工程。

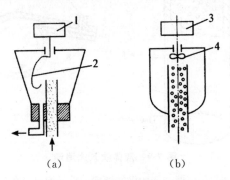

图 7-12　旋转叶片罐外消泡

(a)沟式旋转叶片硅外消泡；(b)搅拌式旋转叶片罐外消泡

1,3—马达；2—旋转叶；4—搅拌叶片

离心力消泡，见图 7-13 和图 7-14，将泡沫注入用网眼及筛目较大的筛子做成的筐中，通过旋转产生的离心力将泡沫分散，从而达到消泡的方法。

旋风分离器消泡，见图 7-15，利用带舌盘的旋风分离器的脱泡器进行消泡的方法。

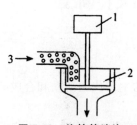

图 7-13　旋转筐消泡

1—马达;2—旋转器;3—泡沫图

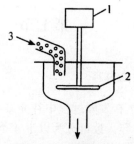

图 7-14　旋转圆板消泡

1—马达;2—旋转原板;3—泡沫图

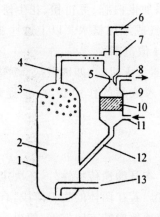

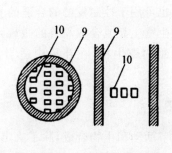

图 7-15　旋风分离器消泡

1—培养槽;2—培养液;3—泡沫;4.6,8—排气管;5—旋风分离器破泡液;
7—旋风分离器;9—脱泡器;10—舌盘;11,13—供气管;12—环流液管

转向板消泡,见图 7-16,即在这种装置中泡沫以 30～90m/s 的速度由喷头喷向转向板使泡沫破碎,分离液用泵送回槽内,而气体则排出消泡器外。

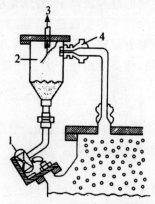

图 7-16　转向板式消泡装置

1—泵;2—缓冲液;3—排气;4—喷头

第七节　补料对发酵的影响及控制

一、补料的内容

补料是指在发酵过程中补充某些营养物质以维持菌体的生理代谢活动和合成的需要。因此,补料的内容大致可分为以下 4 个方面。

①补充微生物所需要的能源和碳源,如在发酵液中添加葡萄糖、饴糖、液化淀粉。作为消泡剂的天然油脂,同时也起了补充碳源的作用。

②补充菌体所需要的氮源,如在发酵过程中添加蛋白胨、豆饼粉、花生饼、玉米浆、酵母粉和尿素等有机氮源。有的发酵品种还采用通入氨气或添加氨水。以上这些氮源,由于它本身和代谢后的酸碱度也可用于控制发酵的合适的 pH 值范围。

③加入某些微生物生长或合成需要的微量元素或无机盐,如磷酸盐、硫酸盐、氯化钴等。

④对于产诱导酶的微生物,在补料中适当加入该酶的作用底物,是提高酶产量的重要措施。

二、补料的原则

菌体的生理调节活动和生物合成,除了决定于本身的遗传特性外,还决定于外界的环境条件,其中一个重要的条件就是培养基的组成和浓度。若在菌体的生长阶段,有过于丰富的碳源和氮源以及适合的生长条件,就会使菌体向着大量菌丝繁殖方向发展,使得养料主要消耗在菌丝生长上;而在生物合成阶段养料便不足以维持正常生理代谢和合成的需要,导致菌丝过早地自溶,使生物合成阶段缩短。

在现代化大规模发酵工业生产中,中间补料的数量为基础料量的 1~3 倍。如果将所补加的全部料量合并在基础培养基内,势必造成菌体代谢的紊乱而失去控制,或者因为培养基浓度过高,影响细胞膜内的渗透压而无法生长。

补料的原则在于根据发酵微生物的品种及特征,特别是根据生产菌种的生长规律、代谢规律、代谢产物的生物合成途径,结合生产上的实践经验;通过中间补料工艺,采用各种措施,对发酵进行调节、控制,使发酵在中后期有足够但不多的养料,以维持发酵微生物代谢活动的正常进行,并大量持久地合成发酵产物,提高发酵生产的总产量。

三、补料的控制

补料的方式有连续流加、非连续流加和多周期流加。每次流加又可分为快速流加、恒速流加、指数速率流加和变速流加。从补料的培养基成分来区分,又可分为单一组分补料和多组分补料等。

工业生产中,主要对糖、氮源及无机盐进行中间补料工艺优化。

(一)补糖的控制

在确定补料的内容后,选择适当的时机是相当重要的。补糖过早,有可能刺激菌丝的生长,加速糖的利用,在相同耗糖情况下,发酵单位偏低。以四环素发酵中间补加葡萄糖为例,图

7-17 表示在 3 个不同时间加糖的效果。

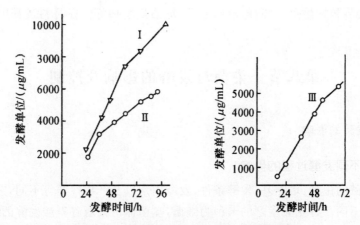

图 7-17 加糖时间对四环素发酵单位的影响

Ⅰ—加糖时间适当；Ⅱ—加糖时间过晚；Ⅲ—加糖时间过早

第Ⅰ种补料时机适当（在接种后 45h 后加），发酵 96h 单位在 $10000\mu g/mL$ 以上；第Ⅱ种加糖时间过晚（接种后 62h 开始加）；第Ⅲ种加糖时间过早（接种后 20h 后加），其发酵 96h 的单位与不加糖的对照组相近，为 $6000\mu g/mL$ 左右，并没有显示补糖的优越性。

补糖的时机不能单纯以培养时间作为依据，还要根据基础培养基中碳源种类、用量和消耗速度、前期发酵条件、菌种特性和种子质量等因素判断。因此，根据代谢变化，如残糖含量、pH 或菌丝形态来考虑，比较切合实际。

补糖的方法一般都以间歇定时加入为主，但近年来也开始注意用定时连续滴加的方式补进所需要的养料。连续滴加比分批加入控制效果更好，这可以避免一次大量加入而引起菌体的代谢受到环境突然改变的影响。有时会出现一次补料过多，十几个小时不增加单位的现象，这可能是由于环境的突然变化，对菌体来说需要一个更新适应的过程。

在确定补料开始时间后，补糖的方法和控制指标也有讲究。一般在加糖后开始的阶段，如能维持较高浓度的还原糖含量，对生物合成有利；但高浓度还原糖含量不宜维持过久，否则会导致菌丝大量繁殖，影响单位增加。还原糖维持的水平因具体情况而略有差别，似乎维持在 0.8％～1.5％ 较为适合。如在最适的补加葡萄糖的条件下，能正确控制菌丝量的增加、糖的消耗与发酵单位增长三者之间的关系，就可比采用丰富培养基时获得更长的生物合成期。

(二)补充氮源及无机盐

通氨是某些发酵生产外补料工艺的有效措施，它主要起着补充菌体的无机氮源和调节pH 值的作用。加入氨时应细流，注意泡沫的情况。避免一次加入量过多，造成局部过碱。也可以将氨水管道接到空气分管内，借气流带入，可迅速与培养液混合均匀。

有些工厂添加某些具有调节生长代谢作用的物料，如磷酸盐、尿素、硝酸盐、硫酸钠、酵母粉或玉米浆等。如果遇到生长迟缓、耗糖低时，可以补加适量的磷酸盐，以促进糖的作用。又如，土霉素发酵不正常时，菌丝展不开，呈葫芦状，糖不消耗，这时添加尿素水溶液有一定好处。

补料发酵工艺灵活多样，不同微生物或同种微生物不同培养条件时，控制方法也有差异。不能照搬套用，需要根据具体情况，并通过实验确定最适宜的中间补料控制方法。

补料中应该注意,补加的料液要配比合适,过浓会影响到消毒及料液的输送,而过稀则料液的体积增大,会导致发酵单位稀释、液面上升、加油量增加等。在补料过程中应注意无菌操作和控制。

第八节　染菌对发酵的影响及控制

一、染菌对发酵的影响

(一)染菌对不同发酵过程的影响

由于各种发酵的菌种、培养基、发酵条件、发酵周期以及产物性质等不同,杂菌污染对其造成的危害程度也不同。谷氨酸发酵的菌种为细菌,噬菌体污染对谷氨酸发酵的威胁最大,往往导致成批次连续污染,造成倒罐,使生产紊乱达数月之久。抗生素的发酵最怕污染杂菌,但对于不同的抗生素发酵,造成危害程度较大的微生物类型是不同的。如青霉素发酵污染细短产气杆菌后造成的危害较大,由于它们能产生青霉素酶,因此无论染菌是发生在发酵前、中、后期,都会使发酵液中的青霉素迅速被破坏。其他抗生素如链霉素发酵最怕污染细短杆菌、假单胞杆菌和产气杆菌,四环素最怕污染双球菌、芽孢杆菌、荚膜杆菌等。柠檬酸等有机酸的发酵主要是预防发酵前染菌,尤其是预防发生青霉菌污染,发酵进入中后期后,发酵液的 pH 比较低,杂菌生长困难,不太会发生染菌。肌苷、肌苷酸发酵的生产菌种是多种营养缺陷型微生物,生长能力差,所需的培养基营养丰富,因此容易受到杂菌的污染,特别是芽孢杆菌污染对其生产造成的危害较大。

虽然各种发酵发生染菌的特点不同,但不管是哪种发酵,染菌都会造成培养基中的营养成分被消耗或代谢产物被分解,生成有毒的代谢产物抑制生产菌的代谢,严重影响产品得率,使发酵产品产量大大降低。

(二)不同时间发生染菌对发酵的影响

因为发酵一般都有种子扩大培养期、发酵前期、发酵中期、发酵后期 4 个阶段,在不同发酵阶段染菌对发酵产生的影响有很大区别。

1. 种子培养期染菌

种子制备是生产关键,同时种子是否带菌也是影响发酵无菌的重要环节。一旦种子发生污染,往往会造成多个发酵罐染菌,给生产带来巨大损失。而种子培养基都具有营养丰富的特点,比较容易染菌,因此应当严格控制种子污染,发现种子受污染时,要采取灭菌措施后弃去。

2. 发酵前期染菌

微生物菌体在发酵前期主要是处于生长、繁殖阶段,此阶段代谢的产物很少,容易发生染菌。染菌后的杂菌将迅速繁殖,消耗掉大量营养物质,严重干扰生产菌的正常生长、繁殖,严重时导致生产菌长不起来,产物合成基本停滞。

3. 发酵中期染菌

发酵中期染菌将会导致培养基中的营养物质大量消耗,严重干扰生产菌的代谢,影响产物的生成。有的发酵过程,染菌后杂菌大量繁殖,产生酸性物质使 pH 值下降,产生有毒代谢产物,糖、氧等的消耗加速,生产菌大量死亡自溶,致使发酵液发黏,发臭,产生大量的泡沫,代谢产物的积累减少或停止;还有的染菌后会使已生成的产物被利用或破坏。就目前情况看,发酵中期染菌一般较难挽救,危害性较大。

4. 发酵后期染菌

在发酵后期,培养基中的营养物质已接近耗尽,发酵的产物也已积累较多,如果染菌量不太多,对发酵影响相对来说就小一些,可继续进行发酵。但对于某些发酵过程来说,例如肌苷酸、谷氨酸、赖氨酸等发酵,后期染菌也会影响产物的产量、提取和产品的质量。

(三)染菌程度对发酵的影响

染菌程度愈严重,进入发酵罐的杂菌数量越多,对发酵的危害当然就越大。当生产菌在发酵过程已大量繁殖,在发酵液中已经占据优势地位,污染极少量的杂菌,对发酵不会带来太大的影响。这也是此种染菌常常被忽视的原因。由于没有采取有效措施,往往造成染菌数量在以后批次里越来越多,染菌发生时间越来越提前,最终导致大规模染菌。

二、发酵染菌后的异常现象

发酵染菌后的异常现象是指由于发酵染菌导致发酵过程中的某些物理参数、化学参数或生物参数发生与原有规律不同的改变。通过对这些参数变化的分析,我们可以及时发现染菌并查明原因,加以解决。

(一)种子培养染菌后的异常现象

种子培养过程中发生染菌对发酵生产的危害尤其严重,它常常导致发酵成批染菌和连续染菌,造成倒罐,致使生产紊乱,甚至短期停产。种子培养染菌的异常现象主要有以下几个方面。

1. 菌体浓度异常

菌体浓度异常的情况分为两种,一种是菌体浓度逐渐降低,另一种是菌体浓度迅速增高。前者一般是由于感染烈性噬菌体导致培养液中可检测到菌体越来越少,而后者大多是由于感染了杂菌,杂菌的大量生长造成培养液中菌体浓度迅速增加。

2. 理化指标异常

种子培养过程中发生染菌后,由于生产菌的生长繁殖受到抑制,而非生产菌的微生物却大量繁殖生长,这必定会导致一些宏观的理化指标发生异常变化。例如在氨基酸发酵或某些抗生素发酵的种子培养过程中感染某些杂菌,杂菌大量繁殖产生酸性物质使培养液中的 pH 下降很快,大量生物热的产生将使温度迅速上升。

3. 代谢异常

代谢异常表现在糖、氨基氮等变化不正常。例如感染噬菌体一般都会出现糖耗、耗氨缓慢或不耗糖,不耗氨的情况。

(二)发酵染菌后的异常现象

发酵染菌后的异常现象在不同种类的发酵过程所表现的形式虽然不尽相同,但均表现出菌体浓度异常、代谢异常、pH 的异常变化、发酵过程中泡沫的异常增多、发酵液颜色的异常变化、代谢产物含量的异常下跌、发酵周期的异常延长、发酵液的甜度异常增加等现象。

1. 菌体浓度异常

发酵生产过程中菌体或菌丝浓度的变化是按其固有的规律进行的。但是如果发酵染菌将会导致发酵液中菌体浓度偏离原有规律,出现异常现象。无论是在发酵的前期、中期、后期染菌均会导致菌体浓度的异常变化,但具体变化的形式和染菌的具体情况有关。一般感染烈性噬菌体会造成菌体大量裂解和自溶,出现菌体浓度异常下降的情况;而感染杂菌则会因为杂菌的大量繁殖导致菌体浓度会异常上升。如果感染温和性噬菌体则比较难以识别,此种噬菌体常隐伏在生产菌体内,使之繁殖缓慢,并减少了菌体的裂解和自溶,发酵中常常表现为菌体繁殖速度和代谢速度缓慢。

2. pH 过高或过低

pH 变化是所有代谢反应的综合反映,在发酵的各个时期都有一定规律,pH 的异常变化就意味着发酵的异常。发酵中如果感染烈性噬菌体,由于菌体的裂解自溶,释放大量氨、氮,pH 将会上升;如果感染杂菌,它产生的酸性物质使培养液中的 pH 下降。

3. 溶解氧及 CO_2 水平异常

任何发酵过程都要求一定的溶解氧水平,而且在不同的发酵阶段其溶解氧的水平也是不同的。如果发酵过程中的溶解氧水平发生了异常的变化,一般就是发酵染菌发生的表现。在正常的发酵过程中,发酵初期菌体处于适应期,耗氧量比较少,溶解氧基本不变;菌体进入对数生长期后,耗氧量增加,溶解氧浓度下降很快,并且维持在一定的水平,虽然操作条件的变化会使溶解氧有所波动,但变化不大;到了发酵后期,菌体衰老,耗氧量减少,溶解氧又再度上升。而发生染菌后,由于生产菌的呼吸作用受抑制,或者由于杂菌的呼吸作用不断加强,溶解氧浓度很快上升或下降。

由于污染的微生物不同,产生溶解氧异常的现象是不同的。当发酵污染的是好氧性微生物时,溶解氧的变化是在较短时间内下降,甚至接近于零,且在长时间内不能回升;当发酵污染的是非好氧性微生物或噬菌体时,生产菌生长被抑制,使耗氧量减少,溶解氧升高。尤其是污染噬菌体后,溶解氧的变化往往比菌体浓度更灵敏,能更好地预见污染的发生。

发酵过程的工艺确定后,排出的气体中 CO_2 含量应当呈现出规律性变化。但染菌后,培养基中糖的消耗发生变化,引起排气中 CO_2 含量的异常变化。如杂菌污染时,糖耗加快,CO_2 含量增加;噬菌体污染时,糖耗减慢,CO_2 含量减少。因此,可根据 CO_2 含量的异常变化来判断是否染菌。

4. 泡沫过多

在发酵过程中,尤其是耗氧发酵中产生泡沫是很正常的现象。但是如果泡沫过多产生则是不正常的。导致泡沫过量产生的原因很多,其中染菌特别是污染噬菌体是原因之一,因为噬菌体暴发使菌体死亡、自溶,发酵液中的可溶性蛋白质等胶体物质迅速增加导致泡沫过多。

5. 代谢异常

在发酵过程中菌体对培养基中碳源、氮源的利用及产物的合成都呈现出一定的规律。发酵染菌会破坏这种规律。发酵污染杂菌后碳源和氮源的消耗会异常加快,但产物合成速度却下降;而污染噬菌体后碳源、氮源消耗都会下降,甚至不消耗,产物合成速度大大下降。

三、杂菌污染的途径及控制

(一)种子带菌及防治

由于种子染菌的危害非常大,因此对种子染菌的检查和染菌的防治是非常重要的,关系到发酵生产的成败。种子染菌主要发生在以下几个环节中。

1. 菌种在培养过程或保藏过程中受到污染

虽然菌种保藏和种子扩大培养过程大部分是在无菌环境良好的菌种室内进行,但仍然会有带有杂菌的空气进入而导致染菌。在种子罐种子培养过程中也会因为操作失误、设备渗漏等原因造成种子被污染。因此,为了防止污染,应做好菌种室和种子罐车间内外的环境消毒工作,降低周围环境中的杂菌浓度。应交替使用各种灭菌手段进行处理,如对于菌种室可交替使用紫外线、甲醛、双氧水、石炭酸或高锰酸钾等灭菌。对于种子罐车间可采用甲醛、石炭酸、漂白粉等进行灭菌。种子保藏时,种子保存管的棉花塞应有一定的紧密度,且有一定的长度,保存温度尽量保持相对稳定,不宜有太大变化。对每一级种子的培养物均应进行严格的无菌检查,确保任何一级种子均未受杂菌感染后才能使用。对种子罐等种子培养设备应定期检查,防止设备渗漏引起染菌。

2. 培养基和培养设备灭菌不彻底

对各级种子培养基、器具、种子罐应进行严格的灭菌处理。在利用灭菌锅进行灭菌和种子罐实罐灭菌时,要先完全排除内部的空气,以免造成假压,使灭菌的温度达不到要求,造成灭菌不彻底而使种子染菌。为此,在实罐灭菌升温时,应打开排气阀及有关连接管的边阀、压力表接管边阀等,使蒸汽通过,达到彻底灭菌。

3. 种子转移和接种过程染菌

在种子转移和接种过程中,种子培养物有可能直接暴露在空气中,所以在此过程中发生染菌的几率是比较高的。为了防止在此环节中发生污染,对无菌间和种子车间的环境要进行严格消毒;接种操作时用的衣帽及用具也要彻底灭菌;接种操作应按操作规程严格执行,避免操作失误引起染菌;在制备种子时对砂土管、斜面、三角瓶及摇瓶均严格进行管理,防止杂菌的进入而受到污染。

(二)空气带菌及防治

空气净化系统失效或减效,是引起大面积染菌的主要原因之一。要杜绝无菌空气带菌,就必须从空气的净化工艺和设备的设计、过滤介质的选用和装填、过滤介质的灭菌和管理等方面完善空气净化系统。如使用往复式空压机时,压缩空气中带有大量油滴,在气候潮湿的情况下过滤介质容易被油水沾湿而失效。要解决这个问题,要采用无油润滑措施,安装高效率的降温、除水装置,保持过滤介质的干燥状态,防止空气冷却器漏水,防止冷却水进入空气系统,并对空气在进入总过滤器之前升温,使相对湿度下降,然后进入总过滤器除菌。

要选用除菌效率高的过滤介质;过滤介质的装填不均会使空气走短路,所以要保证一定的介质充填密度;在过滤器灭菌时要防止过滤介质被冲翻而造成短路;在使用膜过滤器时,要防止老化管道中掉下的铁屑击穿过滤器金属膜,造成空气短路引起染菌;避免过滤介质烤焦或着火;当突然停止进空气时,要防止发酵液倒流入空气过滤器,在操作过程中要防止空气压力的剧变和流速的急增。要加强生产环境的卫生管理,减少生产环境中空气的含菌量,正确选择采气口,如提高采气口的位置或前置粗过滤器。加强空气压缩前的预处理,如提高空压机进口空气的洁净度。

空气净化系统要制定严格的管理制度,定期检查灭菌,定期更换介质,在使用过程中要经常排放油水,在多雨或潮湿季节,更要加强管理。安装合理的空气过滤器,防止过滤器失效。

(三)培养基和设备灭菌不彻底导致的染菌及防治

首先,培养基灭菌不彻底与原料本身的特性有关。一般来说,越稀薄的培养基越容易灭菌彻底,而淀粉质原料在升温过快或混合不均匀时容易结块,使团块中心部位"夹生",蒸汽不易进入将杂菌杀死,但在发酵过程中这些团块会散开,而造成染菌。因此,淀粉质培养基在升温前先要搅拌混合均匀,并加入一定量的淀粉酶进行液化。有大颗粒存在时应先过筛除去,再行灭菌。另外,培养基灭菌不彻底也与灭菌条件有关。例如,培养基连续灭菌时,蒸汽压力不稳定,培养基未达到灭菌温度,导致灭菌不彻底而污染。

造成设备灭菌不彻底主要是与设备、管道存在"死角"有关。由于操作、设备结构、安装或人为造成的屏障等原因,引起蒸汽不能有效到达或不能充分到达预定应该到达的局部灭菌部位,从而不能达到彻底灭菌的要求。常见的设备、管道死角有以下几个方面。

①发酵罐内的部件及其支撑件,包括拉手扶梯、搅拌轴拉杆、联轴器、冷却盘管、挡板、空气分布管及其支撑件、温度计套焊接处等周围容易积集污垢,形成死角。例如机械搅拌发酵罐内的环形空气分布管,由于靠近空气进口处气流速度大而远离进口处气流速度小,空气过滤器中的活性炭或培养基中的某些物质常常堵塞远离进口处的气孔,易产生死角而染菌。加强清洗并定期铲除污垢,可以消除这些死角。

②发酵罐制作不当造成的死角。如不锈钢衬里焊接质量不好;导致不锈钢与碳钢之间有空气,在灭菌时,由于三者膨胀系数不同,使不锈钢鼓起或破裂;造成"死角"。采用全不锈钢或复合钢可有效解决此问题。

③罐底部堆积培养基中的固性物,形成硬块,包藏脏物,使灭菌不彻底。通过加强清洗消除积垢、适当降低搅拌桨位置减少罐底堆积物可有效解决。此外,发酵罐封头上的人孔、排风管接口、灯孔、视镜口、进料管口、压力表接口等是造成死角的潜在位置。

④管道安装不当也会形成死角。例如,法兰与管子焊接不好、密封面不平会形成死角;某些须在发酵过程中或培养基灭菌后才进行灭菌的管道安装不当也会形成死角等等。因此,在进行法兰的加工、焊接和安装时,应做到使各衔接处管道畅通、光滑、密封好、垫片的内径与法兰内径匹配、安装时对准中心,甚至尽可能减少或取消连接法兰等措施,以避免和减少管道出现"死角"。

(四)操作失误和设备渗漏导致的染菌及防治

如前所述,在实罐灭菌时,由于操作不合理,未将罐内的空气完全排除,造成"假压",罐内温度达不到灭菌的要求,导致灭菌不彻底而染菌。所以,在灭菌升温时,要打开排气阀门使蒸汽驱除罐内冷空气。在培养基灭菌和设备实消过程中,灭菌温度及时间必须达到要求,如果操作时不能达到要求,就会造成培养基或设备灭菌不彻底;好氧发酵过程中很容易产生泡沫,泡沫严重时发生"逃液",造成染菌。因此,要严防泡沫冒顶,控制装料系数,必要时添加消泡剂防止泡沫的大量产生。此外,发酵时要正压操作,避免罐内负压导致外界空气进入罐内引起染菌。

发酵罐及物料灭菌等附属设备,多数是铁制的,经常受到高温、高压和酸碱腐蚀的作用,极易出现穿孔、变形而造成渗漏。如铁制冷却加热盘管、空气分布管使用久了就容易穿孔。由于它们长期受到搅拌和通气作用的影响而磨损,受到低 pH 发酵液的腐蚀作用,其焊缝处还受到温度冷热变化的作用,所以盘管和空气分布管是非常容易发生渗漏的部件。为了避免这种情况发生,应采用优质的材料,并经常进行检查。冷却加热盘管的微小渗漏不易被发现,可以采用向管道内压入碱性水,并用浸湿酚酞指示剂的白布擦拭管道上可疑处的方法来检验,如有渗漏时白布会显红色。

设备的表面或焊缝处如有砂眼,由于腐蚀逐渐加深,最终导致穿孔;接种管道使用频繁,也容易腐蚀穿孔;生产上使用的阀门不能完全满足发酵工程的工艺要求,易造成渗漏,应采用加工精度高、材料好的阀门避免此类渗漏的发生。

(五)噬菌体的污染及防治

噬菌体主要污染利用细菌或放线菌进行的发酵生产,如氨基酸、淀粉酶、抗生素、丙酮、丁醇等生产都不同程度遭受噬菌体的损害。发酵一旦感染噬菌体,往往在几小时内菌体全部死亡,产物合成停止,并造成倒罐,甚至连续倒罐。这不但给生产造成巨大损失,而且使生产紊乱,甚至生产全部停顿。即使轻度的噬菌体污染,也使正常生产受到困扰,导致产率下降,成本提高,对企业效益影响很大。多年来,国内外都很重视对噬菌体的防治工作,并采取了一系列防治措施,使噬菌体污染得到基本控制,污染程度也逐步减轻,但是尚未达到"根治"。所以,对噬菌体的防治仍然是发酵工业普遍关注的问题。

噬菌体是一种病毒,直径 $0.1\mu m$,具有非常专一的寄生性。它在自然界中分布很广,在土壤、污水、腐烂的有机物和大气中均有存在。凡是有寄主细胞的地方,一般都生存有它们的噬菌体,发酵车间、提取车间及其周围更有机会积累噬菌体。发酵生产所污染的噬菌体又可分为烈性噬菌体(virulent phage)和温和噬菌体(temperate phage)。烈性噬菌体侵染细胞后,增殖很快,在较短时间内使细胞裂解。生产中遇到的多数为烈性噬菌体。温和噬菌体感染细胞后,可能增殖暴发,释放子代噬菌体;也可能把其 DNA 和寄主的遗传物质紧密结合在一起,随细胞繁殖,在子代细胞中代代相传,不断延续。

1. 噬菌体污染的条件和途径

造成噬菌体污染必须具有三个条件:环境中有噬菌体存在、有活菌体存在、有使噬菌体与活菌体接触的机会和适宜的条件。

感染噬菌体的最初发源点就是在自然界中广泛存在的溶源性菌株(lysogenicstrain),由于部分溶源性细胞诱发成温和噬菌体,再经过变异就可能成为烈性噬菌体;导致生产菌株感染。

噬菌体也可脱离寄主在环境中长期存在,在非常干燥的状态下能存活 5 个月,并在适宜的条件下侵染生产菌。此外,一个更主要的原因是人们常常随意进行活菌体排放,使生产环境中存在的噬菌体有了寄主而不断增殖,结果环境中的噬菌体密度增高而形成污染源。虽然有时使用了抗性菌株,但还是会继续发生噬菌体的污染。这是因为噬菌体寄主范围发生了变异,变异后的噬菌体能侵入抗性菌株,这种情况在实际生产中常会遇到。可见,环境污染是发酵污染噬菌体的主要根源。

由于噬菌体体积小,可在空气中传播,几乎可以潜入发酵生产的各个环节。空气过滤系统侵入噬菌体,种子(包括一级种子、二级种子)带进噬菌体或种子本身是溶源性菌株,培养基灭菌不彻底,都会造成多罐连续污染,是造成噬菌体大规模污染的主要途径。发酵罐及其辅助管道有死角、穿孔、渗漏,接种操作失误等是造成单罐污染的主要途径。补料(氮源、碳源、前体、消泡剂等)过程侵入噬菌体,泡沫过多等是造成后期感染的主要途径。

2. 发酵污染噬菌体后的症状

发酵感染噬菌体后,一般会出现以下症状:短时间内大量菌体死亡自溶,只剩下少量残留的菌体碎片,检测可发现菌体浓度很低;pH 逐渐上升,温度停止上升然后逐渐下降,排出 CO_2 量急剧下降;代谢异常,耗糖、耗氨缓慢或停止,产物合成停止;发酵液产生大量泡沫,颜色发红、发灰,有时发酵液呈现黏胶状,可拔丝;二级种子和发酵对营养要求增大,但培养时间仍然延长;镜检时可发现菌体数量显著减少,缺乏正常的排列,找不到完整菌体;用双层平板检测会出现噬菌斑。

上述情况主要是对一些烈性噬菌体而言,对于温和噬菌体则不适用。温和噬菌体感染的外观症状比较温和。在生产中只是表现为菌体代谢缓慢、糖耗氨耗缓慢、产物合成量较少、发酵周期长,与其他原因造成的发酵异常难以区分。即便采用双层平板检验,也不会出现明显的噬菌斑。因此,它的存在不宜判断,但是为以后噬菌体的大规模暴发埋下了隐患。对温和噬菌体的防治,我们只能加强环境卫生的管理,以防为主。

3. 噬菌体的防治措施

至今为止,防治噬菌体的最有效方法是以净化环境为中心的综合防治法。这是一项系统工程,涉及培养基灭菌、种子培养、空气净化系统、环境消毒、设备管道、车间布局及职工工作责任心等诸多方面,要分段严格检查把关,才能根治噬菌体的危害。

具体要求有以下几条:

①净化生产环境,消灭污染源。噬菌体的增殖需要有大量活菌体存在,只要控制环境中活菌体的数量;净化环境,消灭噬菌体增殖的基础就可有效降低噬菌体污染率。具体应做到:严格控制活菌体排放,包括取样液、发酵尾气、发酵废液都要经过灭菌处理后方能排放;彻底搞好全厂卫生,加强环境消毒和环境监测;车间应合理布局,种子室和发酵车间分开,最好设在与发酵罐完全隔离约有较长距离的地方;铺设水泥地面和道路并搞好厂区绿化,扩大绿化覆盖面积,防止尘土飞扬,减少噬菌体传播机会。

②改进提高对空气的净化能力。通过空气传播是噬菌体污染的重要途径,改进提高对空气的净化能力,消灭进入发酵罐、种子罐空气中的噬菌体是防止污染的有效方法。具体应做到:高空取氧,空压机吸风口应在 30m 以上高处;采用空气加热净化工艺,空气加热到 150℃ 可完全杀死噬菌体;控制空气流速,避免因空气线速度过大、油水过多使空气过滤器失去净化效果;改进空气净化装置,采用高效的过滤介质,如玻璃纤维、聚乙烯醇(PVA)、硼硅酸纤维等。

③保证各级种子不带噬菌体。种子污染噬菌体往往造成发酵大规模污染噬菌体,因此防止种子污染是十分重要的。具体应做到:定期分纯菌种;分纯的优良菌种可用真空冷冻干燥法保存;对菌种定期进行诱发处理,及时发现溶源性菌株;严格种子室管理制度,减少种子室与外界的接触;加强对各级种子噬菌体的检测。

④改进设备装置,消灭死角。要全面消除由于设备管道设计或安装不合理,或者设备腐蚀渗漏所造成的死角。发酵工厂的管路配置的原则是使罐体和有关管路都可用蒸汽进行灭菌,即保证蒸汽能够达到所有需要灭菌的部位。尽量简化管道,不必要的管道坚决取消,但也要避免将一些管路汇集到一条总的管路上,造成使用中相互串通、相互干扰,一只罐染菌导致其他发酵罐的连锁染菌。采用单独的排气、排水和排污管可有效防止染菌的发生。

⑤防止操作失误。包括防止发酵负压操作、严格执行消毒制度等。

(六)染菌的挽救与处理

1.杂菌污染后的挽救与处理

(1)发酵前期染菌的处理

在发酵前期发现污染杂菌后,应终止发酵,将培养基重新进行灭菌处理。若培养基中的碳、氮源等营养物质损失不多,灭菌后可直接接入种子进行发酵;若染菌已造成较大危害,培养基中的碳、氮源等消耗较多,则应补充新鲜的培养基,重新进行灭菌处理,再接种进行发酵。

(2)发酵中后期染菌处理

发酵中后期染菌,可以加入适当的杀菌剂或抗生素或正常的发酵液,以抑制杂菌的生长。也可采取降低培养温度、降低通风量、停止搅拌、少量补糖等措施进行处理。对于发酵后期产物已积累到一定浓度,可提前放罐。

(3)染菌后对设备的处理

染菌后的发酵罐在重新使用前,必须在放罐后进行彻底清洗,并加热至120℃以上30min后才能使用。也可用甲醛熏蒸或甲醛溶液浸泡12h以上等方法进行处理。

2.噬菌体污染后的挽救和处理

发酵污染噬菌体时间不同,采取的挽救方法也有所不同。一般说来,感染越早,危害越大;挽救越早,效果越好。所以经检查判断确认是污染了噬菌体,应尽快采取措施。

(1)发酵前期污染噬菌体的挽救

可采用放罐重消法、轮换菌种法、低温重消重接种法、并罐法等。

①放罐重消法:适用于连消工艺。发现噬菌体后,立即放罐,调低pH(可用盐酸,不能用磷酸),补加1/2正常量的玉米浆和1/3正常量的水解糖,不补加氮源,重新灭菌,接入2%的种子,继续发酵。凡感染噬菌体,物料经过的管道设备均应洗刷干净并消毒处理。

②轮换菌种法:立即停止搅拌,小通风,降低pH,然后接大不同类型的种子,补充1/3正常量生物素和磷盐、镁盐(灭菌后)。

③低温重消重接种法:升温到80℃保温10min灭菌。因噬菌体不耐热,加热可杀死发酵液内的噬菌体,通蒸汽杀死发酵罐空间部分及管道、阀门、仪表的噬菌体。冷却后,如pH过高,停止搅拌,小通风,降低pH,接入2倍的原菌种。至pH正常后开始搅拌。

④并罐法:利用噬菌体只能在处于生长繁殖的细胞中增殖的特点。当发现发酵初期染噬

菌体时,可采用不消毒并罐法,即将正常发酵 16～18h 的发酵液,以等体积和染噬菌体的发酵液混合后分别发酵,利用其活力旺盛的菌体、不灭菌、不补种,便可发酵。但要肯定进入罐的发酵液没有染菌,否则两罐都付之东流,所以采用此法需要慎重。

(2)发酵后期感染噬菌体的处理

后期感染噬菌体一般对产酸影响不大,只要调节风量,控制尿素流加量和次数,或提早放罐(经灭菌)即可,不需要采取特殊措施,但放罐前需灭菌处理。

发酵感染噬菌体,不管采用哪种挽救方法,其结果多数是不理想的。有时尽管本罐次挽救了,但对以后的罐次却带来不利影响。因此,当发酵污染噬菌体后,应积极采取综合治理措施。通常的做法是:

①污染了噬菌体的发酵液,必须加热煮沸后才能放罐。

②除了对污染料液进行灭菌外,对各种检测样也要集中消毒。另外,对提炼放出的滤渣也要集中处理,进行消毒。

③更换生产菌种,因为噬菌体的专一寄生性强,换用抗噬菌体菌株或其他性状菌株后,原噬菌体即不起作用。

④生产设备要进行彻底清理检查和灭菌。

⑤全面普查和清理生产环境中的噬菌体,可采用漂白粉、新洁尔灭、甲醛等消毒剂喷洒四周环境。必要时要短期停产,以便全面断绝噬菌体繁殖基础,停产期间以生产环境不再发现噬菌体为准,时间 1～4 周不等。

第八章　发酵产物的分离与精制

第一节　概述

一、下游加工过程在发酵工程中的地位

对于微生物发酵液、动植物细胞组织培养液、酶反应液等各种生物工业生产过程获得的生物原料,想要成为产品的话需要经过分离提取、加工并精制,这一系列的过程称为生物工业下游技术。它描述了生物产品分离、纯化过程的原理、方法及相关设备,处于整个生物产品生产过程的后端,所以也称为生物工程下游加工过程。

下游加工过程是生物工程中必不可少的也是极为重要的过程环节,是生物产品想要实现产业化的必经之路。下游加工过程几乎涉及生物技术所有的工业和研究领域,其技术的优劣及技术进步对生物工业产业的发展来说意义重大。

从分析科学的角度看,下游加工过程是各种分析技术的前提,通过分离、纯化和浓缩等下游技术手段,延伸了分析方法的检出下限。如一些新的功能性生物产品的研究和开发,需要对其分子结构及功能有清楚的认识,此时就需要通过一系列下游技术将其纯化至相当高的纯度,杂质的干扰才能够被有效消除,正确分析其结构、功能和特性。

从生物产品加工工程的角度看,生物工业原料中产物浓度低,杂质含量高,生物产品的种类及其性质多样,多数生物产品还具有生物活性,容易变性失活。这些因素使得生物制品的生产对下游加工过程有着特殊的要求。

从生物产品的生产成本看,生物产品的分离和纯化占生产成本的大部分,下游技术的优劣不仅影响产品质量,还决定着生产成本,最终决定了产品在市场上的竞争力。

随着生物工业的快速发展,废水污染问题也是亟需解决的一个方面。作为生物工业"可持续发展战略"的一个重要组成部分,"清洁生产"已成为协调经济发展和环境保护的一个重要举措,而它与下游加工过程密切相关。

二、发酵工程下游加工过程的特点

下游加工工程的原料特性必须认真对待。我国许多发酵工业以粗料发酵为主,如酒精、柠檬酸、酶制剂等工业。粗原料中带入到发酵液中不参与发酵的可溶性杂质和不溶性悬浮物,使发酵液成为复杂的多相系统。分散在其中的固体和胶状物质具有可压缩性,其密度和液体比较接近,加上黏度很大,属非牛顿性液体,想要从如此复杂的体系中将所需固体物质分离出来难度非常大。

发酵工程产品的分离纯化区别于化学品的纯化生产,其主要特点是一般所需代谢产物在培养液中的浓度很低,具体如表 8-1 所示,并且稳定性差,对热、酸、碱、有机试剂、酶及机械剪

切力等的敏感度都非常高,在不适宜的条件下失活或分解的可能性非常大。而培养液中杂质含量却很高,如含有微生物细胞碎片、代谢产物、残留的培养基和超短纤维等,特别是基因工程菌多是用于生产外源蛋白,发酵液中常常伴有大量性质相近的杂蛋白,在这样一个复杂的多相体系中,为了提取出高纯度的产品,研究先进的下游加工过程的确是发酵工程工业化的关键。

表 8-1　几种产品在发酵液中的浓度

产品	典型浓度/$(g \cdot L^{-1})$	产品	典型浓度/$(g \cdot L^{-1})$
抗生素	25	有机酸	100
氨基酸	100	酶	20
乙醇	100	核糖体蛋白	10

另一个特点是下游加工过程的代价昂贵,其回收率跟人们的预期有一定的差异,像抗生素在精制后一般要损失 20% 左右。这样,下游加工的成本就成了制约生产者提高经济效益的重要因素。下游加工过程研究的目的就是提高产品回收率,降低分离纯化成本,否则发酵工程就不可能有工业化经济效益。

第三个特点,发酵和培养大多都是分批操作,且微生物的变异性是无法避免的,故各批发酵液不尽相同,生产上也会出现染菌罐,这就要求下游加工适应面宽,操作弹性大。发酵液放罐后残留底物和产物共存,大量活细胞新陈代谢的生命活动还在持续进行当中,由于环境条件的变化,发酵继续向另一条途径进行代谢的可能性非常大,这样的话,菌体就会自溶,也容易感染杂菌,引起产物的破坏或降解,给下游加工带来不必要的困难。因此整个下游加工过程应遵循下列四条原则:①时间短;②温度低;③pH 适中;④严格清洗消毒。

下游加工工程的重要性使人们认识到,上游技术的发展应该注意到下游加工方面的困难,否则即使发酵液的产物浓度提高了,仍无法顺利得到产品。所以上游要为下游提取方便创造条件。例如,选育不产或少产与目标产物性质相近杂质的菌种;将胞内产物变为胞外产物或分泌到围膜间隙;形成包涵体等,尽可能地将下游加工艺的难度降到最低。

三、发酵工程下游加工过程的基本原理

由于原料和产品的特殊性,发酵工业下游技术在很多方面都区别于常规化工分离技术,但在原理上又有许多相同或相通之处。因此,发酵工业下游技术与经典的化学和物理学密切相关。分离过程的基本原理是根据原料中不同组分物理或化学性质的差异,通过适当的方法和装置,把它们分配于多个可用机械方法分离的物相或不同的空间区域中,从而达到分离的目的。原料中不同组分的性质差异可通过选用特定的分离介质和装置来识别出来,甚至通过分离过程优化放大这些差异,使得分离具有更高的效率。

可以按分离物质的性质或分离过程的本质将分离操作进行分类。表 8-2 列出了按分离过程的本质进行分类的主要分离操作方法。

166

表 8-2　主要分离操作

分离过程	原理	原料	分离剂	产物	实例
传质分离					
①平衡分离过程					
蒸发浓缩	饱和蒸汽压	液体	热	液体＋蒸汽	酶液、糖液、果汁浓缩液
蒸馏	饱和蒸汽压差	液体	热	液体＋蒸汽	酒精蒸馏
萃取	两相中溶解度差	液体	不互溶液体	两种液体	抗生素抽提
结晶	过饱和度差异	液体	冷、热或 pH	液体＋固体	氨基酸结晶
吸附	吸附能力差异	气体、液体	固体吸附剂	固体＋气体或液体	活性炭脱色
离子交换	质量作用定律	液体	固体树脂	液体＋固体树脂	氨基酸分离
干燥	水分蒸发	含湿固体	热	固体＋水蒸气	酶制剂干燥
浸取	溶解度差异	固体、液体	液体（水）	液体＋固体	麦芽汁制造
凝胶过滤	分子大小差异	液体	凝胶	液体＋固体凝胶	蛋白质分离
②速度差分离					
电泳	物质在电场中迁移速度差	液体	电场	液体	蛋白质分离
渗透蒸发	物质在膜中的渗透速度差	液体	膜	液体＋蒸汽	乙醇水溶液中乙醇分离
超滤	物质在膜中的透过速率差	液体	膜	两种液体	酶蛋白的分离
反渗透	渗透压	液体	膜	两种液体	海水淡化
机械分离					
过滤	过滤介质孔道小于颗粒，架桥效应	含固体、液体	过滤介质	液体＋固体	啤酒麦汁过滤
沉降	密度差	含固体、液体	重力	液体＋固体	污泥沉降、发酵后期酵母沉降
离心	密度差	含固体、液体	离心力	液体＋固体	晶体分离
旋风(液)分离	密度差	气体＋固体或液体	惯性力	气体＋固体或液体	淀粉粉尘回收
静电除尘	荷电颗粒	气体＋微细颗粒	电场	气体＋固体	含尘废气净化

四、发酵工业下游技术的一般工艺过程

由于所需的发酵代谢产物不同,如有的需要菌体,有的需要初级代谢产物,有的需要次级代谢产物等,而且对产品质量的要求也有一定的差异,所以分离纯化技术、生产工艺步骤及相关装备应多种多样。根据不同的对象,可采用生物工业中行之有效的化工单元操作技术,也可采用生物工业中特有的下游加工新技术。某一具体产品的分离提取工艺还与以下几个方面有关:①是胞内产物还是胞外产物;②原料中产物和主要杂质浓度;③产物和主要杂质的物理化学特性及差异;④产品用途和质量标准;⑤产品的市场价格;⑥废液的处理方法等。

按生产过程的顺序划分,通常情况下,大多数发酵产品的下游加工过程可分为发酵液预处理和过滤、提取、精制、成品加工这四个步骤,具体如图 8-1 所示。

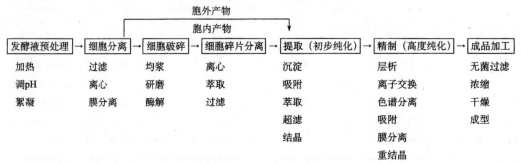

图 8-1　发酵工程下游加工工艺和技术

产品的收率和质量控制应是贯穿下游加工工程的主线。一般情况下,原料中产品浓度越低,下游加工的成本越高。下游加工步骤越多,提取收率越低。如整个下游工程包括 6 步操作,每步操作的分步收率为 90%,则总收率仅为 $(0.9)^6 \times 100 = 53.1\%$。因此,尽量减少分离提取操作步骤,减小损失,对总收率的提高意义重大。

在条件允许的情况下,提高总收率的一个有效方法就是重复提取。例如,谷氨酸一步等电结晶提取收率为 75%,结晶母液再经过一次离子交换,二次重复提取收率为 65%,则总收率为 $75\% + (1 - 75\%) \times 65\% = 91.25\%$。

按生产过程的 4 个步骤对下游加工过程简单归纳如下。

①发酵液的预处理和过滤是采用凝聚和絮凝等技术来加速固、液两相分离,提高过滤速度,除去发酵液中的不溶性固形物杂质和菌体细胞是其目的所在。主要采用过滤和离心的方法。错流膜过滤技术的采用能够达到减少过滤介质阻力的目的。如果是胞内产物,需要首先进行细胞破碎,再分离细胞碎片。

②提取(初步纯化)的目的是除去与目标产物性质有很大差异的杂质,在这一步完成以后产物得以浓缩,产品质量有了明显提高。常用的分离方法有沉淀、吸附、萃取、超滤等。

③精制(高度纯化)的目的是除去与产物化学和物理性质相近的杂质。通常采用对产品有高度选性的分离技术,层析、电泳、离子交换等是典型的纯化方法。结晶特别是重结晶通常也能获得纯度高的产物。

④成品加工是为了最终获得质量合格的产品,浓缩、结晶和干燥是重要的技术。成品的形式与产品最终用途有关,美观的产品形态也是产品档次的一个标志。

要最终获得收率高、质量好的发酵代谢产物,有先进的下游加工技术做保障非常有必要。由于下游加工处理对象的广泛性,下游工程正向多元化方向扩展,向深度和广度延伸。这就要求从事发酵工程下游加工工程的科技人员具有相当的化学、物理、物理化学、生物学基础和较宽的工程技术知识面。科学技术具有开放性和包容性,需要不断吸收各行各业的新技术、新概念、新知识来发展发酵工程下游加工技术。

第二节　发酵液的预处理和固液分离

发酵液等生物原料中,包含有大量的有机物、无机物以及目标产物,发酵液预处理的任务是分离发酵液和细胞,将大部分杂质有效去除,破碎细胞释放胞内产物,对目标产物进行初步富集和分离。

一、发酵液预处理目的、要求及方法

(一)发酵液预处理目的

发酵液预处理的目的不仅是去除发酵液中的菌体细胞及其他悬浮颗粒,还希望能去除部分可溶性杂质并改变发酵液的特性,使后续的提取和精制等工序变得简单易操作。不同的发酵产品,由于菌种和发酵液特性不同,所采用的发酵液预处理方式也存在一定的差异。

对于胞内产物,尽量多地收集菌体细胞是进行预处理的主要目的。对于胞外产物,发酵液预处理应达到以下三个方面的目的:

①改变发酵液中菌体细胞等固体粒子的性质,如改变其表面电荷的性质、增大颗粒直径、提高颗粒硬度等,加快固体颗粒的沉降速度。

②尽可能使发酵产物转移到液相中,以利于提高产品提取收率。

③去除部分杂质,减轻后续工序的负荷。如促使某些可溶性胶体变成不溶性粒子、降低发酵液黏度等。

(二)发酵液预处理要求

1. 菌体分离

通常发酵液中含有 3％~5％ 的湿菌体,提取效率或产品质量往往会因带菌提取受到一定的影响。如用离子交换法从发酵液中提取异亮氨酸,发酵液带菌上柱容易引起离子交换柱堵塞。采用等电结晶法从发酵液中提取谷氨酸,发酵液除菌等电结晶得到的谷氨酸纯度(干)比带菌的高 1％。其次,由于下游工艺过程周期较长,菌体自溶使得发酵液变黏稠,发酵液中可溶性杂质含量增加,从而使后续提取和精制的难度得以增加。

高速离心和过滤是从发酵液中去除菌体细胞的常用方法。为了提高分离效率或过滤速率,可采用絮凝或凝聚技术将分散在发酵液中的细胞、细胞碎片以及大分子物质聚集成较大颗粒,尽可能地使颗粒沉降速率和过滤速率得以加快。

2. 固体悬浮物的去除

发酵液中的固体悬浮物主要是从原料中带入的杂质,如纤维、凝固蛋白等,想要去除的话可通过过滤来实现。

3. 杂蛋白质的去除

发酵液去除菌体细胞及固体悬浮物后,一些可溶性杂蛋白质仍残留在滤液中。可溶性蛋白质在溶剂提取中会促进乳化,导致液液分离的难度加大,在离子交换时蛋白质影响树脂的交换容量,必须设法除去。过滤和热变性是去除杂蛋白质比较常用的办法。

4. 重金属离子的去除

重金属离子不仅影响提取和精制操作,且产品质量和提取收率也会受它影响,必须除去。

5. 色素、有毒物质等杂质的去除

色素影响产品的外观。对于药用的发酵产物,如抗生素、ATP、核酸等,热原等有毒物质影响产品的安全性,必须除去。

(三)发酵液预处理方法

发酵液成分较为复杂,大多为非牛顿型流体,黏度大,菌体细胞等固体颗粒小,可压缩性大。因此,发酵液直接过滤的速度很慢,想要加快过滤速度的只有采用适当的预处理方法才能够实现。常用的发酵液预处理方法如下。

1. 降低黏度

降低发酵液黏度的主要方法是加水稀释和加热。

加水稀释能降低发酵液黏度。啤酒、黄酒、酱油等酿造食品,发酵液经过固液分离后的液体即能作为商品出售,采用高浓度发酵后加水稀释过滤,效果非常明显。但对于多数以固体为最终产品形态的发酵产品,加水稀释致使发酵液体积增大,发酵产物浓度也被同倍数稀释,不仅加大了后续过程的处理量,能耗和后续废水处理的压力也会有所增加,因此加水稀释法应慎用。

对于热稳定较好的发酵产品,一种简单而有效的预处理方法就是对发酵液进行加热。加热不仅能有效降低液体黏度,提高过滤速率,还能促进部分蛋白质热变性,加速菌体细胞聚集,增加滤饼孔隙率,减少滤饼含水量。如链霉素发酵液,用酸调 pH 至 3.0,加热到 70℃,维持半小时后液体黏度下降至原来的 1/6,过滤速率可增大 10～100 倍。谷氨酸等电母液加热到 80℃并维持半小时,板框过滤平均速率可达到 260～280L/(m^2·h)。使用加热方法时温度和时间需要得以良好的控制,避免目的产物变性失活或产物和发酵液中的残糖等杂质发生反应。另外,温度过高或时间过长,不仅增加能耗,也会使细胞溶解,胞内物质释放,增加发酵液的复杂性,增加了后续的分离和纯化的难度。

2. 调整 pH

pH 值能影响发酵液中某些成分的表面电荷性质和电离度,改变这些物质的溶解度等性质,其过滤特性可通过适当调节 pH 值来实现。对于发酵液中的菌体细胞等蛋白质成分,由于羧基的电离度大于氨基,因此大多数蛋白质的等电点都在酸性范围内(pH4.0～4.8)。通过向发酵液中加酸调节发酵液的 pH 值到蛋白质的等电点范围,可促使蛋白质变性形成颗粒从而过滤除去。在赖氨酸发酵液预处理中,用硫酸调节发酵液 pH 值 4.0 左右,然后板框过滤即能将菌体去除进而得到清澈的滤液。由于四环类抗生素能和发酵液中的 Ca^{2+}、Mg^{2+} 形成不溶性的化合物,所以更多的是沉积在菌丝体内,用草酸酸化就能将抗生素转入水相。

3. 凝聚与絮凝

目前,工业上最常用的预处理方法之一就是凝聚和絮凝。其原理是向发酵液中添加化学药剂改变菌体细胞及蛋白质等胶体离子的分散状态,使其凝结成较大颗粒,从而使滤饼过滤时产生较好的颗粒保留作用。

①凝聚是指在电解质作用下，由于胶体粒子之间双电层排斥作用降低，电位下降而使胶体体系失稳的现象。在微生物的生理 pH 下，发酵液中的菌体细胞和蛋白质等物质常常带负电荷，在静电引力作用下带相反电荷离子被吸附在其周围，双电层得以在离子界面上有效形成。双电层结构使得胶粒能稳定分散在发酵液中。加入电解质后，在异电离子作用下，胶粒的双电层电位降低，胶粒之间因碰撞而产生凝聚。不同电解质的凝聚能力不同，通常反离子的价数越高其凝聚能力越大。采用凝聚方法形成的絮体颗粒细小，有时，对其的分离是无法实现的。

②絮凝是指借助某些高分子絮凝剂在悬浮粒子之间产生架桥作用，使胶粒聚集形成粗大絮团的过程。絮凝剂是一类能溶于水的高分子聚合物，其相对分子质量高达数万至千万。常用絮凝剂不外乎以下三种类型。

a. 无机高分子聚合物，如聚合硫酸亚铁、聚合氯化铁、聚合氯化铝等。

b. 有机高分子聚合物，如聚丙烯酰胺类衍生物、聚苯乙烯类衍生物等。

c. 天然高分子絮凝剂，如海藻酸钠、(脱乙酰化)壳聚糖、明胶等。

③对于较为复杂的菌体或蛋白质，如废水生化处理中的活性污泥，当单纯依靠凝集或絮凝难以达到良好的聚集效果时，可以将絮凝剂和电解质搭配使用。首先加入电解质使悬浮粒子间的双电层电位降低、脱稳、凝聚成微粒，然后再加入絮凝剂絮凝成较大的颗粒。混凝就是这种同时包括凝聚和絮凝机理的过程。

4. 加入助滤剂

发酵液中的菌体细胞、凝固蛋白等悬浮物往往颗粒细小且受压易变形，直接过滤容易导致滤布等过滤介质的滤孔堵塞，过滤难度加大。针对这种情况，通常在发酵液预处理过程中添加助滤剂实现发酵液过滤速率的改善。助滤剂是一类刚性的多孔微粒，一方面它能在过滤介质表面形成保护，延缓过滤介质被细小悬浮颗粒堵塞的速率；另一方面，加入助滤剂后，发酵液中悬浮的胶体粒子被吸附在助滤剂的表面，过滤时滤饼的可压缩性降低，过滤阻力减小。因此加入助滤剂能够使得过滤速率得以明显提高。

常用的助滤剂有硅藻土、珍珠岩、石棉粉、白土等非金属矿物质，以及纤维素(如锯末、甘蔗髓)、淀粉等有机质。矿物质助滤剂的助滤效果良好，但影响滤饼的综合利用。如菌体滤饼中掺入矿物质助滤剂后蛋白质含量降低。

助滤剂的使用方法有两种，一种是过滤前将助滤剂预涂在过滤介质表面，另一种是直接接入发酵液搅拌混合均匀后过滤。也可以两种方法同时兼用。在实际使用中，应该通过试验确定对助滤剂的种类、助滤剂粒径分布及使用量等条件。

5. 加入反应剂

某些场合可以向发酵液中添加能与某种杂质反应的反应剂，尽可能地消除杂质对过滤的影响，提高过滤速率。如在新生霉素发酵液中加入氯化钙和磷酸钠，生成的磷酸钙能使发酵液中的胶状物质和某些蛋白质凝固，并且磷酸钙还可以作为助滤剂。又如在枯草杆菌发酵液中添加磷酸氢二钠和氯化钙，两者形成庞大的凝胶，使菌体等胶体粒子聚集成团，同时多余的钙离子又能与发酵液中的核酸类物质形成不溶性钙盐，从而使发酵液的过滤特性在很大程度上得到了改善。如果发酵液中含有多糖类物质，则可以用酶将它转化为单糖，以降低黏度提高过滤速率。例如万古霉素发酵液，过滤前添加少量淀粉酶使多糖降解，再添加硅藻土助滤剂，过滤速率可提高 5 倍。

二、发酵液固液分离

固液分离是生物产品分离纯化过程中重要的单元操作。在生产中,培养基、发酵液、一些中间产品和半成品均需进行固液分离。

(一)影响发酵液固液分离的因素

生物产品的生产中,分离筛、悬浮分离、重力沉降及离心和过滤等是常用的固液分离方法。在这些方法中,用于发酵液固液分离的主要是离心和过滤操作。应根据发酵液的特性来选择具体的固液分离方法和设备。对于丝状菌,如霉菌和放线菌,体形比较大,对发酵液的处理一般采用过滤的方法;而单细胞的细菌和酵母菌,其菌体大小一般为 $1\sim10\,\mu m$,高速离心的效果比较好。但是,当固形物粒径较小时,通过预处理改善发酵液的特性,就可用过滤实现固液分离。例如,在氨基酸的发酵液中,菌体很小,如果在预处理过程中进行絮凝,并添加助滤剂,就可使用板框过滤机分离菌体。由此看来,发酵液的预处理为固液分离及后处理作了准备工作。

表 8-3 给出了主要的固液分离技术,并从原理、设备和优缺点四个方面进行了比较。

表 8-3 主要的固液分离技术及其特点

序号	方法	原理	设备	优点	缺点
1	离心	在离心产生的重力场作用下,加快颗粒的沉降速度	高速冷冻离心机	适用于粒径小、热稳定差的物质回收,实验室用得多	产量小,连续操作有难度,大规模工业应用
			碟片式离心机	适用于大规模工业应用,可连续或批式操作,操作稳定性较好,易放大推广	半连续或批式操作时出渣、清洗复杂,连续操作固形物含水量高,总的分离效率低
			管式离心机	批式操作、转速高,固液分离效果较好、含水量低,放大推广比较容易	容量有限,拆装频繁、处理量小、噪声大
			倾析式离心机	连续操作,易放大,易工业应用,操作稳定	对很小颗粒的固形物回收困难,设备投资高
			框式离心机	实质为离心力作用下的过滤。适用于大颗粒固形物的回收,放大容易,操作较简单、稳定、适用于工业应用	批式操作或半连续操作,转速低,分离效果不够理想,操作繁重,离心设备投资高,操作成本高
2	过滤	依据过滤介质的孔隙大小进行分离	板框过滤机、平板过滤机、真空旋转过滤机、管式过滤器、蜂窝式过滤器、深层过滤器	设备简单,操作容易,适用大规模工业应用,适用于大颗粒固体过滤	分离速度低,物料性质变化会对分离效果造成影响,劳动强度大

序号	方法	原理	设备	优点	缺点
3	膜分离	依据被分离分子和膜孔大小进行分离	板框式、管式、中空纤维式和螺旋卷式等膜过滤器	主要用于分离细胞。操作简单，效果好，可无菌操作，适用性好，易放大	膜易污染，分离效果与操作技巧关系密切，需要精心保养、清洗，膜易污染，分离效果与物料性质密切相关

(二)过滤

过滤就是利用多孔性介质(如滤布)将固液悬浮物中的固体颗粒截留，最终实现固液分离的方法。微生物发酵液属于非牛顿型液体，在悬浮液中含有大量的菌体、细胞或细胞碎片及残余的固体培养基，这些固体颗粒均可通过过滤操作减少或除去。目前，在生化工业中，传统的板框过滤或真空过滤等仍然是常用的过滤方法。随着膜分离技术的发展，过滤已超出了传统意义上固液分离的范畴。选择性和高效性使膜分离技术在生物产品的分离提取中蕴含着巨大的潜力。

1. 传统的过滤方法

传统的过滤单元操作，据过滤机制的不同，可以进一步划分为深层过滤和滤饼过滤两种。

硅藻土、砂、颗粒活性炭和塑料颗粒等是深层过滤使用的过滤介质。过滤介质填充于过滤器内形成过滤层。过滤时，悬浮液通过滤层，滤层上的颗粒阻拦或者吸附固体颗粒，使滤液澄清，因此，过滤介质在过滤中起主要作用。澄清过滤适于过滤固体含量少于 0.1g/100ml、颗粒直径在 5~100μm 的悬浮液，如河水、麦芽汁等。

滤饼过滤的过滤介质是滤布。悬浮液通过滤布时，固体颗粒被阻拦形成滤饼或滤渣。悬浮液本身形成的滤饼也能够起一定的过滤作用。滤饼过滤一般用于过滤固体含量大于 0.1g/100ml 的悬浮液。就滤饼过滤而言，按过滤推动力的不同，又可分为常压过滤、加压过滤和真空过滤三类。常压过滤效率低，易分离的物料可以考虑此种过滤。例如，啤酒糖化醪的过滤。而加压和真空过滤在生物和化工工业中的应用比较广泛。板框压滤机和鼓式真空过滤机等是常用设备。

2. 膜过滤

随着膜技术的发展，过滤已经扩展成为一种选择性滤出一定大小物质的方法。可根据设计将目标产物滤出或保存在溶液中。

膜分离是利用具有一定选择透过特性的过滤介质进行物质的分离纯化，过程的实质是物质通过膜的传递速度不同而得以分离，过程跟筛分比较接近，不同孔径的膜截留粒子的大小也会有所差异。在分离过程中，膜的作用主要体现在三个方面：完成物质的识别与透过、充当界面和反应场。

膜分离的推动力一般有浓度差、电位差和压力差三种。渗透、透析、电渗析、反渗透、纳滤、超滤和微滤都是常见的膜过滤。各种膜过滤的分离性能详见表8-4所示。

表 8-4　各种膜过滤法的分离性能

膜过滤方法	膜类型	传质推动力	传质机制	透过物质	截留物质	进料和透过物的状态	透过组分在料液中的含量
透析	非对称或离子交换膜	浓度差	筛分微孔膜内的受阻扩散	离子和小分子有机化合物	相对分子质量>1000 的溶质或悬浮物	液体	较小组分或溶剂
电渗析	离子交换膜	电位差	反粒子经离子交换膜的迁移	小离子	非离子和大分子化合物	液体	少量离子组分,少量水
反渗透	非对称膜或复合膜	压力差 1.0~10MPa	优先吸附毛细管流动,溶解—扩散	溶剂,可被电渗析截留的组分	溶解或悬浮的物质	液体	大量溶剂
纳滤	非对称膜或复合膜	压力差 0.5~1MPa	溶解扩散 Donna 效应	溶剂、低价小分子溶质	截留相对分子质量范围 200~1000	液体	大量溶剂,低价小分子溶质
超滤	非对称膜	压力差 0.1~1MPa	筛分	小分子溶液	生物大分子(蛋白质、病毒等)、胶体物质	液体	大量溶剂,少量小分子溶质
微滤	多孔膜	压力差 0.05~0.5MPa	筛分	溶液、气体	悬浮物质如细胞、菌体和微粒子	液体或气体	大量溶剂,少量小分子和大分子溶质

(三)离心分离

依靠惯性离心力的作用而实现的沉降过程称为离心。生产中广泛使用的一种固液分离手段就是离心分离。对于两相密度差较小,颗粒粒度较细的非均相体系,在重力场中的沉降效率很低,甚至不能完全分离,若改用离心可以大大提高沉降速度。它在发酵工业中应用十分广泛。从啤酒和果酒的澄清、谷氨酸结晶的分离,到发酵液菌体、细胞的回收或除去,血细胞、胞内细胞器、病毒和蛋白质的分离,以及液相的分离大多使用的都是离心分离技术。离心分离与压滤相比,具有分离速度快,效率高,液相澄清度好,操作时卫生条件好等优点,适合于大规模的分离过程。但是,离心分离设备投资费用高,能耗较大,固相干燥程度不如过滤操作。根据离心方式的不同,可将离心分离法分为差速离心和区带离心等。离心设备的种类很多,根据离心力(转数)的大小,可分为普通离心机、高速离心机和超速离心机三类。

三、细胞破碎

细胞破碎(cell disruption)是采用不同手段破坏细胞外围使细胞内含物释放出来,转入液相中,方便后续产物的分离纯化。细胞破碎的方法有很多,按照是否存在外加作用力可分为机械法和非机械法两大类。表 8-5 为细胞破碎方法的分类。

表 8-5　细胞破碎方法分类

破碎方法	机械法	固体剪切作用	珠磨法、球磨法
			压榨法
		液体剪切作用	超声波
			高压匀浆
	非机械法	干燥处理	干燥处理
		溶胞处理	酶溶法
			化学法
			物理法

常见的细胞破碎方法主要包括:

①利用固体剪切进行破碎的珠磨破碎法,使用的仪器为细胞珠磨破碎机,操作简便、稳定,可连续批式操作,可以有效控制破碎率,容易放大,适用于工业放大,不足之处在于珠磨时会产热,需要冷却,不同细胞的破碎条件差异明显。

②利用压力释放时的液固剪切进行的压力破碎法,该法采用的仪器为压力破碎机,操作简便,可连续操作,适用于不同的细胞,不足之处在于加压放热,需要冷却,否则生物活性物质会失活,破碎率较低,压力不稳定,需要进行反复破碎。

③利用超声波形成空穴产生压力冲击破碎的超声波破碎法,使用的仪器为超声破碎机,操作简便,可连续或批式操作,不足之处在于超声波处理会产热,需要冷却,破碎率不是特别高,需反复进行破碎,应用面不宽。

④利用渗透压的突变,造成细胞内压力差而引起细胞破碎的渗透压法,适用于位于胞内质产物的释放,细胞的破碎率低,但产物的释放较好,纯度较高,不足之处在于操作比较复杂,对操作条件要求比较苛刻,只适用于少量样品的处理,费用高。

⑤利用有机溶剂或表面活性剂改变细胞壁或膜的通透性,使胞内产物得以释放的有机溶剂或表面活性剂法,该法简单,细胞内含物释放少,产物较纯,可大规模应用,不足之处为适用性有限,有机溶剂或表面活性剂稳定的产物可以使用该方法。

⑥经碱或酶的处理使细胞壁或膜破坏,使产物释放出来的碱或酶处理法,该法简单,可大规模应用,但适用性有一定的局限性,只适于对碱或酶稳定的产物。

第三节　沉淀法

沉淀法是传统的分离方法之一,沉淀是物理环境的变化引起溶质的溶解度降低,生成固体凝聚物的过程。沉淀是一种初级分离技术,也是另一种形式的目标产物的浓缩技术,广泛应用于实验室和工业规模的发酵产物的回收、浓缩和纯化,有时高纯度目标产品的制备可通过多步沉淀操作得以实现。

一、蛋白质分子在水溶液中的稳定性

在溶液中,生物分子的溶解度是由各种分子、离子之间的相互作用决定的。在水溶液中,蛋白质分子周围存在与蛋白质分子紧密或疏松结合的水化层。紧密结合的水化层可达到 $0.35g/g_{蛋白质}$,而疏松结合的水化层可达到蛋白质分子质量的两倍以上,因此形成稳定的胶体溶液,这是防止蛋白质凝聚沉淀的屏障之一。

蛋白质分子间的静电排斥作用可以说是蛋白质沉淀的另一阻力。偏离等电点的蛋白质的净电荷或正或负,成为带电粒子,在电解质溶液中吸引相反电荷的离子(简称反离子)具有典型的双电层结构。由于静电排斥作用抵御了分子间的相互吸引作用,使蛋白质溶液处于稳定状态。因此可通过降低蛋白质周围的水化层和双电层厚度来使蛋白质溶液的稳定性得以有效降低,进而实现蛋白质的沉淀。

二、蛋白质沉淀分析方法

沉淀方法有多种,根据沉淀剂的不同,蛋白质沉淀分析方法可分为以下几种:①盐析沉淀法;②等电点沉淀法;③有机溶剂沉淀法;④非离子型聚合物沉淀法;⑤聚电解质沉淀法;⑥高价金属离子沉淀法等。上述各种方法中有机溶剂沉淀法能适用于抗生素等小分子,其他各种方法仅适于蛋白质等大分子。下面重点介绍一下盐析沉淀法和有机溶剂沉淀法。

(一)盐析沉淀法

盐析沉淀(salting out)是指在溶液中加入中性盐,利用盐离子与蛋白质分子表面带相反电荷极性基团的互相吸引作用,中和蛋白质分子表面的电荷,降低蛋白质分子与水分子之间的相互作用,蛋白质分子表面的水化膜被逐渐破坏。当盐浓度达到一定浓度时,蛋白质分子之间的排斥力降到最小,分子间很容易聚集在一起,溶解度就会降到很低,形成沉淀颗粒,从溶液中析出。表面疏水基团多的蛋白质分子在较低的盐浓度下就会析出,而表面亲水基团多的蛋白质分子则需要较高浓度的盐才能析出。硫酸铵是常用的中性盐。在进行盐析沉淀时,固体加入法和饱和盐溶液加入法是常用的两种方法。

1. 固体加入法

在大体积的粗制品溶液中逐步加入固体硫酸铵,当加到一定饱和度时,蛋白质便可沉淀下来。通常,在搅拌情况下,采用的方式是少量多次缓慢加入,待先加的硫酸铵溶解后再行加入。溶液中的硫酸铵浓度不断提高,水分子不断与硫酸铵结合,当加入的硫酸铵使溶液浓度达到"盐析点"时,蛋白质就沉淀出来。可以从相关手册中查询需加入硫酸铵的量,也可以由式进行计算,获得

在20℃时:

$$g = \frac{533(S_2 - S_1)}{100 - 0.3S_2} \tag{8-1}$$

在 25℃时：

$$g = \frac{541(S_2 - S_1)}{100 - 0.3S_2} \quad\quad (8\text{-}2)$$

式中，g 为在 1L 溶液中需加入固体硫酸铵的克数；S_2 为表示要求达到的饱和度；S_1 为表示原溶液中的饱和度。

2. 饱和盐溶液加入法

该法是一种比较温和的使蛋白质脱水沉淀方法。逐步将预先调整好 pH 的饱和硫酸铵溶液添加到蛋白质溶液中，不同饱和度所需的硫酸铵的量可用下列公式计算：

$$V = \frac{V_0(S_2 - S_1)}{S_3 - S_2} \quad\quad (8\text{-}3)$$

式中，V 为需加入硫酸铵溶液的体积，mL；V_0 为原来溶剂的体积，mL；S_1 为原来溶液的饱和度；S_2 为要求达到的饱和度；S_3 为需要加入硫酸铵溶液的饱和度（一般用 100%）。此法对于大体积样品不适用。因为硫酸铵溶液的大量加入，将导致样品溶液体积的增加。

3. 盐析曲线

用盐析法沉淀分离样品时，可以通过实验来确定所需盐浓度范围。取一定体积已测定含量的蛋白质或酶的溶液，调节 pH 至一定范围，等分成 8~10 份，依次加入不同量的硫酸铵，搅拌后静置，离心或过滤，对其蛋白质或酶含量进行测定，根据蛋白质或酶的含量与相对应的硫酸铵浓度之间的关系作图，即为盐析曲线，即可得到精细的盐析范围。

采用沉淀分离技术时需要注意以下五个问题：

①采用的分离条件不应破坏产物结构，要求沉淀反应必须是可逆的，去除了造成沉淀的因素后，沉淀物可以再溶于原来的溶剂中。

②加入溶液中的沉淀剂和其他物质对人体无毒害作用。

③加入溶液中的沉淀剂在后续的加工中去除起来要容易操作。

④沉淀剂在待分离的溶液中要有很高的溶解度，且温度的变化对沉淀剂溶解度的影响应尽可能地小，能够利用不同的沉淀剂浓度对目的产物各组分进行分级分离。

⑤沉淀剂用量较大，应可回收和再利用。

(二)有机溶剂沉淀法

向溶质水溶液中加入一定量的有机溶剂，使溶质的溶解度得以降低，使其沉淀析出的分离纯化方法，称有机溶剂沉淀法。例如，蛋白质（包括酶）、核酸、多糖等物质的水溶液中，加入乙醇、丙酮等与水能互溶的有机溶剂后，它们的溶解度降低的就非常明显，均能从溶液中沉淀出来。此法的优点是有机溶剂密度较低，与沉淀物密度差大，沉淀或离心分离操作起来比较方便；溶剂沸点低，溶剂容易蒸发除去；与盐析法相比，沉淀不需要脱盐处理，但该法回收率较盐析低，容易引起蛋白质变性，必须在低温下进行，溶剂消耗量大，且有机溶剂易燃、易爆、安全要求较高。

1. 有机溶剂沉淀的原理

有机溶剂能使蛋白质（包括酶）、核酸、多糖等物质沉淀的机制有以下三方面：

①有机溶剂的加入会使溶液的介电常数大大降低，使蛋白质、酶、核酸、多糖等带电粒子自身之间的作用力得以增加，进而容易相互吸引而聚集沉淀。

②亲水的有机溶剂加入后,蛋白质、多糖等物质表面的水分子会被它夺走,使它们表面的水化层被破坏,从而分子之间更容易聚集在一起而产生沉淀。

③有机溶剂破坏蛋白质、多糖等物质的某些键可能会被有机溶剂破坏掉,使其空间结构发生某种程度的变化,致使一些原来包在内部的疏水基团暴露于表面并与有机溶剂的疏水基团结合形成疏水层,从而使蛋白质沉淀,而当蛋白质的空间结构发生变形超过一定程度时,便会导致完全的变性。

2. 有机溶剂的选择和用量计算

(1)有机溶剂的选择

主要从以下几个方面来考虑有机溶剂的选择:

①介电常数小,沉淀作用强。

②对生物分子的变性作用小,如丙酮。

③毒性小,挥发性适中,沸点过低虽有利于溶剂除去回收,但挥发损失较大,易出现安全问题。

④能与水互溶。

醇和丙酮是常用的有机溶剂。乙醇的沉析作用强、挥发性适中且无毒,在蛋白质、核酸、多糖等生物大分子的沉析中使用的比较多;丙酮沉淀作用更强,用量省,沸点低,但挥发损失大,着火点低,对肝脏有一定毒性,应用范围不如乙醇广泛。甲醇沉析作用与乙醇相当,对蛋白质的变性作用小于前二者,但口服产品有剧毒;其他溶剂,如二甲基甲酰胺、二甲基亚砜、2-甲基-2,4-戊二醇(MPD)、乙腈也可作为沉析试剂。有机溶剂沉淀蛋白质的能力随蛋白质种类及有机溶剂的种类而异。

(2)溶剂用量计算

为了使溶液中有机溶剂的含量达到一定的浓度,有机溶剂的加入量可按下式计算

$$V=\frac{V_0(S_2-S_1)}{100-S_2}\qquad(8-4)$$

式中,V 需加入有机溶剂体积,mL;V_0 原溶液体积,mL;S_1 原溶液中有机溶剂的体积分数,%;S_2 所需要有机溶剂的体积分数,%。

如果所使用的有机溶剂浓度是 95%,则公式中的 100 改为 95。

3. 影响有机溶剂沉淀的因素

利用有机溶剂沉淀蛋白质时,温度、pH、离子强度、样品浓度、金属离子助沉作用等会对有机溶剂的沉淀造成影响。

(1)温度

有机溶剂沉淀蛋白质受温度影响较大。大多数蛋白质的溶解度随温度降低而下降。温度升高,会使一些对温度敏感的蛋白质或酶变性。因此,有机溶剂沉淀操作必须在低温下进行,加入的有机溶剂都必须预冷至较低温度,操作要在冰浴条件下进行,如乙醇沉淀入血浆蛋白时,温度要控制在－10℃。

(2)pH

蛋白质或酶等两性物质在有机溶剂中的溶解度受 pH 变化而变化,一般在等电点时,溶解度最低。为减少蛋白质之间的相互作用,共沉作用应当被尽可能地减少,pH 应调节到使混合

液中大多数物质带有相同净电荷。

（3）样品浓度

低浓度样品使用有机溶剂的量大，但共沉作用小，利于提高分离的效果；高浓度样品可以节省有机溶剂，减少变性危险，但共沉作用大，分离效果较差。所以蛋白质的浓度是一定要考虑的一个问题，一般认为合适的蛋白质类物质起始浓度为 $0.5\%\sim3\%$，黏多糖以 $1\%\sim2\%$ 较合适。

（4）离子强度

离子强度是影响溶质在有机溶剂及水混合液中溶解度的一个重要因素，盐的浓度太小或太大都对分离不利。对于蛋白质，在有机溶剂中盐的浓度不超过 5% 比较合适，使用的乙醇量也以不超过二倍体积为宜。

（5）多价阳离子的影响

多价阳离子如 Ca^{2+}、Zn^{2+} 等会与蛋白质形成复合物，并使蛋白质在水和有机溶剂中的溶解度在很大程度上得以降低。这个现象常用于分离那些在水和有机溶剂混合液中尚有明显溶解度的蛋白质或酶等物质。这个方法往往能使有机溶剂的用量减少到原来的一半或三分之一。使用这种方法需注意避免使用含磷酸根的溶液，否则会产生沉淀。常用的溶液为乙酸锌，浓度一般为 $0.02mol/L$。另外，多价阳离子如 Ca^{2+}、Zn^{2+} 等的存在对黏多糖类分子乙醇分步沉淀效果的提高非常有利。

三、沉淀法的应用

（一）蛋白质

蛋白质或酶的提取在粗分离阶段大多要用到沉淀分离的方法，盐析、有机溶剂沉淀、多聚物沉淀、选择性变性沉淀除去杂质等方法得到广泛的应用，特别是在 α-淀粉酶的生产中，沉淀方法在很大程度上提高了产品的品质和回收率。

（二）多糖

沉淀法在多糖的提取过程中应用较多，如多糖提取的初级阶段大多会用到乙醇沉淀或乙醇分级沉淀，也有一些植物胶体性多糖采用盐析法沉淀有较好的效果。此外，也常采用选择性沉淀的方法（如三氯乙酸）去除多糖中蛋白质杂质。

例如，果胶的提取。果胶是一种广泛分布于植物体内的胶体性多糖类物质，包括原果胶、水溶性果胶和果胶酸三大类。它是植物体内特有的细胞壁组分，存在于橘子、苹果、马铃薯等植物的叶、皮、茎及果实中，主要用于果酱、果冻、食品添加剂、食品包装膜以及生物培养基的制造。

目前，果酱的提取分离方法有酸提取沉淀法、离子交换法、微生物法和微波法这四种。离子交换法是先将原料切碎，与水混合，加入一定量的离子交换剂，调节 pH 至合适范围，搅拌，加热，过滤，滤液再用醇沉淀。该法乙醇使用量非常大，并且存在离子交换剂的再生问题。微生物法是将原料切碎，引入菌种发酵，培养，处理一定时间，过滤培养液，用大量乙醇洗涤沉淀再减压干燥，分离得到产品。菌种的活性、生长时间及发酵条件对该方法的影响比较大。

果胶提取中，乙醇沉淀法的最佳条件为：pH $3.5\sim4.0$，沉淀时间 30min，沉淀温度为 25℃。以硫酸铝钾为盐析剂，其盐析的最佳条件为：pH 5.8，沉淀时间 30min，沉淀温度为

25℃。以三氯化铁为盐析剂,其盐析的最佳条件为:pH 4.0,沉淀时间 60min,沉淀温度为 60℃。酸提取乙醇沉淀法,乙醇消耗非常大,因而浓缩阶段能耗高,生产成本高,厂家不能接受而难以形成规模化生产。在盐析法中,乙醇的使用量得以有效降低,省去稀酸提取液浓缩工序和减少乙醇回收量,节省能耗,降低生产成本,且能够保证较高的提取率和果胶品质。

第四节 吸附法

一、吸附法的理论基础

吸附过程与发酵工程有着密切关系,如在蛋白质、核苷酸、抗生素、氨基酸等产物分离及精制过程中,选择性吸附的方法使用的就比较多,发酵行业中空气的净化和除菌也离不开吸附过程,在生物产品的生产中,还常用各类吸附剂进行脱色、去热原、去组胺等杂质。吸附的目的,一方面是将发酵液中的发酵产品吸附并浓缩于吸附剂上,另一方面是利用吸附剂除去发酵液中的杂质、色素、有毒物质(如热原)等。吸附法操作简便、安全、设备简单,原料易得,使用的有机溶剂非常少甚至不用也可以,生产过程中 pH 变化小,适用于稳定性较差的生化物质。但是,吸附法选择性较差,无机吸附剂性能稳定性比较差,无法连续操作,劳动强度大,吸附剂的吸附容量有限,溶质和吸附剂之间的相互作用及吸附平衡关系通常是非线性关系。

(一)基本概念

吸附是指在一定的操作条件下,流体与固体多孔物质接触时,流体中的一种或多种组分传递到多孔物质外表面和微孔内表面并附着在这些表面上的过程,被吸附的流体称为吸附质,多孔固体颗粒称为吸附剂。吸附达到平衡时,吸附剂内的流体称为吸附相,剩余的流体本体相称为吸余相。由于吸附质和吸附剂的物理化学性质存在一定的差异,故吸附剂对不同吸附质的吸附能力也不同,因此当流体与吸附剂接触时,吸附剂对流体中的某个或某些组分相对其他组分具有较高的吸附选择性,吸附相和吸余相的组分可被富集,物质的分离得以顺利实现。

固体可分为多孔和非多孔性两类。非多孔性固体只具有很小的比表面积,其比表面积可通过粉碎的方法来增加。由"外表面"和"内表面"共同组成了多孔性固体的表面,内表面积可比外表面积大几百倍,并且有较高的吸附能力。

固体表面分子处于特殊的状态。从图 8-2 可见,固体内部分子所受的力是对称的,故彼此处于平衡状态,但在界面上的分子同时受到不相等的两相分子的作用力,因此界面分子的力场是不饱和的,即存在一种固体的表面力,它能从外界吸附分子、原子或离子,并在吸附表面上形成多分子层或单分子层。

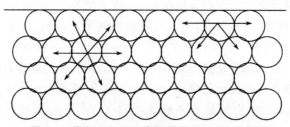

图 8-2 界面上分子及内部分子所受力示意图

(二)吸附类型

根据吸附质的状态,吸附可分为气相吸附和液相吸附;根据吸附的组分数不同,可分为单组分吸附和多组分吸附;根据吸附过程温度变化与否,可分为等温吸附和非等温吸附;根据吸附质和吸附剂之间作用力的不同,吸附过程可分为物理吸附、化学吸附和交换吸附。

在实践中,产生吸附效应的力有范德华力、静电作用力及在酶与基质结合成配合物时存在的疏水力、空间位阻等。按照吸附作用力不同,吸附通常可分为以下三种类型,具体如图 8-3 所示。

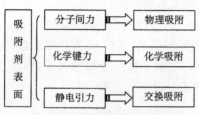

图 8-3　吸附的类型和作用力

下面重点介绍物理吸附、化学吸附以及交换吸附。

1. 物理吸附

吸附剂和吸附物通过分子力(范德华力)产生的吸附称为物理吸附。物理吸附非常常见,其特点是吸附不仅限于一些活性中心,而是整个自由界面。分子被吸附后,一般动能降低,故吸附是放热过程。物理吸附是可逆的,即在吸附的同时,被吸附的分子由于热运动会离开固体表面,分子脱离固体表面的现象称为解吸。物理吸附与吸附剂的表面积、细孔分布和温度等因素密切相关。

2. 化学吸附

化学吸附是由于吸附剂在吸附物之间的电子转移,发生化学反应而产生的,属于库仑力范围,反应时放出大量的热,一般为 $(4.18 \sim 41.8) \times 10^4 \text{J/mol}$。由于是化学反应,因此需要一定的活化能。化学吸附的选择性较强,即一种吸附剂只对某种或几种特定物质有吸附作用,因此化学吸附一般为单分子层吸附,吸附后稳定性比较好,解吸有一定的难度。这种吸附与吸附剂表面化学性质及吸附物的化学性质有关。物理吸附虽然和化学吸附存在本质上的差别,但想要将其严格划分比较有难度,可能在某些过程以物理吸附为支配作用,而在另一些过程中以化学吸附为支配作用。

3. 交换吸附

吸附剂表面如为极性分子或离子所组成,则会吸引溶液中带相反电荷的离子而形成双电层,这种吸附称为极性吸附。在吸附剂与溶液间发生离子交换,即吸附剂吸附离子后,它同时要放出等物质量的离子于溶液中,因此也称交换吸附。交换吸附的决定因素就是离子的电荷,离子所带电荷越多,它在吸附剂表面的相反电荷点上的吸附力就越强,电荷相同的离子,其水化半径越小,被吸附起来越容易。

此外,根据吸附过程中所发生的吸附质—吸附剂之间的相互作用的不同,还可将吸附分成亲和吸附、疏水吸附、盐析吸附和免疫吸附等,还可根据实验中所采用的方法,将吸附分成间歇式和连续式两种。

(三)吸附平衡

一定条件下,流体(气体或液体)与吸附剂接触,流体中的吸附质被吸附剂吸附,经过足够长时间后,吸附质在两相中的含量会维持不变,即吸附质在流体和吸附剂上的分配达到一种动态平衡,称为吸附平衡。

溶质在吸附剂上的吸附平衡关系是指吸附达到平衡时,吸附剂的平衡吸附浓度 q^* 与液相游离溶质浓度 c 之间的关系。一般 q^* 是 c 和温度的函数,即

$$q^* = f(c, T) \tag{8-5}$$

但一般吸附过程是在一定温度下进行,此时 q^* 只是 c 的函数,q^* 与 c 的关系曲线称为吸附等温线。当 q^* 与 c 之间呈线性函数关系时,即

$$q^* = mc \tag{8-6}$$

式(8-6)称为亨利(Henry)型吸附平衡,其中 m 为分配系数。一般在低浓度范围内式(8-6)才能够成立。当溶质浓度较高时,吸附平衡呈非线性关系式(8-6)不再成立,经常利用佛罗因德利希(Freundlich)经验方程描述吸附平衡过程,即

$$q^* = kc^{\frac{1}{n}} \tag{8-7}$$

式中,k 和 n 为常数,一般 $1 < n < 10$。

此外,在很多情况下,溶质的吸附现象可由兰格缪尔(Langmuir)的单分子层吸附理论来解释。该理论的要点是,吸附剂上具有许多活性点,每个活性点具有相同的能量,只能吸附一个分子,并且被吸附的分子间无相互作用。基于兰格缪尔单分子层吸附理论,可推导出兰格缪尔型吸附平衡方程

$$q^* = \frac{q_m c}{K_d + c} \tag{8-8}$$

或

$$q^* = \frac{q_m K_b c^n}{1 + K_b c^n} \tag{8-9}$$

式中,q_m 饱和吸附容量;K_d 吸附平衡的解离常数;K_b 扩结合常数($K_b = 1/K_d$)。

当吸附剂对溶质的吸附作用非常大时,式(8-7)中的 n 常大于 10,或用式(8-8)表示的兰格缪尔吸附解离常数 K_d 非常小,游离浓度对吸附浓度影响很小,接近不可逆吸附,吸附等温线为矩形。图 8-4 所示的为几种常见的吸附平衡等温线。

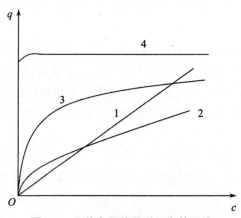

图 8-4 几种常见的吸附平衡等温线

1—Henry 型;2—Freundlich 型;3—Langmuir 型;4—矩形

二、吸附剂的分类及其性质

目前使用的吸附色谱介质种类很多,用天然材料制成的(如硅胶、氧化铝、沸石、活性炭和磷酸钙等)使用得比较多,少数是化学合成的(如聚酰胺、聚苯乙烯等)。不同原料制成的吸附介质其性质有所区别。

1. 活性炭

活性炭是常用的一种吸附介质,制备活性炭的材料来源不同,得到的活性炭种类也有一定的差异。一般有动物炭、植物炭和矿物炭这三类炭。动物炭是用动物骨骼为原料经高温炭化而成;植物炭是以木屑为原料,加一定的氯化锌在 700℃～800℃高温加工而成,矿物炭是以煤粉为原料经高温处理而成。但植物活性炭是市场出售的、使用最多的活性炭。活性炭能对化合物产生吸附力主要是活性炭分子中的活性基团(如羟基等)与被分离物质分子中的某些基团产生范德华力形成的吸附作用。根据活性炭颗粒的粗细差别,制成不同用途的活性炭。目前经常使用的规格主要有三类,即颗粒活性炭、粉末活性炭和锦纶黏合活性炭。

2. 硅胶

硅胶是一种广泛使用的极性吸附介质,其优点是化学性质稳定,吸附量大。硅胶是以硅酸盐为原料制成的。将硅酸钠溶液经酸处理,产生硅溶胶,同时发生凝聚作用,产生絮状沉淀,放置一段时间凝聚完全后,收集沉淀物,充分漂洗去除可溶性杂质,得到原料硅胶,然后加工成不同型号的各种硅胶。在硅胶的制备过程中,硅胶表面积的大小是由絮凝作用的快慢决定的。同时,硅胶吸附能力的大小也是由絮凝作用的快慢决定的。而絮凝作用的速度与酸化时的 pH 有密切关系。一般在 pH 3～4 的条件下凝聚的硅胶比较疏松,每克硅胶产生的表面积大(表面积为 $800m^2$);在 pH 6 的环境中凝聚的硅胶比较结实密集,每克硅胶产生的表面积小(表面积小于 $400m^2$)。

硅胶的,吸附活性决定于其含水量。当含水量小于 1% 时,吸附活性最高;含水量大于 20% 时吸附活性最低。使用过的硅胶,其吸附量下降的比较明显,需要进行再生处理。

3. 氧化铝

氧化铝吸附介质是一类疏水性吸附介质,主要是用于分离非极性化合。吸附原理一般认为是被分离的物质与氧化铝表面的一些羟基相互作用形成氢键,而铝原子提供一个亲电子中心,吸引电子供体的某些基团,如—OH、—NH$_2$ 等。不同性质的物质提供基团的亲电子中心产生的引力不同。氧化铝的优点是吸附容量大,分离效果好,尤其对于脂溶性的天然小分子,如醛、酮、醌类化合物的分离效果好、应用广泛、价格低廉。

4. 羟基磷灰石

在 0.5mol/L 的 $CaCl_2$ 溶液中加入 0.5mol/L 磷酸氢二钠得到磷酸钙($CaHPO_4 \cdot 2H_2O$),调至 pH 7 以上,即可慢慢转变成羟基磷灰石。

溶质分子中的酸性基团与洗脱液中的磷酸根离子对羟基磷灰石中的钙离子有竞争作用是羟基磷灰石对蛋白质的吸附原理。对核酸吸附的机理类似于与蛋白质,多核苷酸带负电的磷酸基与羟基磷灰石结晶表面上的阳离子钙之间能相互发生吸附作用,糖和碱基没有直接的影响。但对单核苷酸则有阻滞作用,在洗脱时要用高浓度的磷酸盐才能洗脱下来,如二磷酸酯、三磷酸酯。多聚核苷酸从羟基磷灰石的柱上洗脱是通过缓冲液中无机的磷酸根离子或溶液中磷酸残基对羟基磷灰石表面上的阳离子钙发生竞争作用而被解吸附的。

5. 聚丙烯酰胺

聚丙烯酰胺属于一类化学合成的极性吸附介质,分子中的酰胺基与被分离物质之间的羟基和羧基可以形成氢键。吸附能力的大小是由被分离物质分子中的酚羟基、羧酸、氨基酸等与聚丙烯酰胺分子中酰胺基形成氢键的强弱所决定的。在聚丙烯酰胺色谱的过程中,洗脱剂与被分离物质在聚丙烯酰胺颗粒的表面上竞争性形成氢键,洗脱剂与聚丙烯酰胺形成氢键的能力比被分离物质强。在洗脱过程中被分离物质与聚丙烯酰胺形成氢键的能力不断减弱,与此同时,洗脱剂与聚丙烯酰胺形成氢键的能力不断增强,最终将被分离物质从聚丙烯酰胺介质上洗脱下来。

除了生物大分子可采用沉淀或吸附分离外,同样,许多小分子发酵产物也可以采用类似的方法进行初步分离纯化。

沉淀分离和吸附分离技术主要是从溶液中获得固形的目标产物粗品,而萃取分离技术可以将液态混合物中的目标产物分离出来。第六节将会介绍萃取法。

第五节　离子交换法

一、基本概念

离子交换剂是不溶于酸、碱和有机溶酶,化学稳定性良好,具有网状交联结构和离子交换能力的固态高分子化合物。其结构可分为两部分,一部分是不能移动的、多价的高分子基团,构成树脂的骨架,使树脂具有不溶解稳定的化学性能;另一部分是可移动的离子,构成树脂的活性基团,活性基团可移动的离子在骨架中进进出出,就有了离子交换现象。离子交换树脂是一种不溶解的多价离子,可移动的、带有相反电荷的离子存在于它的周围,活性离子是阳离子的称为阳离子交换树脂,活性离子是阴离子的称为阴离子交换树脂。

1. 强酸性阳离子交换树脂

大量的强酸性基团存在于此类树脂中,如磺酸基($-SO_3H$),容易在溶液中离解出 H^+,故呈强酸性。树脂离解后,本体所含的负电基团,如 SO_3^-,能吸附结合溶液中的其他阳离子。这两个反应使树脂中的 H^+ 与溶液中的阳离子互相交换。强酸性树脂的离解能力很强,在酸性或碱性溶液中均能离解和产生离子交换作用。

2. 弱酸性阳离子交换树脂

这类树脂含弱酸性基团,如羧基($-COOH$),能在水中离解出 H^+ 而呈酸性。树脂离解后余下的负电基团,如 $R-COOH^-$(R 为碳氢基团),能与溶液中的其他阳离子吸附结合,使阳离子交换作用得以产生。这种树脂的酸性即离解性较弱,在低 pH 条件下难以离解和进行离子交换,只能在碱性、中性或微酸性溶液中(如 pH 5～14)起作用。其交换容量大,容易再生成氢型,但其交换能力弱,速度慢,化学和热稳定性不够理想。

3. 强碱性阴离子交换树脂

强碱性基团存在于该类树脂中,如季胺基(—NR₃OH),能在水中离解出氢氧根离子(OH⁻)而呈强碱性。这种树脂的正电基团能与溶液中的阴离子吸附结合,从而产生阴离子交换作用。这种树脂的离解性很强,其正常工作的能力不受 pH 的影响,可用强碱(如 NaOH)进行再生。强碱性阴离子交换树脂主要用于制备无盐水,可除去硅酸根、碳酸根等弱酸根。

4. 弱碱性阴离子交换树脂

这类树脂含有弱碱性基团,如伯胺基(—NH₂)、仲胺基(—NHR)、叔胺基(—NR₂),它们在水中能离解出氢氧根离子(OH⁻)而呈弱碱性。这种树脂的正电基团能与溶液中的阴离子吸附结合,从而产生阴离子交换作用。这种树脂在多数情况下是将溶液中的整个酸分子吸附。它只能在中性或酸性条件(如 pH 1~9)下工作,可用 Na₂CO₃、NH₄OH 进行再生,生成羟型就变得非常容易,且耗费碱量较少。

以上是树脂的四种基本类型。在实际使用上,常将这些树脂转变为其他离子形式以适应各种需要。例如,常将强酸性阳离子树脂与 NaCl 作用,转变为钠型树脂再使用,工作时钠型树脂放出 Na⁺ 与溶液中的 Ca²⁺、Mg²⁺ 等阳离子交换吸附,除去这些离子。反应过程无 H⁺ 释放,可避免溶液 pH 下降和由此产生的副作用(如蔗糖转化和设备腐蚀等)。这种树脂以钠型运行使用后,可用盐水再生。

二、离子交换

离子交换操作一般分为静态和动态操作两种。

静态交换是将树脂与交换溶液在一定的容器中混合搅拌而进行。静态法操作简单,设备要求低,是分批进行的,交换不完全,多种成分的分离不适宜采用此法,而且树脂有一定损耗。动态交换是先将树脂装柱,交换溶液以平流方式通过柱床进行交换。该法不需搅拌,交换完全,操作连续,而且可以使吸附与洗脱在柱床的不同部位同时进行,多组分分离可考虑使用此法。

离子交换完成后,将树脂所吸附的物质释放出来重新转入溶液的过程称作洗脱。洗脱方式也分静态与动态两种。一般说来,动态交换也称作动态洗脱,静态交换也称作静态洗脱。洗脱液分酸、碱、盐、溶剂等。酸、碱洗脱液旨在改变吸附物的电荷或改变树脂活性基团的解离状态,以消除静电结合力,迫使目的物被释放出来;盐类洗脱液是通过高浓度的带同种电荷的离子与目的物竞争树脂上的活性基团,并取而代之,使吸附物游离。实际工作中,静态洗脱可进行一次,也可进行多次,这么做的目的在于提高目的物收率。

再生时可以采用顺流再生,即再生液自上向下流动,也可以用再生液自下而上流动。在逆流再生过程中,再生剂从单元的底部分布器进入,均匀地通过树脂床向上流动,从树脂床的表面上通过一个废液收集器而流出。在再生剂向上流动的同时,淋洗的水从喷洒器喷入,经树脂床往下流动,再由下部引出,与再生废液一齐排出。当再生剂向上流动与淋洗水向下流动达到一定的平衡状态时,树脂床不会向上浮动,因此,树脂再生时需要控制两种溶液的适当流速。

三、离子交换的选择

影响离子交换选择性的因素很多,如离子水合半径、溶液的 pH、离子强度、有机溶剂和树脂的交联度、活性基团的分布和性质、载体骨架等。

1. 水合离子半径

对无机离子而言,离子水合半径越小,离子对树脂活性基的亲和力就越大,被吸附起来也就越容易。这是因为离子在水溶液中都要和水分子发生水合作用形成水化离子,此时的半径才表达离子在溶液中的大小。当原子系数增加时,离子半径也会相应地有所增加,离子表面电荷密度相对减少;水化能降低、吸附的水分子减少,水化半径亦因之减小,离子对树脂活性基的结合力则增大。同价离子中水化半径小的能取代水化半径大的,但在非水介质中,在高温、高浓度下差别缩小,有时甚至相反。

2. 溶液的 pH

溶液的 pH 直接决定树脂交换基团及交换离子的解离程度,不但影响树脂的交换容量,对交换的选择性造成的影响也是不可忽视的。对于强酸、强碱性树脂,溶液 pH 主要是左右交换离子的解离度,决定它带何种电荷以及电荷量,从而可知它是否被树脂吸附或吸附的强弱。对于弱酸、弱碱性树脂,溶液的 pH 还是影响树脂解离程度和吸附能力的重要因素。但过强的交换能力有时会对交换的选择性造成一定的影响,同时增加洗脱的困难。对生物活性分子而言,过强的吸附以及剧烈的洗脱条件会增加变性失活的机会。另外,树脂的解离程度与活性基团的水合程度也有密切关系。

3. 离子强度

高的离子浓度必与目的物离子进行竞争,这样的话,有效交换容量就势必会减少。另一方面,蛋白质分子以及树脂活性基团的水合作用会因离子的存在得以增加,也会使得吸附选择性和交换速度得以降低。所以,一般在保证目的蛋白质的溶解度和溶液缓冲能力的前提下,尽可能采用低离子强度。

4. 有机溶剂的影响

离子交换树脂在水和非水体系中的行为是有区别的。有机溶剂的存在会使树脂收缩,这是由于结构变紧密降低了吸附有机离子的能力而相对提高了吸附无机离子能力的关系。有机溶剂使离子溶剂化程度降低,易水化的无机离子降低程度大于有机离子;有机溶剂会降低有机物的电离度。这两种因素就使得在有机溶剂存在时,对有机离子的吸附非常不利。利用这个特性,常在洗涤剂中添加适当的有机溶剂来洗脱难洗脱的有机物质。

5. 交联度、膨胀度、分子筛

对凝胶型树脂来说,交联度大、结构紧密、膨胀度小,树脂筛分能力大,促使吸附量增加,其交换常数亦大。相反,交联度小、结构松弛、膨胀度大,吸附量减少,交换常数值亦减小。

6. 树脂与离子间的辅助力

离子交换树脂与被吸附离子间的作用力除静电力外,辅助力也是多少存在着的。例如,尿素是一种中性物质,因能形成氢键,常用来破坏蛋白质中的氢键。所以,尿素溶液很容易将青霉素从磺酸树脂上洗脱下来。

除氢键外,树脂与被交换离子间的范德华力也存在着。例如,脂肪烃、苯环和萘环的树脂包含在骨架内,其对芳香族化合物的吸附能力依次相应增加;酚磺酸树脂对一价季铵盐类阳离子的亲和力随离子的水合半径的增加而增加,这种现象与无机离子的交换情况相反,这是由于吸附大分子时起主导作用的是范德华力而不是静电力。

第六节 萃取法

萃取是指任意两相之间的传质过程。在发酵产物分离中,有机酸、氨基酸、抗生素、维生素、激素和生物碱等生物小分子的分离和纯化可考虑使用传统的有机溶剂萃取的办法。20 世纪 60 年代末以来,相继出现了可应用于生物大分子如多肽、蛋白质、核酸等分离纯化的反胶团萃取等溶剂萃取法。20 世纪 70 年代以后,双水相萃取技术迅速发展,为蛋白质特别是胞内蛋白质的提取纯化提供了有效的手段。此外,液膜萃取以及利用超临界流体为萃取剂的超临界流体萃取技术的出现,使萃取方法更趋全面,适用于各种生物产物的分离纯化。下面重点介绍溶剂萃取和双水相萃取。

一、溶剂萃取

(一)溶剂萃取原理

1. 分配定律

在溶剂萃取过程中,通常将提供的溶液称为料液,水溶液居多;从料液中提取出来的物质称为溶质;用来萃取产物的溶剂常称为萃取剂;溶质转移到萃取剂中与萃取剂形成的溶液称为萃取液;被萃取出溶质后的料液称为萃余液。

在一定压力条件下,溶质分配在两个互不相溶的溶剂中,达到平衡时溶质在两相中的活度之比为一常数。如果是稀溶液,可用浓度来代替活度,则达到平衡时溶质在两相中的浓度之比为一常数。这一常数称之为分配系数 K,即

$$K = \frac{萃取相浓度}{萃余相浓度} = \frac{c_1}{c_2} \tag{8-10}$$

常温下 K 为常数,c 的单位通常用 mol/L 或质量单位 g/ml。

式(8-10)应用条件:①必须是稀溶液;②溶质对溶剂的互溶度没有影响;③必须是同一种分子类型,即缔合或解离的情况不会发生。

2. 弱电解质萃取的分配平衡

弱酸或弱碱性溶质在水相中存在电离现象,这种情况下,两相中的分配平衡不仅是需要考虑的,弱电解质在水相中的电离平衡也是需要考虑的一个方面,即要考虑应用条件③。例如,青霉素是一种弱酸,在水中会有一部分离解成负离子(青·COO⁻),而乙酸丁酯、乙酸戊酯或甲基异丁基酮为萃取青霉素的有机溶剂,极性都比较低,不能萃取带电荷的离子,在乙酸丁酯等有机相中则仅以游离酸分子(青·COOH)的形态存在。因此只有两相中的游离酸分子才符合分配定律。此时,同时存在着两种平衡,一种是青霉素游离酸分子在有机溶剂相和水相间的分配平衡;另一种是青霉素游离酸在水中的电离平衡。前者用分配系数 K_0 来表示,后者用电离常数 K_p 来表示,具体如图 8-5 所示。

图 8-5　青霉素的分配和电离水平

K_0 和 K_p 是客观存在的,但水相中的游离酸(如图 8-5 所示的青·COOH)浓度用目前的测定方法是无法单独测出的,测定得到的是(青·COOH＋青·COO⁻)的总浓度 c_2,在这种情况下,$\dfrac{c_1}{c_2}=K$,这里的 K(不是 K_0)称之为表观分配系数。而 K 和 K_0、K_p 的关系式可经理论推导如下

$$K=\frac{K_0[H^+]}{K_p+[H^+]}（弱酸）\tag{8-11}$$

$$K=\frac{K_0 K_p}{K_p+[H^+]}（弱碱）\tag{8-12}$$

从上面的公式可以看出,溶质在不互溶两相中的分配与萃取溶剂(决定 K_0)、水相的性质(如[H⁺])有关。

若原来料液中除溶质 A 以外,还含有溶质 B,则由于 A、B 的分配系数不同,萃取相中 A 和 B 的相对含量就区别于萃余相中 A 和 B 的相对含量。如 A 的分配系数较 B 大,则萃取相中 A 的含量(浓度)较 B 多,这样 A 和 B 就得到了一定程度的分离。可用分离因素(β)来表示萃取剂对溶质 A 和 B 分离能力的大小

$$\beta=\frac{\dfrac{c_{1A}}{c_{1B}}}{\dfrac{c_{2A}}{c_{2B}}}=\frac{\dfrac{c_{1A}}{c_{2A}}}{\dfrac{c_{1B}}{c_{2B}}}=\frac{K_A}{K_B}\tag{8-13}$$

式中,c 浓度,下标 1、2 表示的是萃取相和萃余相,A、B 表示的是溶质。

如果 A 是产物,B 为杂质,分离因数可写为

$$\beta=\frac{K_{产}}{K_{杂}}\beta=\frac{K_{产}}{K_{杂}}\tag{8-14}$$

β 越大,A、B 的分离效果越好,也就是说产物与杂质越容易分离。

(二)溶剂的选择

萃取操作的关键就是选择溶剂,它直接影响到萃取操作能否进行,对萃取产品的产量、质量和过程的经济性也有重要的影响。萃取过程的危险性大小和特点是由萃取剂的性质决定的。因此,当准备采用萃取操作时,首要的问题就是萃取溶剂的选择。

(1)萃取剂的选择性

"相似相溶"是选择萃取溶剂是所要依据的重要原则。萃取时所采用的萃取剂,必须对原溶液中欲萃取出来的溶质有显著的溶解能力,而对其他组分(稀释剂)应不溶或少溶,即萃取剂应有较好的选择性。

(2)萃取剂的物理性质

萃取剂的某些物理性质也对萃取操作产生一定的影响。

①密度。萃取剂必须在操作条件下能使萃取相与萃余相之间保持一定的密度差,以利于两液相在萃取器中能以较快的相对速度逆流后分层,使萃取设备的生产能力保证最大化。

②界面张力。萃取物系的界面张力较大时,细小的液滴比较容易聚结,有利于两相的分离,但界面张力过大,液体不易分散,难以使两相混合良好,需要较多的外加能量;界面张力小,液体易分散,但易产生乳化现象使两相难分离。

③黏度。萃取剂的黏度低,有利于两相的混合与分层,也有利于流动与传质,因而黏度小对萃取有利。有的萃取剂黏度大,其黏度就往往需要加入其他溶剂来进行调节。

(3)萃取剂的化学性质

萃取剂需有良好的化学稳定性,不易分解、聚合,并应有足够的热稳定性和抗氧化稳定性,对设备的腐蚀性要小。

(4)萃取的安全问题

毒性及是否易燃、易爆等,均为选择萃取剂时需要特别考虑的问题,并应设计相应的安全措施。

(5)萃取剂回收的难易

通常萃取相和萃余相中的萃取剂需回收后重复使用,这样一来,溶剂的消耗是无法避免的。回收萃取剂的难易程度决定了回收费用。有的溶剂虽然具有以上很多良好的性能,但往往由于回收困难而不被采用。

工业生产中常用的萃取剂可分为三大类:①有机酸或它们的盐,如脂肪族的一元羧酸、磺酸、苯酚等;②有机碱的盐,如伯铵盐、仲胺盐、叔胺盐、季铵盐等;③中性溶剂,如水、醇类、酯、醛、酮等。

(三)水相条件的影响及去乳化

由于产物所在的发酵液或水相中往往还存在与产物性质相近的杂质、未完全利用的底物、无机盐、供微生物生长代谢的其他营养成分等,这些物质对萃取过程的影响是必须要考虑的。

(1)pH

根据式(8-11)、(8-12)可见,pH 直接影响表观分配系数。pH 除影响 K 外,还可能对选择性有影响。例如,青霉素在 pH 2 萃取时,乙酸丁酯萃取液中青霉素烯酸可达青霉素含量的 12.5%,而在 pH 3 的条件下萃取,则降低至 4%。另外,pH 还应尽量选择在使产物稳定的范围内。

(2)温度

温度会影响生化物质的稳定性,所以一般在室温或低温下进行。同时,分配系数 K 也会受到温度的影响,因为温度通过影响溶质的化学位而影响溶质在两相中的分配。

(3)盐析

无机盐类如硫酸铵、氯化钠等一般可降低产物在水中的溶解度而使其更易于转入有机溶剂相中,另一方面还能减小有机溶剂在水相中的溶解度。但盐析剂用量要适宜,用量过多也有可能促使杂质一起转入溶剂相,同时其经济性也是需要考虑在内的,必要时要回收。

(4)带溶剂

为提高分配系数 K,常添加带溶剂。带溶剂是指这样一种物质,它们能和产物形成复合物,使产物更易溶于有机溶剂相中,该复合物在一定条件下又要容易分解。

（5）乳化与去乳化

乳化可使有机溶剂相和水相分层困难出现两种夹带，即发酵液废液中夹带有机溶剂微滴和溶剂相中夹带发酵液的微滴，前者意味着发酵单位的损失，后者会给以后的精制造成困难。产生乳化有时即使采用离心分离机也往往不能将两相分离完全，所以必须破坏乳化。

有很多破乳方法，如过滤或离心破乳法、化学法（加电解质中和离子型乳浊液的电荷）、物理法（加热、稀释、吸附等）、顶替法（加入表面活性更大，但因其碳链较短坚固的保护膜的物质形成起来比较有难度，取代界面上的乳化剂，如戊醇）、转型法（如在 O/W（水包油）中加入亲油性乳化剂，使乳化液有生成 W/O（油包水）的倾向，但稳定性又不是特别好，从而达到破乳的目的）。防止乳化是最好的方法，如蛋白质是乳化起因，就应设法去除蛋白质。

（四）萃取方法和理论得率计算

工业上萃取操作通常包括混合（料液和萃取剂形成乳浊液）、分离（乳浊液分离成萃取相和萃余相）和溶剂回收三个步骤。一般萃取过程在短时间内即可顺利完成，如果接触表面足够大，则在 15～60s 就可完成。所以也就有了"管道萃取"（管道内高度混合）和"喷射萃取"（用喷射泵）技术。

1. 单级萃取

单级萃取即使用一个混合器和一个分离器的萃取操作。如图 8-6 所示。

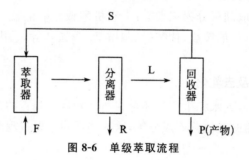

图 8-6　单级萃取流程

在图 8-6 中，料液 F 与萃取溶剂 S 一起加入混合器内搅拌混合萃取，达到平衡后的溶液送到分离器内分离得到萃取相 L 和萃余相 R，萃取相送至回收器，萃余相 R 为废液。在回收器内产物与溶剂分离（如蒸馏、反萃取等），溶剂则可循环使用。

萃取操作理论得率的计算须符合以下两个假定：①萃取相和萃余相很快达到平衡，即每一级都是理论级；②两相完全不互溶，在分离中能完全分离。

设 K 为分配系数，V_F 为料液体积，V_S 为萃取剂体积，E 为微萃取平衡后，溶质在萃取相与萃余相中数量（质量或物质的量）比值，即

$$E = K \frac{V_S}{V_F} = \frac{K}{m} \tag{8-15}$$

式中，m 表示浓缩比，即

$$m = \frac{V_F}{V_S}$$

令未被萃取的体积分数为 φ，即

$$\varphi = \frac{1}{E+1} \tag{8-16}$$

而理论收得率为

$$1-\varphi=\frac{E}{E+1}$$ (8-17)

2. 多级错流萃取

多级错流萃取是料液经萃取后，萃余液再与新鲜萃取剂接触，再进行萃取。其流程如图 8-7 所示。

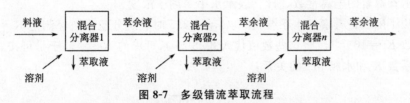

图 8-7　多级错流萃取流程

每级均需加新鲜溶剂是多级错流萃取流程的特点，故溶剂消耗量大，得到的萃取液产物平均浓度较稀，但萃取较完全。

由理论推导，经 n 级萃取后，多级错流萃取流程的产物收得率为

$$1-\varphi=1-\frac{1}{(E_1+1)(E_2+1)\cdots(E_n+1)}$$ (8-18)

3. 多级逆流萃取

多级逆流萃取是在萃取过程中，在第一级中加入料液，并逐渐向下一级移动，而在最后一级中加入萃取剂，并逐渐向前一级移动。料液移动的方向和萃取剂移动的方向相反。其流程如图 8-8 所示。

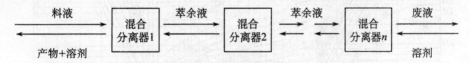

图 8-8　多级逆流萃取流程

多级逆流萃取流程的特点是料液走向和萃取剂走向相反，只在最后一级中加入萃取剂，故和错流萃取相比，萃取剂消耗少，萃取液产物平均浓度高，产物收得率最高。在工业上除非有特殊理由，基本上都采用的是多级逆流萃取流程。

由理论推导，经 n 级萃取后，多级逆流萃取流程的产物收得率分别为

$$1-\varphi=\frac{E^{n+1}-E}{E^{n+1}-1}$$ (8-19)

4. 萃取计算诺模图

为了便于选择合理的萃取条件和相应的设备，必须适当地分析主要因素对萃取过程的影响。则可利用未被萃取分配率 φ、浓缩倍数 m、水相 pH 和使用设备的理论级数 n 等定量联系的诺模图来完成。主要通过以下关联式进行计算

$$K=f(\mathrm{pH})$$

$$E=K\cdot\frac{1}{m}(萃取)\quad E=\frac{1}{K}\cdot\frac{1}{m}(反萃取)\quad \varphi=\frac{E-1}{E^{n+1}-1}$$

从上面三式分析可见，主要是求取在一定温度分配系数 K 和溶液 pH 的关系（m 和 n 是可以任选的），通过电子计算机运算即可描点绘图。

以青霉素为例，表观分配系数 K（溶剂相和水相中青霉素总浓度之比）和青霉素游离酸的分配系数 K_0 有如下关系

$$K = \frac{K_0[H^+]}{K_p + [H^+]} \tag{8-20}$$

式中，K_p 表示青霉素的电离常数，$[H^+]$ 表示水中氢离子浓度。

对于乙酸丁酯－青霉素－水系统，在 $0℃$，pH 2.5 时表观分配系数经测定 $K=30$，而青霉素的电离常数 $K_p = 10^{-2.75}$。将这些数值代入式(8-20)，可求的 $K_0 = 47$，于是可按式(8-12)计算表观分配系数 K 和水相 pH 的关系：

$$K = 47 \frac{1}{1 + 10^{pH-2.75}}$$

这就可以利用上面列出的关联式进行运算画出诺模图（图 8-9），理论收率或其他萃取条件可通过该图计算出来。

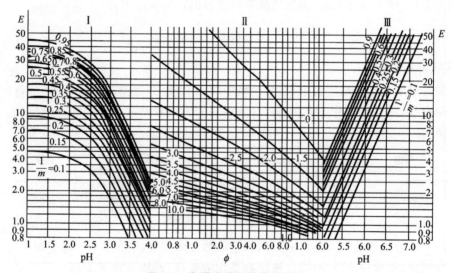

图 8-9　青霉素萃取计算诺模图

Ⅰ：$E = f(pH, m)$，适于青霉素自水相萃取到丁酯相；Ⅱ：$\phi = f(E, n)$；

Ⅲ：$E = f(pH, m)$，适于青霉素自丁酯相萃取到水相

图 8-9 中的左侧和右侧绘出萃取因素在不同的 $1/m$ 下与 pH 的关系，在诺模图的中间部分绘出青霉素的未被萃取的分配率 φ 与萃取因素 E 的关系。

二、双水相萃取

蛋白质分子在有机溶剂中溶解度低，不稳定，因此不能采用有机溶剂萃取。随着基因工程的商业化发展，适合生物大分子的生产和快速有效的分离纯化方法更受青睐。

某些亲水性高分子聚合物的水溶液超过一定浓度后可形成两相，并且在两相中水分均占很大比例，即形成双水相系统。双水相萃取技术在生物分离过程中的应用，为蛋白质特别是胞

内蛋白质的分离与纯化开辟了新的途径。

(一)双水相系统的形成

绝大多数亲水聚合物的水溶液,当与另一种亲水性聚合物混合并达到一定浓度时,就会形成两相,两种聚合物分别以不同的比例溶于互不相溶的两相中。

表 8-6 所示为各种类型的双水相系统。其中,A 类为两种非离子型聚合物;B 类为其中一种是带电荷的聚电解质;C 类为两种均是聚电解质;D 类为一种是聚合物,另一种是无机盐。

表 8-6　几种类型的双水相系统

类型	聚合物 1	聚合物 2 或盐
A	聚丙二醇(PEG)	聚乙二醇 聚乙烯醇 葡聚糖
	聚乙二醇	聚乙烯醇 葡聚糖 聚乙烯吡咯烷酮
B	DEAE 葡聚糖·HCl	聚丙二醇或 NaCl 聚乙二醇或 Li_2SO_4
C	羧甲基葡聚糖钠盐	羧甲基纤维素钠
D	聚乙二醇 聚乙二醇 聚乙二醇	磷酸钾 硫酸铵 硫酸钠

用于生物物质分离的体系有聚乙二醇(PEG)/葡聚糖和 PEG/无机盐。这两种聚合物是无毒性的,它们的多元醇或多糖结构还能使高分子稳定。

(二)影响分配系数的各种因素

影响双水相系统物质平衡的参数主要有聚合物的种类和浓度、聚合物的平均分子质量、盐的种类和浓度、体系的 pH 和温度、菌体或细胞的种类及含量等。通过最适条件的选择,较高的分配系数和选择性即可得以实现。双水相萃取法的一个重要特点是不需分离细胞碎片,可直接从细胞破碎悬浮液中萃取蛋白质,从而可以达到固液分离和纯化两个目的。如果体系的 pH 和电解质浓度被改变的话,还可进行反萃取。

1. 成相聚合物和浓度

影响分配平衡的重要因素就是成相聚合物的相对分子质量和浓度。同一类聚合物的疏水性随分子质量的增加而增加,萃取过程的目的方向决定了其大小的选择性。若降低聚合物的相对分子质量,则蛋白质易分配于富含该聚合物的相中。例如,PEG/葡聚糖系统的上相富含 PEG,若降低 PEG 的相对分子质量,则分配系数增大;若降低葡聚糖的相对分子质量,则分配系数减小。这一规律适用于任何成相聚合物系统和生物大分子溶质。

以双水相萃取糖化酶为例,结果(表 8-7)表明,PEG 平均分子质量增大,分配系数降低。当相对分子质量为 400 时,$K>1$,酶主要分布于上相;当相对分子质量大于 400 时,$K<1$,酶主要分布于下相。这是因为随着 PEG 分子质量的增加,其端基数目减小,而疏水性增加,使糖化酶在上相的表面张力增大,从而转入下相。由此可见,为了让酶积聚于上相,平均分子质量为 400 的 PEG 是首选。

表 8-7　PEG 平均分子质量对糖化酶萃取分配平衡的影响

系统	K	R	$Y/\%$
PEG400(31.36%)/(NH$_4$)$_2$SO$_4$(14.05%)	6.28	4.75	96.8
PEG1000(21.77%)/(NH$_4$)$_2$SO$_4$(12.76%)	0.26	3.0	43.5
PEG4000(12.67%)/(NH$_4$)$_2$SO$_4$(12.14%)	0.30	4.1	59.8
PEG6000(15.76%)/(NH$_4$)$_2$SO$_4$(12.34%)	0.03	1.2	2.1

注:K 为分配系数;R 为纯化因子(纯化后比活力/纯化前比活力);Y 为收率。

2. 盐的种类和浓度

盐的种类和浓度对分配系数的影响主要反映在对相间电位和蛋白质疏水性的影响。在双聚合物系统中,无机离子具有各自的分配系数。表 8-8 列出了各种离子在 PEG/葡聚糖系统中的分配系数,可以看出,不同电解质正负离子的分配系数是有一定差异的。当双水相系统中含有这些电解质时,由于两相均应各自保持电中性,不同的相间电位得以产生。因此,蛋白质、核酸等生物大分子的分配系数都会受到盐的种类(离子组成)的影响。

表 8-8　一些正负离子的分配系数

正离子	分配系数(K)	负离子	分配系数(K)
K$^+$	0.0824	I$^-$	1.42
Na$^+$	0.889	Br$^-$	1.21
NH$_4^+$	0.92	Cl$^-$	1.12
Li$^+$	0.996	F$^-$	0.912

注:8%(质量分数)PEG4000,8%(质量分数)葡萄糖 500,盐浓度 0.020~0.025mol/L,25℃。

盐浓度不仅影响蛋白质的表面疏水性,而且扰乱双水相系统,改变各相中成相物质的组成和相体积比。例如,PEG/磷酸钾系统中,上下相的 PEG 和磷酸钾浓度以及 Cl$^-$ 在上、下相中的分配平衡随添加的 NaCl 浓度的增大而改变。这种相组成的改变直接影响蛋白质的分配系数。离子强度对不同蛋白质的影响程度不同,利用这一特点,通过调节双水相系统的盐浓度,不同的蛋白质得以萃取出来。

3. pH

pH 影响蛋白质的解离度,调节 pH 可改变蛋白质的表面电荷数,因而改变分配系数。因此,pH 与蛋白质的分配系数之间存在一定的关系。另外,pH 影响磷酸盐的解离,即影响系统的相间电位和蛋白质的分配系数。对某些蛋白质,pH 的很小变化会使分配系数改变 2~3 个数量级。

4. 温度

双水相系统的相图会受温度的影响,因而影响蛋白质的分配系数。但一般来说,当双水相系统离临界点足够远时,温度的影响就相对小一些,1℃～2℃的温度改变对目标产物的萃取分离几乎不会造成任何影响。这是基于以下原因:

①成相聚合物 PEG 对蛋白质有稳定作用,常温下蛋白质一般不会发生失活或变性。

②常温下溶液浓度较低,容易相分离。

③常温操作节省冷却费用。

大规模双水相萃取操作,一般采用在常温下进行。

(三)双水相萃取的应用

双水相萃取法可选择性地使细胞碎片分配于双水相系统的下相,而酶分配于上相,同时实现产物的部分纯化和细胞碎片的除去,从而节省利用离心或膜分离去除碎片的操作过程。因此,双水相萃取应用于酶的分离纯化是非常有利的。表 8-9 所示为利用双水相萃取技术纯化胞内酶的部分研究结果。

表 8-9　双水相萃取胞内酶的示例

酶	细胞	双水相系统	收率/%	纯化倍数
过氧化氢酶	波伊丁假丝酵母	PEG/葡聚糖	81	—
甲醛脱氢酶		PEG/葡聚糖	94	—
甲醛脱氢酶		PEG/D 盐	94	1.5
异丙醇脱氢酶		PEG/D 盐	98	2.6
α-葡萄糖苷酶	酿酒酵母	PEG/D 盐	95	3.2
葡萄糖-6-磷酸脱氢酶		PEG/D 盐	91	1.8
己糖激酶		PEG/D 盐	92	1.6
葡萄糖异构酶	链霉菌	PEG/D 盐	86	2.5
亮氨酸脱氢酶	芽孢杆菌	PEG/D 盐	98	1.3
丙氨酸脱氢酶		PEG/D 盐	98	2.6
葡萄糖脱氢酶		PEG/D 盐	95	2.3
β-葡萄糖苷酶		PEG/D 盐	98	2.4
D-乳酸脱氢酶		PEG/D 盐	95	1.5
延胡索酸酶	短杆菌	PEG/D 盐	83	7.5
苯丙氨酸脱氢酶		PEG/D 盐	99	1.5
天冬氨酸酶	大肠杆菌	PEG/D 盐	96	6.6
青霉素酰苷酶		PEG/D 盐	90	8.2
β-半乳糖苷酶		PEG/D 盐	75	12.0
支链淀粉酶	肺炎克雷伯氏菌	PEG/Dx	91	2.0

注:细胞质量浓度多为 $200g/L$,一般在 $100～300g/L$。

第七节　膜分离技术

一、膜分离技术的原理

膜分离技术是指利用具有一定选择性透过特性的过滤介质(如高分子薄膜),将不同大小、不同形状和不同特性的物质颗粒或分子进行分离的技术。膜分离技术是人类最早应用的分离技术之一,如酿酒业中酒的过滤,从天然植物(如中草药)中提取有效成分等。随着膜技术的发展,人们对分离装置的改进及生产的工业化,微滤和超滤等新技术的重视度越来越高。目前,膜分离技术已在电子工业、食品工业、医药工业、环境保护和生物工程等领域得到广泛应用,取得的经济效益和社会效益非常可观。

液体中的物质主要通过直接拦截、惯性冲撞及扩散拦截这三种方式实现分离。

直接拦截是指物料通过滤膜时,大或等于滤膜孔径的颗粒在不能穿过滤膜情况下,受到滤孔的拦截而被截留。直接拦截的本质是一种筛分效应,属于机械拦截颗粒作用。滤膜通道可呈弯曲结构,所以具有的截留能力是非常高的。而且,在滤膜过滤过程中,由于物料中的颗粒呈不规则形状或多个颗粒会同时撞到一个滤孔而被滤膜截留出现"搭桥现象",即滤膜能截留小于滤膜孔径的颗粒。

惯性撞击是指液体流入滤膜上的孔道时,流体携带的尺寸比滤材孔径的颗粒要小,由于自身的理化性质和线速度及流体具有的直线运动的惯性,结果使颗粒离开流体中心,撞击并吸附在滤材上表面。滤材表面和颗粒的不同电荷、范德华力的相互作用才有了颗粒通过撞击被吸附在滤材上的作用机制。由于大多数需过滤的颗粒都带负电荷,如细菌、支原体、病毒、酵母、硅颗粒、细菌内毒素及核酸、蛋白质分子等,生产厂家特地在某些滤材上设计成在水溶液中产生正电势,使颗粒接触到滤材表面时由于吸引力的作用而被阻截。

扩散拦截是流体中尤其是气体通过滤膜的弯曲通道时,微小颗粒的布朗运动使这些小的颗粒从流体中游离开来,因而增加了颗粒碰撞过滤介质的机会并被吸附而截留。

每种方式所起作用的程度与颗粒尺寸大小及滤材的性质等有关。颗粒尺寸不同时,三种原理所起作用和效率也有一定的差别,如颗粒尺寸大于孔道时,膜分离原理则以直接拦截为主;颗粒尺寸小时或更小时则分别以惯性拦截和扩散拦截原理为主。实际上,无论是液体还是气体,这3种原理都存在,只是作用强弱程度有所差异而已。由于这三种方式的共同作用而使过滤分离效率增强。

膜分离技术具有如下优点。

①处理效率高,设备易于放大。

②可在室温或低温下操作,适宜于热敏感物质分离浓缩。

③化学与机械作用强度最小,减少发酵产物失活。

④无相转变,节省能耗。

⑤有相当好的选择性,可在分离、浓缩的同时达到部分纯化的目的。

⑥选择合适的滤膜与操作参数,即可获得较高的回收率。

⑦系统可密闭循环,防止外来污染。

⑧不外加化学物质,透过液(酸、碱或盐溶液)可循环使用,降低了成本,对环境的污染也得以有效减少。

在膜分离技术中,通常用微米作为微孔滤膜孔径的计量单位。各种膜分离技术的应用范围列于表 8-10 所示。

表 8-10　各种膜分离技术的应用

膜过程	分离机理	分离对象	孔径/nm
粒子过滤	体积大小	固体粒子	＞10000
微滤	体积大小	$0.05 \sim 10 \mu m$ 的固体粒子	$50 \sim 10000$
超滤	体积大小	分子量为 $1000 \sim 1000000$ 的分子、胶体	$2 \sim 50$
纳滤	溶解扩散	离子、分子量<100 的有机物	＜2
反渗透	溶解扩散	离子、分子量<100 的有机物	＜0.5
渗透蒸发	溶解扩散	离子、分子量<100 的有机物	＜0.5

二、反渗透

在一个容器中间用一张可透过溶剂(水),但不能透过溶质的膜隔开,两侧分别加入纯水和含溶质的水溶液。若膜两侧压力相等,在浓度差的作用下作为溶剂的水分子从溶质浓度低(水浓度高)的一侧(纯水)向浓度高的一侧(含溶质的水溶液)透过,这种现象称为渗透。渗透压即为促使水分子透过的推动力。当水溶液与纯水之间的压差等于渗透压时,达到平衡状态[图 8-10(a)]。渗透压与溶质的浓度成正比。

$$\pi = RTC_B \tag{8-21}$$

式中,π 表示渗透压,kPa;R 表示气体常数,8.314kJ·mol^{-1}·K^{-1};T 表示热力学温度,K;C_B 溶质浓度,mol·m^{-3}。

从式(8-21)可以看出,溶质浓度越高,渗透压越大。如果欲使 B 侧溶液中的溶剂(水)透过到 A 侧,在 B 侧所施加的压力必须大于此渗透压,这种操作称为反渗透(Reverse Osmosis,RO)[图 8-10(b)]。理想的反渗透膜应被认为是无孔的,溶解扩散是其被公认的分离的基本原理。膜孔径为 $0.1 \sim 1$nm。采用压力为 $1 \sim 10$MPa。

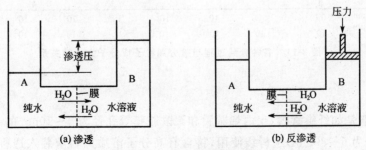

图 8-10　渗透与反渗透示意

三、超滤和微滤

超滤(ultrafiltration,UF)和微滤(microfiltration,MF)与反渗透一样,都是利用膜的筛分性质,以压差为传质推动力。但与 RO 膜相比,UF 膜和 MF 膜具有的孔道结构非常明显,主要用于截留高分子溶质或固体微粒。UF 膜的孔径较 MF 膜小,主要用于处理不含固形成分的料液,其中分子量较小的溶质和水分透过膜,而分子量较大的溶质被截留。因此,超滤是根据大分子溶质之间或大分子与小分子溶质之间分子量的差别进行分离的方法。筛分原理为超滤分离的原理,在有些情况下也受粒子荷电性与荷电膜相互作用的影响。超滤过程中,膜的孔径为 $0.001\sim0.05\mu m$,对应的分离分子量为 $3000\sim1000000$ 的可溶性大分子物质,膜两侧渗透压差较小,所以操作压力比反渗透低,一般为 $0.11\sim1.0MPa$。微滤一般用于悬浮液(粒子粒径为 $0.1\mu m$ 至数微米)的过滤,在生物分离中,菌体的分离和浓缩使用微滤的比较多。微滤过程中膜两侧的渗透压差可忽略不计,由于膜孔径较大($0.05\sim10\mu m$),操作压力比超滤更小,一般为 $0.05\sim0.5MPa$,主要截留直径为 $0.05\sim10\mu m$ 大小的粒子。RO、UF 和 MF 等膜分离法与物质尺寸之间的关系由图 8-11 给出。可以看出,RO 法适用于 1nm 以下小分子的浓缩;UF 法适用于分离或浓缩直径 $1\sim50nm$ 的生物大分子(如蛋白质、病毒等);MF 法适用于细胞、细菌和微粒子的分离,目标物质的大小范围为 $0.01\sim10\mu m$。

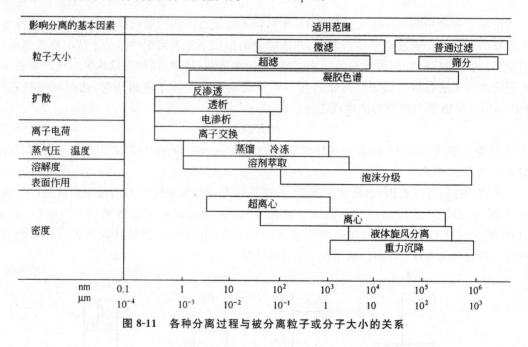

图 8-11　各种分离过程与被分离粒子或分子大小的关系

四、透析

透析膜一般是如纤维素膜、聚丙烯腈膜和聚酰胺膜等孔径为 $5\sim10nm$ 的亲水膜。一般制作成管状(直径为 $5\sim80mm$)透析袋使用,将含有高分子溶质的料液装入透析袋中,封口后浸入到纯水或缓冲液(透析液)中,由于透析膜内外的溶质浓度不同,在浓度差的作用下,透析袋内的小分子溶质(如无机盐)透向膜外,透析袋外部的水透向袋内,这就是透析。透析过程中透析膜内无流体流动,溶质以扩散的形式移动,如图 8-12 所示。

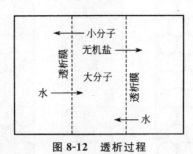

图 8-12　透析过程

　　处理量较大时,常常使用比表面积较大的中空纤维透析装置来提高透析速率。在生物分离方面,主要用于生物大分子溶液的脱盐。由于透析过程以浓度差为传质推动力,膜的透过通量很小,不适于大规模生物分离过程,仅在实验室中应用较多。

　　为了获得高纯度的目标产物,通过浓缩操作后获得的浓缩液首先要进行粗分离,通常选用沉淀分离或吸附分离等单元操作来实现。

第八节　色谱分离技术

　　色谱分离(chromatographic separation)亦称色层分离,它是一种物理分离方法,利用多组分混合物中各组分物理化学性质(如吸附力、分子极性、分子形状和大小、分子亲和力等)的差别,使各组分以不同程度分布在两相中。其中一相是固定的,称为固定相;另一相则流过此固定相,称为流动相。当多组分混合物随流动相流动时,由于各组分物理化学性质的差别而以不同的速率移动,使之分开。效率高、应用范围广、选择性强、高灵敏度的在线检测、快速分离和易于实现过程控制和自动化操作等都是色谱分离的特点。根据溶质分子与固定相相互作用的机理不同,色谱分离可分为:吸附色谱、离子交换色谱、凝胶色谱、亲和色谱以及逆流色谱等。下面重点介绍:吸附色谱、离子交换色谱、凝胶色谱以及亲和色谱。

一、色谱分离中的概念

1. 固定相和流动相

　　固定相由色谱基质组成,包括固体物质(如吸附介质)和液体物质(如固定在纤维素或硅胶上的溶液),这些物质能与相关的化合物进行可逆性的吸附、溶解和交换作用。在色谱过程中推动固定相上的物质向一定方向移动的液体或气体即为流动相。在柱色谱时,流动相又称洗脱剂(即推动有效成分或杂质向一定方向移动的溶剂)。在薄层色谱时流动相又称为展层剂。以基质为固定相(柱状或薄层状),以液体或气体为流动相,有效成分和杂质在这两个相中连续多次地进行分配、吸附或交换作用,最终结果是使混合物得到分离。图 8-13 是表示柱色谱床有关参数的直观示意图。

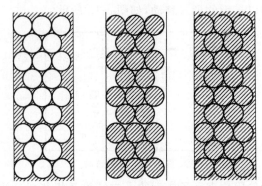

图 8-13　色谱床的外水体积(V_o)内水体积(V_i)和总体积(V_t)

2. 床体积(V_t)

通常情况下,床体积是指膨胀后的基质在色谱柱中所占有的体积(V_t)。V_t是基质的外水体积(V_o)和内水体积(V_i)以及自身体积(V_g)的总和。即

$$V_t = V_o + V_i + V_g \qquad (8-22)$$

式中,V_o指基质颗粒之间体积的总和;V_i是指基质颗粒内部体积的总和;V_g指基质自身所具有的体积;床体积和基质性质的变化会导致V_o、V_i和V_g发生变化(图 8-13)。

3. 洗脱体积

某一成分从柱顶部到底部的洗脱液中出现浓度达到最大值时的流动相体积即为洗脱体积。用V_e来表示。

4. 膨胀度

在一定溶液中,单位质量的基质充分溶胀后所占有的体积,用W_B表示。即每克溶胀基质所具有的床体积。一般亲水性基质的膨胀度比疏水性的基质大,这点非常明显。

5. 操作容量

在特定条件下,某种成分与基质反应达到平衡时,存在于基质上的饱和容量,一般以每克(或毫升)基质结合某种成分的 mmol 或 mg 来表示。其数值的大小跟基质对某种成分结合力的强弱呈正比例关系。

6. 分配系数和迁移率

分配系数(distribution coefficient)是指一组分在固定相与流动相中含量的比值,常用K表示。而迁移率(mobility rate)是指一组分在相同时间内,在固定相移动的距离与流动相移动距离的比值,常用R_f表示。K值大,就表明规定的组分对固定相结合力大,迁移率小。反之则结合力小,迁移率大。不同物质的分配系数和迁移率是存在一定差异的。采用色谱方法能否实现分离是由物质之间的分配系数或迁移率差异程度决定的。其差异程度越大分离效果就越好。

二、吸附色谱

吸附色谱是利用固定相介质表面的活性基团对不同溶质分子发生吸附作用的强弱不同而

进行分离的方法。

(一)吸附柱色谱的基本原理

在吸附色谱法中,使用的固定相基质是颗粒状的吸附剂。许多随机分布的吸附位点分布在吸附剂的表面上,这些位点通过范德华力和静电引力与生物分子结合,其结合力的大小与各种生物分子的结构和吸附介质的性质有密切关系。例如,当把含结构不同的 A、B 两种物质的混合溶液加至装有吸附介质的色谱柱上(图 8-14)时,注入适宜的洗脱剂,控制一定的速度让其向下流动,便可借助 A、B 两种物质与吸附介质结合力的差异性将二者分离。假如吸附介质对 A 的结合力小于 B 时,则 B 留在柱子上部,A 移至柱子的下部,换句话说,A、B 两物质在柱上得以分离,也是由于 A、B 两物质在固定相(吸附剂)与流动相(洗脱剂)之间的分配系数(即物质在固定相中的浓度除以它在流动相中的浓度)不同所致。如果 A 物质分配系数小于 B 物质时(吸附介质对 A 的结合力小于 B),则 A 在柱子上移动的速度大于 B。混合物在色谱柱中的分离过程,本质上来看就是吸附、解吸附、再吸附的连续过程,或者是在固定相与流动相之间连续分配的过程。

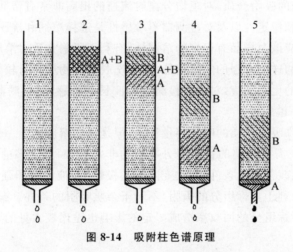

图 8-14　吸附柱色谱原理

1—吸附色谱柱;2—加入 A、B 混合样品;3—洗脱时,A 与 B 开始分离;
4—A 与 B 完全分离;5—先收集 A 物质

(二)吸附介质和洗脱条件的选择

吸附分离技术的关键环节就是吸附介质的选择,选择不当,则分离效果就会跟预期的分离效果有出入。吸附介质的种类繁多,目前尚无固定的选择法则,一般要通过小样预实验来确定。需要说明的是,有时同一种吸附介质由于其制备工艺和处理方法不同,其吸附能力有明显差异也是比较常见的。如活性炭经 500℃ 处理后,具有吸附酸性物质而不吸附碱性物质的能力。在 800℃ 活化后对碱性化合物具有较强的吸附能力,而对酸性化合物丧失了吸附能力。硅胶和磷酸钙吸附介质的吸附能力与制备过程中老化程度有关。尽管选择吸附剂的不定因素很多,但是在选择吸附剂时以下几种因素也是需要考虑的。

(1)被分离物质的特性

确定选择极性吸附剂还是非极性吸附剂需要根据分离物质的特性来决定。通常分离极性物质选择极性吸附介质,非极性物质选择非极性吸附介质。

（2）吸附介质的通用性

选择多功能的吸附介质,在不同色谱条件下具有的吸附能力也是有差异的,这类吸附介质有利于分离多组分混合样品。

（3）吸附介质的容量

通常选择比表面积大、吸附容量大的吸附介质,这样较多的样品的分离使用较少的吸附介质即可实现,提高分离效率。吸附容量与比表面积有很大的关系,比表面积大的介质通常颗粒较细,流速较慢。

（4）吸附介质的稳定性

选择的吸附介质理化性质稳定,吸附介质与溶剂、洗脱剂、样品之间不发生化学反应,这样一来,分离样品的纯度和吸附介质的使用寿命就得到了有效保证。

（5）吸附介质的刚性

通常选择刚性较强的吸附介质。吸附介质的刚性、颗粒的均匀度是一个很重要的技术参数。刚性好、粒度均匀的吸附介质,对色谱分离时流速的提高非常有帮助。

对样品的溶解度和稳定性以及对检测器不敏感性是选择溶剂和洗脱剂时需要考虑的主要因素。一种好的溶剂应该对样品有很好的溶解性,有利于吸附介质对溶质的吸附;而洗脱剂则对被吸附在吸附剂上的样品有强的解吸附能力,被洗脱下的物质具有较好的稳定性,不发生聚合、沉淀、变性和相关的化学反应,对光谱检测器的波长不敏感、对检测器的导电性不敏感、对pH检测器的酸碱度不敏感等。

在一定条件下也许吸附介质的吸附容量很大,但是吸附溶质的专一性很差,虽然介质吸附了很多的溶质,而真正需要分离的目标组分吸附的非常有限,且更多的是杂质。遇到这种情况,则要在一定程度上改善吸附条件,如改变溶剂的极性、溶液的离子强度或在溶液中加入一些添加剂等,使之成为利于目标组分的吸附、不利于杂质吸附的条件。有时改变溶剂的极性或溶液的离子强度,对目标组分的回收率造成一定的影响也是比较常见的。

（三）常用吸附剂

1. 活性炭

具有价格低廉、吸附力强、分离效果较好的特点。活性炭是非极性吸附剂,因此在水溶液中吸附力最强,在有机溶剂中吸附力就相对要弱一些。在一定条件下,对不同物质的吸附力不同,但一般遵循下列规律。

对极性基团多的化合物（含—COOH、—NH$_2$、—OH 等）的吸附力大于极性基团少的化合物。例如,活性炭对羟脯氨酸的吸附力大于脯氨酸,之所以会有这种情况出现是因为前者比后者多一个羟基。又如。因为酸性氨基酸中的羧基比中性氨基酸多,碱性氨基酸中的氨基（或其他碱性基团）比中性氨基酸多,所以,活性炭对酸性氨基酸和碱性氨基酸的吸附力大于中性氨基酸。

对芳香族化合物的吸附力大于脂肪族化合物。芳香族氨基酸与脂肪族氨基酸的分开可通过此性质得以实现。

活性炭对分子量大的化合物的吸附力大于分子量小的化合物。例如,对肽的吸附力大于氨基酸,对多糖的吸附力大于单糖。

发酵液的 pH 与活性炭的吸附效率密切相关,一般碱性抗生素在中性情况下吸附,酸性条件下解吸;酸性抗生素在中性情况下吸附,碱性条件下解吸。

2. 大孔吸附树脂

大孔吸附树脂是一种具有多孔立体结构人工合成的聚合物吸附剂,它的发展是建立在离子交换剂和其他吸附剂应用的基础上的,是依靠它和被吸附的分子(吸附质)之间的范德华引力,通过它巨大的比表面进行物理吸附而工作的。在实际应用中对一些与其骨架结构相近的分子如芳香族环状化合物具有很强的吸附能力。

与经典吸附剂活性炭比起来,大孔吸附剂树脂具有许多优点,如脱色去臭效力与活性炭相当;对有机物质具有良好的选择性;物理化学性质稳定,机械强度好,经久耐用;吸附树脂品种多,可根据不同需要选择不同品种;吸附树脂吸附速度快,易解吸,易再生;吸附树脂一般直径在 0.2～0.8mm 之间,不污染环境,使用起来非常方便。在化学药物、抗生素、维生素、中草药有效成分等方面的提取分离、浓缩、纯化、脱盐、中和及脱色过程中发挥着越来越重要的作用。大孔树脂吸附剂的主要缺点是价格较贵,吸附效果易受流速和溶质浓度等因素影响。

大孔吸附树脂按可分为非极性、中等极性和极性吸附剂,这是按照骨架极性的强弱来划分的,表 8-11 列出了美国罗姆—哈斯公司生产的 XAD 系列大孔吸附树脂的主要型号、特性与性能及在发酵工业中的主要用途。表 8-12 列出了大孔吸附树脂产品特性及使用方法。

表 8-11　XAD 系列大孔吸附树脂的主要型号、特性及主要用途

型号	骨架类型	极性	主要用途及特性
XAD4	聚苯乙烯	非极性	从发酵液或样品溶液中和极性溶剂中除去小分子有机物;回收和再循环使用酚和芳香族等物质;皂甙的提取
XAD7HP	聚烷酯	弱极性	从非极性溶液中吸附极性物质;从极性溶液中吸附非芳香族化合物,如吸附酯类、酮类和脂肪族物质;抗生素、酶和蛋白质的纯化,酶的固定化
XAD16HP	聚苯乙烯	非极性	抗生素、维生素、类固醇、氨基酸、酶等的分离纯化;从极性溶剂中分离、回收非极性物质,如苯酚
XAD1600	聚苯乙烯	非极性	发酵所得抗生素、水溶性类固醇、氨基酸、蛋白质的提取纯化使用的比较多
XAD761	酚醛树脂	极性	发酵生产中有机酸、氨基酸和生物碱类物质的脱色、蛋白质去苦味、酶载体

表 8-12　大孔吸附树脂产品特性及使用方法

步骤	流速	流量	备注
填充装柱			湿法装柱,树脂装填高度小于 3 米
逆流洗柱			小粒子及破碎树脂可通过水洗除去
前处理	1~5BV/h	3BV	用乙醇等进行预处理
水洗脱	1~5BV/h	3BV	必要时根据吸附剂的 pH 使用缓冲溶液
吸附	1~4BV/h	根据吸附量	应在吸附容量以下。pH 5~8,温度＜50℃。上柱药液加入 NaCl 有利于提高吸附容量
水洗	2~3BV/h	0.5~1BV	将吸附在树脂上的杂质洗出
解吸	0.5~3BV/h	2~3BV	乙醇、丙酮等的(含水)溶液溶出有效成分。温度高的话,解析起来会更加容易
再生	0.5~3BV/h	3~4BV	多次应用乙醇、丙酮、碱＋乙醇、碱＋异丙醇等溶剂
水洗	2~3BV/h	3~4BV	碱再生后加入酸中和

注:树脂柱内装置树脂的体积成为床容积(bed volume,BV)。树脂柱工作时的各种物料量都以 BV 为单位。

由于是分子吸附,而且大孔吸附剂树脂对有机物质的吸附能力一般低于活性炭,所以解吸比较容易。通常用低级醇、酮或其水溶液解吸,可用碱来解析弱酸性溶质,反之,可用酸来解析弱碱性溶质。如果吸附是在高浓度盐类溶液中进行,则常用水洗就能解吸下来。

三、离子交换色谱技术

离子交换色谱技术(ion exchange chromatograph technology)是以离子交换剂作为固定相,液体为流动相的系统中进行的物质分离技术。在生化物质的分析、制备、纯化,以及溶液的中和、脱色、金属离子的回收等使用的比较多。

(一)离子交换色谱原理

离子交换树脂是一种不溶于酸、碱和有机溶剂的固态高分子聚合物,化学性质稳定,具有离子交换能力。高分子聚合物可以分为两部分:①是不能移动的、多价的高分子基团,构成树脂的骨架,使树脂具有化学稳定性;②是可移动的离子,称为活性离子,它在树脂骨架中的进出就发生离子交换现象,高分子的惰性骨架和单分子的活性离子,带有相反的电荷,而共处于离子交换树脂中,从电化学的角度讲,离子交换树脂是一种不溶解的多价离子,可移动的带有相反电荷的离子存在于其周围;从胶体化学角度讲,离子交换树脂是一种均匀的弹性亲液凝胶,活性离子是阳离子的称为阳离子交换树脂;活性离子是阴离子的称为阴离子交换树脂,一般是由基质、电荷基团(或功能基团)和反离子构成离子交换剂,常用的离子交换树脂如表 8-13 所示。另外,还有大网格树脂,具有不均匀的两相结构,包括空隙和凝胶两部分,称为非凝胶型树脂。

表 8-13　常用的离子交换树脂

基质	电荷基团	反离子	商品名
纤维素	$-O-CH_2-COO-$	Na^+	CM—纤维素
纤维素	$-O-(CH_2)_2-N^+H(C_2H_5)_2-$	Cl^-	DEAE—纤维素
聚苯乙炔	SO_3-	Na^+	732 阳离子树脂
聚苯乙炔	$-N^+(CH_2)_4$	Cl^-	717 阴离子树脂

　　离子交换剂与水溶液中离子或离子化合物的反应主要以离子交换方式进行,或者借助于离子交换剂上电荷基团对溶液中离子或离子化合物的吸附作用进行。这些过程都是可逆的。假设以 RA 代表阳离子交换剂,它在溶液中解离出来的阳离子 A^+ 与溶液中的阳离子 B^+ 能发生可逆的交换反应,反应式如下。

$$RA+B^+ \rightleftharpoons RB+A^+$$

　　上述反应能够在短时间内达到平衡,平衡的移动遵循质量作用定律。离子交换剂对溶液中不同离子具有的结合力也是不同的,由离子交换剂的选择性决定了这种结合力的大小。离子交换剂的选择性可用其反应的平衡常数 k_A^B 来表示,即:

$$k_A^B = \frac{C_{RB}C_{A^+}}{C_{RA}C_{B^+}} \tag{8-23}$$

　　如果在反应溶液中 C_{A^+} 物质的量浓度与 C_{B^+} 的相等时,$k_A^B = \frac{C_{RB}}{C_{RA}}$,如 $k_A^B > 1$,即 $C_{RB} > C_{RA}$,表示离子交换剂对 B^+ 的结合力要比对 A^+ 的大;如 $k_A^B = 1$,即:$C_{RB} = C_{RA}$,表示其对 B^+ 和 A^+ 的结合力相同;$k_A^B < 1$,即:$C_{RB} < C_{RA}$,表示其对 B^+ 的结合力要比对 A^+ 的小。离子交换剂对不同离子结合力或选择性的参数可通过 k_A^B 值反映出来,所以称 k_A^B 值为离子交换剂对 A^+ 和 B^+ 的选择系数。强酸性(阳性)离子交换剂对 H^+ 的结合力比对 Na^+ 的小;强碱性(阴性)离子交换剂对 OH^- 的结合力比对 Cl^- 的小得多;弱酸性离子交换剂对 H^+ 的结合力远比对 Na^+ 的大;弱碱性离子交换剂对 OH^- 的结合力比对 Cl^- 的大。因此在应用离子交换剂时,采用何种反离子进行电荷平衡是决定吸附容量的重要因素。

　　离子交换剂与各种水合离子(离子在水溶液中发生水化作用而形成)的结合力正比于离子的电荷量,而与水合离子半径的平方成反比。所以,离子价数越高,结合力越大。在离子间电荷相同时,则离子的原子序数越高,水合离子半径越小,结合力也就越大。在稀溶液中离子发生水化时,各种阴离子和阳离子结合力大小的排列次序如下:一价离子:$Li^+ < Na^+ < K^+ < Rb^+ < Cs^+$(对阳离子交换剂);二价离子:$Mg^{2+} < Ca^{2+} < Sr^{2+} < Ba^{2+}$(对阳离子交换剂);一价阴离子:$F^- < Cl^- < Br^- < I^-$(对阴离子交换剂);不同价阳离子:$Na^+ < Ca^{2+} < Al^{3+} < Ti^{4+}$(对阳离子交换剂)。只有在稀溶液中这些排列次序才适用。而在非水溶液且浓度和温度均较高时,由于离子水化作用减弱或根本不发生,离子交换剂结合力的顺序不同,或完全颠倒排列。

　　两性离子的蛋白质、酶类、多肽等物质与离子交换剂的结合力,是由它们的物理化学性质和在特定 pH 条件下呈现的离子状态决定的。pH 低于等电点(pI),能被阳离子交换剂吸附;pH 高于 pI,能被阴离子交换剂吸附。相同的 pH 条件下,且 pI>pH 时,pI 越高,碱性越强被阳离子交换剂吸附起来就更加的容易。对于呈胶体状态的大分子物质一般采用选择性好的弱酸性离子交换剂,希望其交联度小,孔隙大,利于大分子物质渗透入网孔中进行离子交换。

(二)离子交换剂的分类及特征

离子交换剂可以分为疏水性离子交换剂和亲水性离子交换剂,这是根据离子交换剂基质的组成和性质进行划分的。

疏水性离子交换剂(hydrophobic ion exchanger)中的基质是一种人工合成的、与水结合力较小的树脂物质。常用的一类是由苯乙烯和二乙烯苯合成的聚合物,其中二乙烯苯是交联剂.它能把聚乙烯苯直链化合物以相互交叉的方式连接成类似海绵状的结构,在此结构中不同的电荷基团以共价键方式被引入进来。这种离子交换树脂若以电荷基团的性质可分为阳离子交换树脂与阴离子交换树脂(分别都包括强、中、弱 3 种电荷基团)和螯合离子交换树脂(对金属离子有较强的选择性)。阳离子交换剂(cationite)的电荷基因带负电,反离子带正电。这种交换剂可以与溶液中的正电荷化合物或阳离子进行交换反应。根据电荷基团的强弱,又可分为:强酸型(即带磺酸基团的树脂,简写为 RSO_3H,R 代表树脂),中强酸型[即带磷酸基团 $RPO(OH)_2$ 和亚磷酸基团 $R-PH-OH$ 的树脂]和弱酸型(即带羧基的和酚基的树脂)。在树脂中分别引入季胺[$-N(CH_3)_3$]、叔胺[$-N(CH_3)_2$]、仲胺[$-NHCH_3$]和伯胺($-NH_2$)基团后构成了阴离子交换剂(anionite)。当引入季胺和叔胺基团时,分别为强阴性和中强阴性离子交换剂,当引入仲胺和伯胺基团时,为弱阴性离子交换剂。疏水性的离子交换剂一般都呈网络结构的珠状体,其大小在 20～400 目之间。含有大量的活性基团、交换容量高、机械强度大、流动速度快,在无机离子、有机酸、核苷酸和氨基酸等小分子物质的分离过程中使用的比较多。在发酵工业中,广泛用于提取抗生素、氨基酸、有机酸等,特别是抗生素工业,如链霉素、新霉素、卡那霉素、庆大霉素、土霉素、红霉素、林可霉素、麦迪霉素、螺旋霉素和多黏菌素等均可用离子交换法分离纯化。还可用于从蛋白质溶液中除去表面活性剂(如十二烷基硫酸钠)、清洁剂、尿素和两性电解质等。

亲水性离子交换剂(hydrophilic ion exchanger)中的基质是一类天然的或人工合成的,与水结合力较强的物质。纤维素、交联葡聚糖和交联琼脂糖等是比较常用的。纤维素离子交换剂(cellulose ion exchanger)是以微晶纤维素为基质,通过化学方法引入电荷基团构成的。按引入电荷基团的性质可分为强酸性、弱酸性、强碱性和弱碱性离子交换剂。用微晶纤维素通过交联作用制成了类似凝胶的珠状(40～160 μm)弱阴性离子交换剂(如 DEAE-Sephacel),其结构和 DEAE-纤维素的结构保持一致,但它对蛋白质、核酸、激素以及其他生物聚合物都有同等的分辨率。交联葡聚糖离子交换剂(sephadex ion exchanger)是以交联葡聚糖 G-25 和 G-50 为基质,通过化学方法引入电荷基团制成。外形呈珠状,对蛋白质和核酸等大分子物质有较高的结合容量,且流速比无定形纤维素离子交换剂要快。琼脂糖离子交换剂(agarose ion exchanger)以交联琼脂糖 CL-6B 为基质,通过化学方法引入电荷基团制成,如 DEAE-Sepharose CL-6B 为阴离子交换剂;CM-Sepharose CL-6B 为阳离子交换剂。这类离子交换剂的外形呈珠状,网孔大,大分子蛋白质和核酸等的分离可考虑使用此类离子交换剂,在流速较快的操作下,也不影响分辨率。

(三)离子交换色谱的操作

1. 离子交换剂的处理

使用前应加水浸泡,充分膨胀后,再进行处理。常规的处理步骤是,加过量的水悬浮除去细颗粒,再改用酸碱浸泡,除去杂质使其带上需要的反离子。可以用2～4倍的2mol/L NaOH或2mol/L HCl溶液来处理疏水性离子交换剂;只能用0.5mol/L NaOH和0.5mol/L NaCl混合溶液或0.5moL/L HCl(室温下处理30min)来处理亲水性离子交换剂。离子交换剂携带反离子的类型是由酸碱处理的次序决定的。在每次用酸(或碱)处理后,均应先用水洗涤至近中性,再用碱(或酸)处理。最后用水洗涤至中性,经缓冲液平衡后便可装柱。

2. 离子交换剂的再生

使用过的离子交换剂,可再生。再生可以通过酸、碱反复处理实现再生,有时也可通过转型处理完成。离子交换剂由一种反离子转到另一种反离子的过程即为转型。转型后的离子交换剂则按使用要求带上了一定种类的离子或基团。如欲使阳离子交换剂转成钠型则需用NaOH处理,欲转成氢型则需用HCl处理,欲带铵离子时则需用NH_4OH或NH_4Cl处理。对离子交换剂的处理、再生和转型的目的是要求其带上使用时所希望的离子或基团。长期使用后的树脂含有很多杂质,欲将其除掉,则应先以沸水处理,然后用酸、碱处理。用热的稀酸、稀碱进行处理即可使处理的效果更好。树脂若含有脂溶性杂质时,可用乙醇或丙酮处理。长期使用过的亲水性离子交换剂只用酸、碱浸泡即可。原则上讲,去除杂质的过程应不破坏离子交换剂结构和稳定性,不影响原有交换容量。对于琼脂糖离子交换剂的处理是在使用前仅用蒸馏水漂洗、缓冲液平衡。其再生和转型操作与其他亲水性离子交换剂的处理方法一样。

3. 物质洗脱与收集

离子交换色谱过程中,常用梯度溶液进行洗脱,而溶液的梯度是由盐浓度或酸碱度的变化而成。由两个彼此相通的圆筒容器和一个搅拌器组成了制备梯度溶液的装置。图8-15为产生梯度溶液的三种装置及其各自形成的梯度变化曲线。在图8-15中A瓶内注入开始洗脱所需的盐溶液(低浓度溶液),B瓶内注入高浓度盐溶液,若容器$A_1 = B_1$时,则为线型梯度(Ⅰ型);若容器$A_1 < B_1$时,则为凸形梯度(Ⅱ型);若容器$A_1 > B_1$时,则为凹形梯度(Ⅲ型)。在一定时间内,不同形式的梯度溶液流经色谱柱某点累积体积时的浓度C,可用下列公式计算:

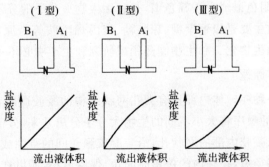

图8-15　产生梯度溶液的三种装置及其各自形成的梯度变化曲线

$$C=C_B-(C_B-C_A)\left(1-\frac{V_2}{V_1}\right)^{\frac{B_1}{A_1}}\tag{8-24}$$

式中，C_A 为梯度混合器 A 瓶的浓度（搅拌）；C_B 为梯度混合器 B 瓶的浓度（非搅拌）；A_1 为 A 瓶的横切面积；B_1 为 B 瓶的横切面积；V_2 为流经色谱柱的体积；V_1 为梯度洗脱液的总体积。

另外，还有复合式梯度洗脱液和阶梯式梯度洗脱液（图 8-16）。前者是用多室混合器形成的，后者是用依次连续增加质量浓度实现的。实践中，应用要求决定了采用何种形式梯度洗脱液，无规律可循。一般从线性梯度开始，然后按照试验摸索进行。

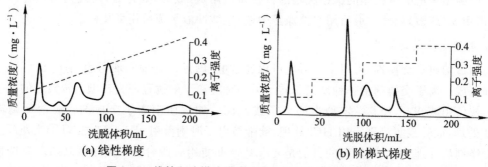

图 8-16 线性和阶梯式梯度溶液分离牛血清蛋白的图谱

色谱柱为 1.5cm×26cm；交换剂为 QAE-Sephadex A-50；样品为 4mL 3%（体积分数）冻干牛血清；
洗脱液为 0.1mol/L Tris-HCl，pH 6.5，NaCl 离子强度为 0～0.5；流速为 0.2mL/min

色谱效果会受到洗脱液的离子强度和酸碱度的变化速率的影响。梯度溶液按组成来分，一般有两种。一种是增加离子强度的梯度溶液。是用一简单的盐（如 NaCl 或 KCl）溶解于稀缓冲液制成的，习惯上不用弱酸或弱碱的盐类。另一种是改变 pH 的梯度溶液。是用两种不同 pH 的或不同缓冲容量的缓冲液制成的。对于增加离子强度的梯度溶液，不管用于何种类型的离子交换剂，其离子强度绝大部分是增加的。由待分离物质的稳定 pH 范围和离子交换剂限制的 pH 范围决定了实际许可的 pH 范围。如果使用的是阳离子交换剂，pH 应从低到高递增；如果使用的是阴离子交换剂，pH 应从高到低递减。

四、凝胶色谱技术

凝胶色谱，亦称排阻色谱或分子筛色谱，是利用生物大分子的分子量差异进行的色谱分离的方法。凝胶色谱介质主要是以葡聚糖、琼脂糖、聚丙烯酰胺等为原料，通过特殊工艺合成的色谱介质。目前已成为生物化工和生物制药领域研究和生产中必不可少的分离介质。

（一）凝胶色谱基本原理

凝胶色谱介质是一种在球体内部具有大孔网状结构的凝胶微粒，不同大小的网状孔像筛子一样，能够按照一定的顺序将大小不同的生物大分子分离开来，分子量大的生物分子由于不能进入或不能完全进入凝胶内部的网状孔，沿着凝胶颗粒间的空隙或大的网状孔通过，大分子相对于小分子迁移的路径短，在柱内的停留时间短、保留值小，所以在色谱过程中迁移率最快，走在小分子的前面，先从色谱柱中流出。分子量小的分子由于能够进入凝胶内部的网状孔，沿着凝胶颗粒不同大小的网状孔流过，相对于大分子迁移的路径长，在柱内的停留时间长、保留值大,所以,在色谱过程中迁移率慢,走在大分子的后面,最后从柱中流出。样品中分子量大小不同的各种分子在流过凝胶内部的网状孔时就受到凝胶介质排阻效应,也称为分子筛效应,将它们一个个分离,即可实现分离。如图 8-17 所示。

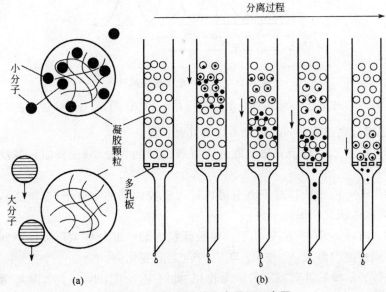

图 8-17 凝胶色谱的分离原理示意图

(a)表示球形分子和凝胶颗粒网状结构;(b)分子在排阻色谱柱内的分离过程

(二)凝胶色谱参数之间的关系

①床体积与 V_o、V_i、V_g 之间的关系如式(8-22)。

②洗脱体积与 V_o、V_i 的关系式为

$$V_e = V_o + K_d V_i \tag{8-25}$$

式中,K_d 为样品组分在流动相和固定相之间的分配系数,被分离物质的分子量大小、凝胶颗粒空隙和网状孔径大小决定了 K_d 的大小,与色谱柱的长短和粗细无关。K_d 可以通过实验获得。

③K_d 与体积之间的关系,可以将式(8-25)变换一下,即可得到 K_d 与体积之间的关系式,即

$$K_d = \frac{V_e - V_o}{V_i} \tag{8-26}$$

式中,V_e 为实验测得的实际洗脱体积;V_o 可用不被凝胶滞留的大分子量组分测得,通常用分子量在 2×10^6 的蓝色葡聚糖-2000 测定;V_i 可以通过干胶的吸水量(每克干胶所吸附水的毫升数)求得。对于一定条件的凝胶色谱柱来说,只要通过实验得知某一组分的洗脱体积 V_e,K_d 值即可被计算出来。以上关系可以通过图 8-18 表示。

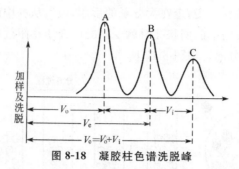

图 8-18 凝胶柱色谱洗脱峰

峰 A:全排阻分子;峰 B:部分渗透分子(有效分离分子);峰 C:全渗透分子

在凝胶柱色谱分离过程中,K_d 可以有以下几种情况。

①$K_d=0$ 时,$V_e=V_o$。对于完全不能进入凝胶内部的大分子(全排阻),其洗脱体积和外水体积保持一致。

②$K_d=1$ 时,$V_e=V_o+V_i$。对于完全可以进入凝胶内部的小分子(全渗透),其洗脱体积和外水体积和内水体积之和保持一致。

③$0<K_d<1$ 时,$V_e=V_o+K_dV_i$。表示凝胶颗粒内部一部分空隙可以被不同大小的分子利用,可以有不同程度的渗入,V_e 在 V_o 与 V_o+V_i 之间变化。

④$K_d>1$ 时,表示凝胶具有一定的吸附作用,此时 $V_e>V_o+V_i$。例如某些芳香族化合物的洗脱体积远超出理论计算的最大值,这些化合物的 K_d 值一般都是大于 1 的。

在实际工作中,小分子不易得到 $K_d=1$ 的结果,尤其是对交联度大的凝胶介质 K_d 差别较明显,如同样一个小分子在 Sphadex G-10 柱色谱测得的 K_d 是 0.75 左右,同样一个小分子在 Sphadex G-25 柱色谱测得的 K_d 是 0.8 左右。造成这种差别的原因是由于一部分水分子与凝胶结合较牢固,成为凝胶本身的一部分,使凝胶的有效网状孔变小,小分子不能扩散和渗透到凝胶内部,是凝胶失去了部分筛分作用所致。不能以凝胶的吸水量来计算此时的 V_i,因此,通常以小分子化合物通过凝胶柱来测定 V_i 值。另外一种计算方法是不使用 V_i 和 K_d,而是用有效分配系数(K_{av})代替 K_d,将 V_t-V_o 代替 V_i 代入式(8-27)可得到下式。

$$K_{av}=\frac{V_e-V_o}{V_t-V_o} \tag{8-27}$$

$$V_e=V_o+K_{av}(V_t-V_o) \tag{8-28}$$

在这里,实际上是将原来以水作为固定相(V_i),改为凝胶颗粒(V_t-V_o)作为固定相而洗脱剂(V_e-V_o)作为流动相。K_{av} 和 K_d 值对交联度较小的凝胶介质差别不大,而对交联度大的凝胶介质则有一定差异。

在凝胶色谱过程中,一般情况下凝胶色谱介质对流动相中的组分无吸附作用,当流动相的体积 V_t 流过后,上样的所有组分都应当被洗脱出来,这是凝胶色谱区别于其他色谱方法的地方。

(三)V_e 与分子量的关系

对同一类型的化合物,洗脱特性与组分的分子量有关,各种组分流过凝胶柱时,洗脱顺序按分子量(Mr)的大小排列先后流出。V_e 与 Mr 的关系式如下。

$$V_e=K_1-K_2\lg Mr \tag{8-29}$$

式中,K_1 为常数;K_2 为常数;Mr 为分子量;V_e 为洗脱体积。

有时,分离体积($V_e - V_o$)、相对保留体积(V_e/V_o)、简化洗脱体积(V_e/V_t)或有效分配系数(K_{av})可以取代 V_e。但实际操作过程中大多数都是以 K_{av} 对分子量的对数($\lg Mr$)作图得到工作曲线,也称之为"选择曲线"。

凝胶排阻色谱具有设备简单、操作方便、重复性好、条件温和等优点,是实验室测定分子量的常用方法,也是生物大分子分离纯化常用的分离手段。

(四)凝胶色谱介质

自然界天然凝胶和化学合成的凝胶种类很多,球形颗粒是能够用于凝胶色谱的凝胶,球内部是多孔网状结构。其必须具备化学稳定性,无特异性吸附,刚性好,对温度和有机溶剂具有较好的耐受性。常用于凝胶色谱的凝胶类介质主要有葡聚糖凝胶、琼脂糖凝胶、聚丙烯酰胺凝胶和琼脂糖-聚丙烯酰胺混合凝胶等色谱介质这四大类。

1. 葡聚糖凝胶

葡聚糖凝胶是由多聚葡聚糖通过与环氧氯丙烷交联而合成的,是一类具有网状结构的珠状凝胶颗粒。葡聚糖凝胶交联的程度(简称交联度)与凝胶颗粒网状结构孔径的大小密切相关,交联度越大,网状结构的孔径越小,分离的分子量就小。反之,交联度越小,网状结构的孔径越大,分离的分子量就大。交联的葡聚糖结构中含有大量的羟基,又具有很强的亲水性,能够在短时间内在水和电解质溶液中溶胀,在色谱过程中非常容易与水溶性溶质接触。在酸性条件下合成的葡聚糖凝胶糖苷键容易被水解,在碱性环境中比较稳定。一般在 0.25mol/L NaOH 溶液中,60℃的条件下放置两个月以上其原有的基本性质仍然能够维持不变。所以常用稀碱溶液处理葡聚糖凝胶色谱介质,将残留在凝胶介质上的变性蛋白和其他杂质除去。Sephadex G 系列产品,英文字母 G 后面的阿拉伯数字,表示凝胶吸水量(单位:mL/g干胶)乘以 10。"G"后面的阿拉伯数字越大,表示交联度越小,凝胶孔径越大,分子量分离范围越大,凝胶的溶胀体积越大。

2. 琼脂糖凝胶色谱介质

琼脂糖凝胶是由琼脂中分离出来的天然凝胶,由 D-半乳糖和 3,6-脱水-L-半乳糖交替结合而成,交联主要依靠糖链之间的次级键如氢键来稳定网状结构。改变琼脂糖浓度的方法能够实现网状结构的疏密的控制。琼脂糖凝胶不带电荷,吸附能力非常小,最容易吸附的结晶紫在琼脂糖上也不被吸附。在缓冲液离子强度 $>0.05\,mol \cdot L^{-1}$ 时,对蛋白质几乎没有非专一性吸附,是凝胶色谱的一种良好的惰性支持物。琼脂糖凝胶是一种大孔凝胶,其工作范围远大于葡聚糖凝胶色谱介质和聚丙烯酰胺凝胶色谱介质,主要用于入核酸和病毒等分离分子量为400000 以上的物质。

目前能生产琼脂糖凝胶色谱介质的厂家很多,生产工艺和产品的名称也因生产厂家不同而存在一定的差异,但介质的基本性能都非常接近。例如瑞典生产的 Sepharose 系列、美国生产的Super AgoGel 系列、英国生产的 Sagavac 系列、丹麦生产的 Gelarose 系列。Sepharose B 系列产品是最常用的琼脂糖凝胶色谱介质,在 Sepharose B 系列产品中,琼脂糖的百分含量是由"B"前面的阿拉伯数字表示的,琼脂糖含量越高表示交联度越大,凝胶孔径越小,分子量分离范围越小。与此相反,琼脂糖浓度越低表示交联度越小,凝胶孔径越大,分子量分离范围越大。

3. 聚丙烯酰胺凝胶

聚丙烯酰胺凝胶是一种化学合成的凝胶,丙烯酰胺是其基本组成单位,交联剂是 N,N-亚甲基双丙烯酰胺。丙烯酰胺和 N,N-亚甲基双丙烯酰胺在自由氧基的诱发下发生聚合反应,经过特殊工艺合成球形的聚丙酰胺凝胶珠。通过控制丙烯酰胺浓度和 N,N-亚甲基双丙烯酰胺的比例,即可获得不同交联度的聚丙酰胺凝胶。聚丙烯酰胺凝胶色谱介质的稳定性要比交联的聚葡糖凝胶差一些,它在酸性条件下酰胺键容易被水解生成羧酸,使凝胶介质带有一定的离子交换基团,在色谱时对溶液中带电荷组分发生离子交换作用,使介质的非特异性吸附增加。因此,酸性较强的缓冲液在聚丙烯酰胺凝胶色谱中应当尽可能地避免不使用。Bio-Gel-P 系列产品是最常用的聚丙烯酰胺凝胶色谱介质,在 Bio-Gel-P 系列产品中,"P"后面的阿拉伯数字乘以 1000 即相当于排阻限度(按球蛋白或肽计算)。"P"后面的阿拉伯数字越大,表示交联越小,凝胶孔径越大,分子量分离范围越大,凝胶的溶胀体积越大。

(五)凝胶色谱技术的操作

1. 凝胶色谱介质的选择与处理

根据分子量分离范围选择相应型号的凝胶介质,确定是组别分离还是组分分离。组别分离是指分子量之间相差很大(数十至数百倍)的样品,如生物大分子与有机小分子或无机盐等的分离;组分分离是指分子量之间相差较小(±2000 以上)的生物大分子。交联度较大的凝胶色谱介质在组别分离中使用的较多,例如,蛋白质脱盐可选用葡聚糖凝胶 Sephadex G-25。组分分离要根据被分离组分所预测的最大分子量的上限值和最小分子量的下限值的分离范围来选择合适的凝胶。如分离分子量在 5000~60000 之间的多种组分,可选用葡聚糖凝胶 Sephadex G-75。

凝胶用前需要处理,商品凝胶中,很多颗粒是不均匀的,为了满足需要,对影响流速的过细颗粒可使用气流浮选法或水力浮选法来将其除去。后者是一种自然沉降法,方便实用,即将颗粒粗细不均的凝胶悬浮于大体积的水中让其自然沉降。在一定时间之后,用倾泻法除去悬浮的过细颗粒,如此反复进行几次,即可达到预期目的。

商品凝胶一般是干燥的颗粒,使用前需直接在欲使用的洗脱液中浸泡溶胀。溶胀必须充分,否则会对色谱的均一性造成影响,甚至有引起凝胶柱破裂的危险。多用"热法"溶胀来达到缩短时间的目的。即在沸水浴中将悬浮于洗脱液中的凝胶浆逐渐升温至近沸,这样可大大加速溶胀平衡,通常 1~2h 即可完成。"热法"溶胀还可以消毒,杀灭凝胶中污染的细菌,同时凝胶内的气泡也被排出。如果所用洗脱剂对热不稳定,可先将凝胶悬浮在蒸馏水中加热溶胀,冷却后再用洗脱剂反复洗涤,最后除去气泡备用。

在凝胶溶胀和处理过程中,不能进行剧烈的搅拌,严禁使用电磁搅拌器,因为这样会使凝胶颗粒破裂而产生碎片,以至影响色谱的流速。

2. 色谱柱和流动相的选择

色谱柱的选择,主要考虑被分离组分分子量的差异,选用相应的柱长与柱内径之比的色谱柱。对于组别分离的色谱柱,由于被分离的组分分子量差别较大可采用短粗的色谱柱,柱长度:柱内径＝10：1 或 20：1,如脱盐柱。对组分分级分离的色谱柱,用细长的色谱柱,柱长度:柱内径＝50：1 或 100：1,如蛋白质组分分离。

凝胶色谱所使用的缓冲溶液比较简单,一般只使用一种缓冲液。但是在选择缓冲溶液时,以下三个方面的因素是需要考虑的。

①考虑被分离物质的稳定性,包括缓冲液的 pH、离子强度及保护剂等。

②考虑凝胶介质的稳定性能,不与介质发生化学反应,不变形,不降解。

③考虑分离物质的后处理,被分离组分经凝胶色谱分离后还需采用其他色谱方法进行分离(如用离子交换或亲和色谱分离等),最好选用与后续色谱方法相同的缓冲液。如果后处理是冰冻干燥,可选用如 NH_4HCO_3、HAc 或 NH_4OH 等易挥发性的溶液。

3. 凝胶介质的后处理

凝胶色谱介质一般不与溶液中的溶质发生任何作用,所以在色谱分离后用平衡液稍加平衡即可进行下一次色谱,但是在实际操作中常常有些杂质污染凝胶和色谱柱表面的凝胶。因此,必须对使用了一段时间之后的色谱柱做适当的处理,除去凝胶表面的污染物。处理所用的溶液和溶液浓度略有不同,一般对交联的葡聚糖凝胶类介质可以用 0.1mol/L NaOH 和 0.5mol/L NaCl 混合处理,聚丙烯酰胺和琼脂糖凝胶类介质可以用 $0.5\sim1.0$mol/L NaCl 溶液处理。

凝胶柱内的色谱介质一般浸泡在溶液中,易滋生细菌。尤其是葡聚糖和琼脂糖类凝胶介质,极易染菌,某些微生物能分泌降解多糖糖苷键的酶,使葡聚糖和琼脂糖的糖苷键发生降解,而改变凝胶色谱介质原有的性质。虽然聚丙烯酰胺凝胶介质不容易被微生物所降解,但长期浸泡在溶液中容易滋生细菌,使其化学性质发生某些变化,如发生氧化、离子化等而改变色谱的特性。为了避免微生物的生长,必须洗净残留在凝胶柱内的磷酸盐和有机物,然后将色谱柱真空或低温保存。低温保存的温度不能低于柱内溶液的冰点,防止柱内的凝胶结冰,而破坏凝胶的交联度和网状结构。

在凝胶溶液中加入一定的抑菌剂是防止微生物生长最常用的办法,如 0.02%叠氮钠、$0.01\%\sim0.02\%$三氯丁醇、$0.005\%\sim0.01\%$乙基汞硫代水杨酸钠、$0.001\%\sim0.01\%$苯基汞代乙酸盐、苯基汞代硝酸盐或苯基汞代硼酸盐等。

凝胶色谱介质如果在较长时间不使用,就需要将其干燥长期保存。使用过的凝胶色谱介质,首先按一般的再生程序将介质再生处理、漂洗干净,然后用乙醇从低浓度到高浓度逐级脱水(先后用 30%、50%、70%、80%、95%无水乙醇、乙醚),脱水后的介质在室温下晾干,将乙醇(醚)挥发尽即可。

凝胶色谱技术的应用范围较广,如凝胶色谱脱盐、测定分子量、分离蛋白质、多糖等大分子物质。

五、亲和色谱技术

亲和色谱以其高选择性、高收率且一步得到高纯度产品的技术优势,成为纯化蛋白质的最有效的技术之一,不仅在实验室广泛应用,而且在工业中得到越来越多地利用。亲和色谱是建立在目的蛋白质与固定化配基之间特异性可逆相互作用基础上的吸附色谱。根据蛋白质与配基的不同,可将亲和色谱分生物亲和色谱、免疫亲和色谱、金属离子亲和色谱以及拟生物亲和色谱等。此外,亲和色谱与高效液相色谱结合可成为主要用于生化分析的各种高效亲和色谱如高效免疫亲和色谱等。

亲和色谱技术的关键即为亲和吸附剂,亲和色谱与其他吸附色谱一样,也希望固定相与流动相的接触面积大,故粒径小、内表面积大且蛋白质可迅速扩散至颗粒内固定化配基处的吸附剂是比较理想的选择。虽然降低粒径会提高吸附、洗脱步骤的效率,但同时柱床压降也会有所增大,所以实际操作时硬度大的小颗粒吸附剂是理想选择。亲和色谱载体大多为直径在几十至几百微米的球形凝胶颗粒,适合大规模亲和色谱操作的商品载体很多,它们都具有羟基基团,可供偶联各种亲和配基,且具备大孔、耐压以及在宽 pH 范围内化学稳定等性能。用户可以购买这些商品载体按需要偶联的相应配基制得亲和吸附剂,也可根据欲纯化蛋白质性质直接购买厂家已偶联好所需配基的亲和吸附剂商品。亲和色谱所用的配基除天然物质外,还有许多由基因重组、细胞融合技术制得的单克隆抗体等,这也是亲和色谱技术如此兴旺的重要原因之一。可采用固定化酶技术实现配基与载体的偶联。

亲和色谱以亲和吸附剂为固定相及含有目的蛋白质的料液为移动相构成整个系统。经吸附、洗净、洗脱和再生步骤达到分离纯化蛋白质的目的,柱床可重复使用几十至上百次。AFC 的操作方式通常为柱床直立的轴向色谱,即物料自上而下流动。这种方式对于微量物质的分离纯化效果显著,但放大困难的问题也同时存在着。为防止壁效应和沟流,柱床的高径比需保持在一定范围,这就导致难以在高流速下操作。可采用径向色谱操作方式解决该问题,物料沿与轴向垂直的径向流动,流场大、流程短、压力损失小、易于放大,可从实验室规模线性放大到工业规模。由于亲和色谱涉及各种分子间的相互作用,所以目的蛋白质的洗脱应在缓和条件下进行,如改变离子浓度、pH、温度、添加配基竞争物质等,以避免蛋白质变性。

第九节　结晶

结晶是溶液中的过饱和溶质由液相变成晶体析出的过程。结晶是分离纯化蛋白质、酶等生化产品的一种有效手段,变性蛋白质不能结晶,所以凡处于结晶状态的蛋白质都保持其天然活性。晶体内部有规律的结构,规定了晶体的形成必须是相同的离子或分子,才可能按一定距离周期性地定向排列而成,所以能形成晶体的物质是比较纯的。对不同的产品,结晶的原理都是相同的。固体有结晶和无定形两种状态,它们的构成单位(分子、原子或离子)的排列方式的不同是其区别所在,前者有规则,后者无规则。由于排列需要一定的时间,因此在条件变化缓慢时,有利于晶体的形成;相反,当条件变化剧烈,使晶体能够在短时间内强迫析出,溶质分子来不及排列,就形成沉淀(无定形)。但沉淀和结晶的过程本质上是一致的,都是新相形成的过程。通常只有同类分子或离子才能排列成晶体,所以结晶过程的选择性非常好。

一、结晶的基本原理

溶质呈晶态从溶液中析出的过程即为结晶。晶体的一般定义:许多性质相同的粒子(包括原子、离子、分子)在空间有规律排列形成固体,称为晶体。晶体是化学性质均一的固体,具有一定规则的晶形,是以粒子在空间晶格的结点上的对称排列为特征。新相的形成是结晶过程的本质。这一过程不仅包括溶质分子凝聚成固体,还包括这些分子有规律地排列在一定晶格中。需要一定的表面自由能才能够形成新相(固相),因为要形成新的表面,就需对表面张力做功,因此溶质浓度达到饱和浓度之前不能使晶体析出,当浓度超过饱和浓度达到一定的过饱程度时,才可能析出晶体。因此结晶过程又是一个表面化学反应过程。

为了进行结晶,必须先使溶液达到过饱和,过量的溶质才会以固态结晶析出。结晶的产生最初是形成极细小的晶核,然后这些晶核再成长为一定大小形状的晶体。微小的晶核具有的溶解度比较大,因此在饱和溶液中,晶核是要溶解的,只有达到一定过饱和度的晶核才能存在。晶核形成后,靠扩散而继续成长为晶体。过饱和溶液的浓度与饱和溶液浓度之比称为过饱和率。因此结晶包括以下三个过程:①形成过饱和溶液;②晶核形成;③晶体生长。溶液达到过饱和是结晶的前提,过饱和率是结晶的推动力。

物质在溶解时一般吸收热量,在结晶时放出热量,这一热量称为结晶热。结晶是一个同时有质量和热量传递的过程。可以用饱和曲线和过饱和曲线表示(图 8-19)溶解度和温度的关系。一般每种物质具有一条饱和溶解度曲线。开始有晶核形成的过饱和浓度与温度的关系用过饱和曲线来表示,过饱和曲线的位置不是固定的。对于一定的系统,它们的位置至少和三个因素有关:产生过饱和的速度(冷却和蒸发速度)、晶体的大小和机械搅拌的强度。冷却或蒸发的速度越慢,晶种越小,机械搅拌越激烈,过饱和曲线越向饱和曲线靠近。因此,氨基酸、抗生素等生物小分子物质结晶操作的重要手段即为调节 pH、离子强度和溶剂浓度,在物性不同的溶剂中溶质的温度-溶解度曲线是结晶操作设计的基础。

根据实验饱和曲线与过饱和曲线大体上相互平行,可以把温度-浓度图分成三个区域:

①稳定区,在此区域内即使有晶体存在也会自动溶解,不会发生结晶。

②介稳区,在稳定区和不稳定区之间,在此区域内当加入晶种时,晶体会生长,在晶体生长的同时也会有新晶核产生,该区域可以进一步划分为刺激结晶区和养晶区。因此,工业结晶操作均在介稳区内进行。

③不稳定区,是自发成核区域,瞬时出现大量微小晶核,发生晶核泛滥,产品质量难于控制,并且晶体的过滤或离心回收困难。

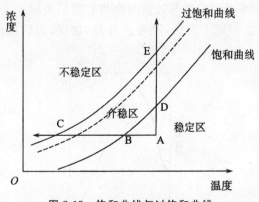

图 8-19　饱和曲线与过饱和曲线

在图 8-19 中,A 表示处于稳定区的溶液,当将溶液 A 冷却时,溶媒量保持不变(直线 ABC),溶解度下降,当达到 C 点时结晶能自动发生;如将溶液 A 在等温下蒸发(直线 ADE),溶液浓度增大,当达到 E 点时,结晶能自动发生。进入不稳定区的情况非常少见,因为蒸发表面的浓度一般超过主体浓度,在这种表面上首先形成晶体,主体溶液在 B 与 C 和 D 与 E 之间发生结晶可由这些晶体诱导。在实际生产中,常将冷却和蒸发合并使用。

对于等量的结晶产量,若在结晶过程中晶核的形成速率大于晶体的成长速率,则产品中的晶体小而数目多;若晶核的形成速率小于晶体的成长速率,则产品的晶体大而数目少。晶体的成长是由介稳区决定的。在结晶过程中,如将溶液控制在介稳区且在较低的过饱和率条件下,则在较长时间内产生的晶体比较少,主要是原有晶核的生长,可得到颗粒较大而整齐的结晶;如将溶液控制在介稳区,但是在较高的过饱和率条件下,或是处于不稳定区,则将有大量的晶核产生,所得的晶体小,而且数目多。所以,溶液的过饱和程度可根据产品的要求实现控制,进行结晶操作。

二、影响结晶生成的因素

过饱和率、温度、黏度、搅拌、冷却速度、pH 和等电点以及晶种等因素都会影响到结晶的生成。

（1）过饱和率

过饱和率直接影响晶核的形成速率和晶体生长速率,同时也影响晶核的大小。过饱和速率增加能使成核速率和晶体生长速率增大,而过饱和率对成核速率的影响较晶体生长速率的影响大。当过饱和率达到某一定值时有最大的成核速率,越过这一定值时,过饱和率继续增加,而成核速率反而减少。这是由于过饱和率过高时,系统黏度大,分子运动减慢,成核受阻,因此使成核速率降低。过饱和率在一般不大的情况下,对晶体颗粒大小的影响非常小,只有当过饱和率很高时才显出影响。实际上过饱和率较大时,得到的晶体就较细小。

（2）温度

温度的高低也会对成核速率和晶体生长速率造成影响。温度升高,可使成核速率和晶体生长速率增快。经验表明,温度对晶体生长速率的影响较成核速率的影响更加明显。因为温度升高,成核速率也升高。但温度又对过饱和率有影响,一般当温度升高时,过饱和度降低。所以温度对成核速率的影响要从温度与过饱和率相互消长速率来决定。根据实验,一般成核速率开始随温度而上升达到最大值后,温度再升高,相反,成核速率会有所降低,如图 8-20 所示。

图 8-20　温度对成核速率的影响

温度对晶体的大小影响也较大。在较高温度下结晶,实际形成的晶体也较大;在较低温度下结晶,得到的晶体较细小;温度改变过大时,常会导致晶形和结晶水的变化。

（3）黏度

黏度大,溶质分子扩散速率慢,溶质在晶体表面的定向排列会受到妨碍,晶体生长速率与溶液的黏度成反比。

(4)搅拌

搅拌能促进成核和促进扩散,晶核长大速率得以有效提高,搅拌可使晶体与母液均匀接触,使晶体长得更大并均匀生长。但当搅拌强度达到一定程度后,再提高搅拌强度效果就不是特别明显,相反,还会使晶体破碎。搅拌转速的快慢应根据不同发酵产品晶体的要求以及浓度的高低而异。例如,味精煮精锅的搅拌转速为 6r/min;粉状味精结晶缸的搅拌转速约为 20～28r/min;普鲁卡因青霉素的微粒结晶采用的搅拌转速为 1000r/min;普鲁卡因青霉素制备晶种时则采用高达 3000r/min 的转速。

(5)冷却速率

冷却速率能直接影响晶核的生成和晶体的大小。迅速冷却和剧烈搅拌,会使过饱和率处于比较高的水平,方便大量晶核的生成,而得出的晶体较细小,而且常导致生成针状结构。当结晶速率过大时(即过饱和率很高,冷却速率很高时)常易形成晶簇。而包含母液等杂质或晶格中常会包含溶媒,对于这种杂质,只能通过重结晶除去,用洗涤的方法是不能将其除去的。缓慢冷却、适当搅拌有利于晶体的均匀生长。如密度为 1.35～1.37 的柠檬酸溶液,在结晶过程中,放出热量较多,因此必须降温;但降温不能太快,特别在 50℃ 以下降温过快容易形成过小的晶体,很难与母液分离,甚至得到粉末颗粒,降低产量。由于粉末状在分离时会形成硬块,夏季天气较热需用冰水冷却结晶才容易分离。

(6)pH 和等电点

pH 和等电点对结晶生成的影响较大。因此结晶过程适宜 pH 的选择非常重要。结晶溶液的 pH,一般选择在被结晶溶质的等电点附近可有利于晶体的析出。因为在接近等电点的 pH 条件下所带的阴离子与阳离子相等,两性电解质的发酵产品(溶质)便形成结晶析出。

(7)晶种

晶种可以是同种物质或相同晶型的物质。加入晶种能诱导结晶。为了较易控制晶粒的数目和大小及均匀度,往往在结晶将要开始时投入晶粒,作为晶种;再通过缓慢冷却的温度控制,以便系统始终处于介稳区中。系统不会自动成核,因未达到不稳定区,这样能得到一定大小较均匀的晶体。加入晶种,晶体的形状、大小和均匀度能够得以有效控制,为此要求晶种首先要有一定的形状、大小而且比较均匀。例如味精于 1500L 煮晶锅结晶时,投入 20 目的晶种230kg。可获得结晶大小均匀的针状味精。又如适宜的晶种是普鲁卡因青霉素微粒结晶获得成功的关键问题。用于普鲁卡因青霉素的晶种为 $2\mu m$ 左右的椭圆形晶体,最大不超过 $5\mu m$。晶种用量为青霉素总单位的 $0.03\%～0.15\%$。

三、结晶的方法

实验室和工业上的结晶方法主要分为以下两大类:一类是通过去除部分溶剂,使溶液达到低度过饱和状态,溶质结晶得以析出;另一类是不去除溶剂,而通过加沉淀剂及降温办法,使溶液达到低度过饱和状态。实际上,这两类方法并不单独使用,而是把两者结合起来使用,以达到较好的结晶效果。

1. 蒸发浓缩结晶法

这种方法在工业上使用较多,此方法在葡萄糖、柠檬酸等精制的过程中用得比较多。该法分两种：一种是采用真空蒸发获得过饱和溶液；另一种是绝热蒸发或称闪急蒸发，利用高温溶液进入真空状态，压力突然降低引起溶剂大量蒸发，并大量吸热导致溶液在短时间内温度得以降低，即可得到过饱和溶液。蒸发结晶设备的类型很多，有间歇的，也有连续的，有带搅拌的，也有强制循环的，其选用可结合结晶的性质及生产规模等情况来决定。

2. 加沉淀剂结晶法

盐析结晶法。添加一种物质于溶液中，以使溶质的溶解度降低，形成过饱和溶液而结晶的方法，称为盐析结晶法。盐析结晶法按加盐方式的不同，分加固体盐法和加饱和盐溶液法两种。

添加有机溶剂结晶法指在溶液中添加有机溶剂，使溶质结晶析出的方法。乙醇是常用的有机溶剂，如酶、蛋白质、单糖、双糖结晶过程多用乙醇。

加金属离子结晶法。金属离子能引起蛋白质的结晶或对结晶有促进作用，某些金属离子（特别是二价离子）对晶体生长有非常明显的促进作用，如加少量的镉离子能促进硫酸铵溶液中铁蛋白形成菱形结晶。

等电点结晶法。调节溶液的 pH 使之接近等电点，从而使溶质结晶析出，如蛋白质、氨基酸等物质的等电点不同，可调节 pH 使之结晶析出。

3. 冷却结晶法

冷却结晶法基本上不除去溶剂，而是使溶液冷却降温，成为过饱和溶液。溶解度随温度的降低而显著下降的物质可考虑使用该方法。冷却法可分为自然冷却、间壁冷却和直接接触冷却。

4. 其他结晶方法

除了常规的结晶方法外，如膜结晶技术、物理场强化溶液结晶、超临界结晶和加压结晶等新型结晶技术在发酵工业上逐步得到应用和推广。

第十节　干燥

干燥是指利用热能使湿物料中水分汽化并排除蒸汽，从而得到较干物料的过程。干燥所采用的设备称为干燥器。干燥的主要目的是：一是产品便于包装、贮存和运输；二是许多生物制品在水分含量较低的状态下较为稳定，从而使生物制品的较长保质期得到了保障。干燥的应用范围很广，所处理的物料种类多，物料的性质差异大，它几乎是生产所有固态产品的最后一道工序。

一、气流干燥技术

气流干燥是一种连续式高效固体流态化干燥方法。它把呈泥状、粉粒状或块状的湿物料送入热气流中，与之并流，即可获得分散成粒状的干燥产品。气流干燥是对流干燥的一种。在气流干燥中，除一般使用的干燥介质为不饱和热空气外，在高温干燥时，烟道气比较常用。为避免物料被污染或氧化，可采用过热水蒸气。对含有机溶剂的物料干燥，也可采用氮或溶剂的过热蒸汽作为干燥介质。

气流干燥有以下特点：

①干燥强度大。气流干燥由于气流速度高，粒子在气相中分散良好，可以把粒子的全部表面积作为干燥的有效面积，因此，在很大程度上增加了干燥的有效面积。

②热效率高。气流干燥采用气固相并流操作，而且在表面汽化阶段，物料始终处于与其接触的气体的湿球温度，一般不超过 65℃，产品温度不会超过 80℃，因此，可以使用高温气体。

③干燥时间短。气固两相的接触时间极短，干燥时间一般在 0.5～2s，最长为 5s。因此，对于热敏性或低熔点物料不会造成过热分解而对其质量造成任何影响。

④处理量大。一根直径为 0.7m、长为 10～15m 的气流干燥管，每小时可处理 25t 煤或 18t 硫铵。

⑤设备简单。气流干燥器设备简单，占地小，投资省。同时，可以把干燥、粉碎、筛分、输送等单元过程联合操作，不但流程简化，而且操作易于自动控制。

⑥应用范围广。气流干燥对于各种粒状物料都比较适用。

二、喷雾干燥技术

喷雾干燥是将溶液、乳浊液、悬浊液或浆料在热风中喷雾成细小的液滴，在它下落过程中，水分被蒸发而成为粉末状或颗粒状的产品。喷雾干燥具有以下五个方面的优点：

①干燥速度快。料液经喷雾后，表面积大，例如将 1L 料液雾化，在高温气流中，95%～98% 的水分能够在瞬间被蒸发，完成干燥时间一般仅需 5～40s。

②干燥过程中液滴的温度不高，产品质量较好。喷雾干燥使用的温度范围非常广，即使采用高温热风，其排风温度也会处于不高的水平中。在干燥初期，物料温度不超过周围热空气的湿球温度，干燥产品质量较好，例如不容易发生蛋白质变化、维生素损失、氧化等缺陷。对热敏性物料、生物和药物的质量，基本上就跟真空下干燥的标准比较接近。

③产品具有良好的分散性、流动性和溶解性。由于干燥过程是在空气中完成的，产品基本上能保持与液滴相近似的球状，具有良好的分散性、流动性和溶解性。

④生产过程简化，操作控制方便。喷雾干燥通常用于处理水分含量为 40%～60% 的湿物料，达到一次干燥成粉状产品。特殊物料即使水分含量高达 90%，也可不经浓缩，即可获得相同的干燥效果。

⑤适宜连续化大规模生产。喷雾干燥能适应工业上大规模生产的要求，干燥产品经连续排料，在后处理时可结合冷却器和风力输送，组成连续生产作业线。

三、冷冻干燥

在冷冻干燥过程中，被干燥的产品首先要进行预冻，然后在真空状态下进行升华，使水分直接由冰变成气体而获得干燥。在整个升华阶段，产品必须保持在冻结状态，不然产品的性状就无法得到保证。在产品的预冻阶段，还要掌握合适的预冻温度，如果预冻温度不够低，则产品可能没有完全冻结实，在抽空升华的时候会膨胀起泡；如果预冻的温度太低，不仅会增加不必要的能量消耗，而且对于某些产品会降低冻干后的成活率。冷冻干燥器的一般特点：

①因物料处于冷冻状态下干燥，水分以冰的状态直接升华成水蒸气，故物料的物理结构和分子结构的变化很小甚至可以忽略不计。

②由于物料在低温真空条件下进行干燥操作,故对热敏感的物料也能在不丧失其酶活力或生物试样原来性质的条件下长期保存,所以干燥产品的稳定性非常好。

③因为干燥后的物料在被除去水分后,其原组织的多孔性能没有发生任何变化,故若添加水或汤,即可在短时间内基本上完全恢复干燥前的状态。

物料的残存水分很低,故若防湿包装优良,可在常温条件下长期贮存。

第九章　与发酵工程相关的生物技术

第一节　基因工程菌发酵

近年来,重组 DNA 技术(基因工程)已开始由实验室走向工业生产,走向实用。现在由工程菌产生的珍稀药物,如胰岛素、干扰素、人生长激素、乙肝表面抗原等都已先后面市,基因工程不仅保证了这些药物的来源,而且可使成本大大下降。

一、基因工程菌的来源

基因工程(genetic engineering)是指在基因水平上,采用类似于工程设计的方法,根据人们的意愿,主要是在体外进行基因切割、拼接和重新组合,再转入生物体内,产生出人们所期望的产物,或创造出具有新遗传特征的生物类型,并能使之稳定地遗传给后代。

DNA 的重组技术是基因工程的核心技术。用基因工程的方法,使外源基因得到高效表达的微生物细胞株系一般称为基因工程菌(engineering bacterium)。工程菌是采用现代生物工程技术加工出来的新型微生物,具有多功能、高效和适应性强等特点。

一般,可通过以下五步得到基因工程菌。

①确定要表达目的产物,将产该产物的细胞找出来,将细胞破碎后提取出全部基因组。

②利用基因扩增技术(PCR),即可得到符合人们要求的 DNA 片段,这种 DNA 片段被称为"目的基因",如人胰岛素基因。

③将目的基因与合适的质粒或病毒 DNA 表达载体连接成重组 DNA。

④把重组 DNA 引入某种大肠杆菌、枯草杆菌或酵母菌受体细胞。

⑤把能表达目的基因的受体细胞筛选出来进行鉴定和表达,能稳定遗传且较好表达目的产物的菌株,就是所需要的基因工程菌。

二、基因工程菌应具备的条件

寻求更经济的生产方式是基因工程技术追求的主要目标,开发传统的或新的生物产品。如何创造更经济、更有效、更安全的方法来简化生产过程和提高产品竞争力,是生物产业所关注的焦点之一。因此,用于工业化生产的基因工程菌株应具备以下条件:

1. 高效性

无论是胞外产物还是胞内产物,提高其合成量对发酵而言意义重大。胞内产物提取前需要进行细胞破碎,会释放大量的杂蛋白,胞内核酸、多糖和脂类等大分子,增加了发酵目的产物提取的难度。基因工程产品在培养基中原本就含量不高、加上一般大分子比小分子更不稳定(如对剪切力)、使提取更加困难。所以,为了获得高转化率和高产率的发酵产品,基因工程菌株必须具有高效性。而分泌型基因工程菌株将会在很大程度上提高产品的经济效益。

2. 经济性

表达系统是外源基因能否成功表达的关键,选择合适的表达系统对于基因工程菌的构建非常重要。截止到目前,大肠杆菌表达系统、枯草杆菌表达系统、酵母菌表达系统和丝状真菌表达系统是常用的 4 类表达系统。随着遗传工程技术的不断发展,一些假单胞菌、藻类等也成为基因工程操作中常采用的宿主。尽管工程菌株宿主范围不断扩大,然而在讲求经济效益的发酵生产中,基因工程菌株实际发酵生产需要考虑的首要因素就是碳源这种用量最大的原料。葡萄糖因被利用快且价廉易得,已被广泛用作基因工程菌株高密度发酵的限制性基质。因此,能有效利用并且可耐受高浓度葡萄糖的基因工程菌株具有的产业化应用前景非常可观。另外,基因工程菌株能够利用纤维素、木质素为原料发酵生产目的产物获得经济效益,这是生物产业目前最大的愿望。基因工程菌株能够利用 CO_2 和 H_2O 为原料,以太阳能为生产动力发酵生产目的产物获得经济效益,这将是生物产业未来追求的目标。

3. 安全性

为了保证发酵产品的安全性和操作者的健康,在构建基因工程菌株的初期就应避免使用致病菌或条件致病菌等作为受体。对于必须使用的情况,应提前将相应的致病基因去除。明晰工程菌株的全部代谢产物,如有对人类健康危害作用的产物合成,必须敲除相应的功能基因。工业化生产基因工程菌株还应不产内毒素。另外,工业生产中具有多重抗性的基因工程菌株应当避免使用到。随着生物技术的不断发展,采用无痕克隆或无痕敲除技术构建工业生产用基因工程菌株将成为发展的主流。

4. 易控性

基因工程菌株在生产过程中会产生大量的代谢副产物。如营养物浓度过高会导致 Crabtree 效应,此时,酵母菌作为受体菌的工程菌株将会产生乙醇,大肠杆菌作为受体菌的工程菌株则产生过量乙酸,这些副产物会导致细胞生长及代谢产物合成受到抑制。因此,想要获得最大的经济利益就需要对基因工程菌的代谢进行调控。以细胞代谢流分析与控制为核心的发酵工程学观点认为:通过细胞代谢流分布变化的分析,研究细胞代谢物质流与生物反应器物料流变化的相关性,以及细胞的生长变化,进一步建立细胞生长变量与生物反应器操作变量及环境变量三者之间的关系,可有效控制细胞的代谢流,实现菌体发酵过程的优化。所以,清楚地了解基因工程菌的代谢背景,实现代谢流的控制对于工业生产非常重要。

5. 稳定性

用于工业化生产的基因工程菌株最好是外源基因整合至受体菌株基因组上的菌株。理想的工业化工程菌株是分泌性的组成型表达菌株。对于必须使用质粒表达的工程菌株,在构建时其稳定性就需要考虑在内,选择单一抗性作为选择压力对生产过程中的控制非常有利。

总之,能够成为工业化生产用理想的基因工程菌株应具备:

①发酵产品具有高浓度、高转化率和高产率的特性,最好是分泌型菌株。

②菌株能利用常用的碳源(如糖蜜、淀粉等),并可进行连续培养。

③菌株无致病性,也不产生内毒素。

④易于进行菌株的代谢控制。

⑤发酵所产生的热量和需氧量都较低,发酵温度适当。

⑥目的基因最好是整合表达,如采用质粒表达方式,菌株应具有稳定性。

三、基因工程菌发酵的设备

用于普通微生物发酵的生物反应器一般都可以用于基因工程菌的发酵。常用于基因工程菌发酵的生物反应器主要包括机械搅拌发酵罐和气升式发酵罐这两种。

机械搅拌发酵罐在发酵工厂应用最为普遍。它是利用机械搅拌的作用,使空气和发酵液充分混合,促进氧的溶解和传递,以满足微生物生长代谢对溶解氧的需求。

气升式发酵罐结构简单、不易污染、能耗低、传质效率高、安装维修方便。气升式搅拌罐省去了机械搅拌,和机械搅拌发酵罐比起来其能耗非常低,无机械搅拌桨的轴封问题所造成的染菌隐患。而且气升式发酵罐为菌体生长提供了一个低剪切力的温和环境,这种环境有利于基因工程菌的培养,这是因为基因工程菌与普通细菌相比对剪切力更为敏感,重组异源蛋白的大量合成直接或间接地干扰了受体菌细胞壁的正常合成,通常基因工程菌的细胞壁较软,在大剪切力的存在下较易破碎。气升式发酵罐也优于传统鼓泡式发酵罐,鼓泡式发酵罐虽然剪切力低,但气泡停留时间短,混合效果差。对于高密度或高黏度发酵,气升式发酵罐的优越性非常明显。

四、基因工程菌的高密度发酵

高密度发酵是提高微生物产量的有效途径和手段。高细胞密度发酵技术可以满足大规模生产高质量的浓缩型菌体发酵产品,也可实现代谢产物发酵制品的效益最大化。其实,高细胞密度发酵是一个相对概念,是指应用一定的培养技术和装置提高菌体的发酵密度,使菌体密度比普通发酵培养有明显的提高,最终提高特定产物的比生产率。高密度发酵技术,是在传统发酵技术上改进的发酵技术,它采用增加发酵菌种对数期的生长时间、相对缩短衰亡时间来提高菌体的发酵密度,使发酵工艺在很大程度上得以提升,最终提高产物的比生产率(单位体积单位时间内产物的产量),不仅可减少培养体积,强化下游分离提取,还可以缩短生产周期,减少设备投资从而降低生产成本,在一定程度上减少废水量,提高了产品的竞争力。

(一)基因工程菌株高细胞密度发酵培养基的选择

高细胞密度发酵要求培养基含有细胞生长所需的所有营养成分,配比均衡,且浓度不会对细胞生长产生抑制作用。在高细胞密度发酵过程中,需要投入的基质量可达生物量的 $2\sim5$ 倍。根据动力学理论,当营养增加到 $10Ks\sim20Ks$ 时,生长显示饱和型动力学,基质抑制区可能会随着进一步底物浓度的增加得以产生,表现为延迟期加长,比生长速率下降,菌体得率下降。另一方面,高浓度的碳源、氮源和无机盐会造成发酵液渗透压过高,使菌体细胞脱水,菌体生长受到抑制,使目的产物得率下降。另外,过量的碳源会使细胞迅速生长,致使溶解氧浓度下降进而抑制糖代谢的三羧酸循环。发酵过程以无氧的糖酵解过程为主,大量乙醇或乙酸得以产生,抑制细胞密度的进一步提高。因此,高密度培养的初始发酵培养基营养成分必须低于抑制浓度,并结合适当的流加补料策略提供营养物质,使细胞生长维持在最佳状态。在高密度发酵生产谷胱甘肽的基因工程菌株的发酵中,人们发现初糖浓度超过 $20g/L$ 时,即对重组大肠杆菌(WSH-KE1)的细胞生长和谷胱甘肽的合成具有抑制作用。

基因工程菌株的发酵中,之所以会采用营养成分清晰的全合成培养基,是因为这么做有利于发酵过程的调节控制和进一步扩大培养。培养基包含基因工程菌株细胞生长所必需的全部营养物,即:碳源、氮源、无机盐、微量元素和生长因子。而且营养物间的浓度比例亦至关重要。例如,过量的 Fe^{2+} 和 $CaCO_3$ 与相对低浓度的磷酸盐可促进黄曲霉生产 L-苹果酸;链霉菌在 $60\sim80mmoL/L$ CO_3^{2-} 存在下,其丝氨酸蛋白酶生产能力可提高 10 倍多;在重组菌株达到高细胞密度后,限制磷酸盐浓度可使抗生素和异源白介素 b 的产率显著提高。此外还发现,限制精氨酸的浓度虽然会抑制细胞的生长,但比起精氨酸充足时,细胞生长优良的情况,其重组 α-淀粉酶的产量可提高 2 倍。

高细胞密度发酵培养基中一般是以葡萄糖作为碳源,然而,葡萄糖浓度过高会抑制细胞的生圈在重组巴斯德毕赤酵母(Recombinant Pichia Pastoris)的培养中发现当葡萄糖浓度大于 4% 时,菌体密度与其浓度呈反比关系。用甘油代替葡萄糖作为其生长的碳源,以减少代谢抑制物质——乙酸的积累,更易达到重组菌的高密度和外源蛋白的高表达。用甘油作为碳源可缩短工程菌的利用时间,使分裂繁殖的速度得以增加。

培养基中复合氮源的使用会对重组大肠杆菌的高密度发酵效果造成一定的影响。一般而言,当流加培养基中含有酵母膏时,重组蛋白的稳定性就会变差;而当流加培养基中含有蛋白胨时,大肠杆菌便不能再利用其所产生的乙酸。将酵母膏和蛋白胨二者都加入流加培养基中,不但所生产的重组蛋白非常稳定,细胞还能再利用代谢所产生的乙酸。

氨基酸和生长因子的加入对高密度发酵也很重要。在采用恒化技术优化精氨酸营养缺陷型大肠杆菌 X90 的生长培养基时,使该菌株以 $0.4h^{-1}$ 的比生长速率在含有精氨酸的基本培养基上生长,待培养达到稳定状态后,分别将氨基酸、维生素和微量元素加入到恒化器内来考察这些物质对菌体生长和精氨酸合成的影响。结果表明,由于氨基酸生物合成途径末端产物的抑制作用,加入某些氨基酸后,细胞生长反而受到抑制。加入 NH_4Cl 后细胞量则出现快速增长,而添加维生素对菌体生长的影响可以忽略不计。通过计算生物量对每种基质的产率,最终可以确定高密度发酵培养基的组成,在优化了的培养基上,大肠杆菌 X90 细胞密度可达到 92g/L,同时合成 56mg/L 的胞外重组蛋白酶。

高密发酵生产率的提高也会因特殊营养物的添加得以实现。这些营养物的作用有可能是作为产物的前体,也有可能是阻止产物的降解。如在利用重组大肠杆菌生产氯霉素乙酰转移酶(一种由许多芳香族氨基酸组成的蛋白)时添加苯丙氨酸,可将酶的比活力提高约 2 倍;在培养重组枯草芽孢杆菌生产 β-内酰胺酶的培养基中添加 60g/L 的葡萄糖和 100mmol/L 的磷酸钾可使重组蛋白的稳定性能够有明显提高。其原因可能是由于宿主细胞产生的多种胞外蛋白酶的活性被抑制,从而防止了重组蛋白的降解。

(二)基因工程菌株培养方式的选择

高密度发酵工艺中的关键技术就是基因工程菌的培养方式。不同的培养方式对于延长工程菌的对数生长期的效果不同。选择合适的培养方式可以使基因工程既能及时获得充足的营养,又可消除代谢产物抑制作用,促进工程菌的繁殖,增加菌体数量,实现高密发酵的既定目标。

1. 两种重要表达系统的基因工程菌的流加培养方式

对于分批发酵、补料分批发酵和连续发酵三种常用的培养模式,补料分批培养使用的比较多。由于许多营养物在高浓度下对细胞有抑制作用,为了达到高细胞密度,又必须供给大量的营养物质,因此,浓缩营养物必须以与其消耗速率成比例的速度加入反应器中。为此多种形式的流加补料策略应运而生,它既可以简单到线性补料,也可以复杂到利用数学模型计算得出的数据来控制补料速率。

(1)重组大肠杆菌的流加培养方式

大肠杆菌是迄今为止遗传背景最为清楚、应用最为广泛的表达系统。发酵过程中乙酸的累积是阻碍重组大肠杆菌实现高密度培养的关键。重组大肠杆菌高密度培养中葡萄糖浓度过高或比生长速率过快都会积累高浓度乙酸,细胞生长和重组蛋白的生产会因此而受阻。研究发现,即使浓度在 $0.25\sim0.5/L$ 葡萄糖存在的条件下,大肠杆菌仍会产生乙酸。因此,需要按照一定的算法制定大肠杆菌高密度发酵所采用的流加策略,将反应器中底物浓度维持在较低的水平。营养物加入速率最好与其消耗速率相当,这样既可以提供细胞充足的营养,又可以防止底物积累达到毒性水平。

已相继报道了多种控制大肠杆菌流加培养的方法,大多数是将流加速率与一种物理参数间接耦合(如溶氧、pH 或 CO_2 释放速率等)。例如,以溶氧作为耦合参数,并控制在一个预定值上,保证较低的生长速率,发现乙酸的累积能得到有效控制,最终细胞干重达到 $110g/L$,并发现较低的比生长速率还有利于重组蛋白的高表达。在另一个控制低比生长速率的高细胞密度培养中,先采用指数流加葡萄糖、铵盐和无机盐,后采用广义地线性流加策略,乙酸的积累得以有效防止,重组大肠杆菌的细胞密度达到 $66g/L$,通过温度诱导可在胞内形成 $19.2g/L$ 的活性重组蛋白。

如果将葡萄糖浓度控制在不产生毒性的足够低的水平上,也可使细胞在不存在限制性基质的情况下迅速生长到高细胞密度,这种控制策略对仪器的要求较高。Kleman 等采用在线葡萄糖分析仪,以重组大肠杆菌对葡萄糖的需求来决定葡萄糖和其他营养物的流加速率,这一算法能够在产物诱导阶段中根据细胞生长的变化自动调整流加速率。培养携带质粒的大肠杆菌 MV1190,编码 1,5-二磷酸核酮糖羧化酶的基因存在于其质粒中,最终细胞干重达到 $39g/L$,合成 $1.7g/L$ 可溶的活性蛋白。

(2)重组酵母菌的流加培养方式

酵母中广泛用于遗传工程研究的菌株是酿酒酵母。但采用酿酒酵母作为重组宿的不足之处主要包括以下几个方面:重组蛋白生产的水平较低,质粒具有不稳定性,发酵过程中产生乙醇。生成乙醇是人们最不希望出现的,因为这会抑制重组蛋白的形成。其他酵母如巴斯德毕赤酵母也具有作为重组宿主的潜力。

先通过指数方式流加,然后采用基于 CO_2 释放和 RQ 值的线性流加控制方式可使重组巴斯德毕赤酵母的细胞干重达到 $80\sim90g/L$,并分泌高水平的重组人血清蛋白。而培养酿酒酵母,细胞干重和重组蛋白的产量仅分别为 $25\ g/L$ 和 $20mg/L$,即使将酿酒酵母的生长速率维持在 $0.12\sim0.18h^{-1}$,也会产生 $10\sim13g/L$ 的乙醇,从而导致产率降低。但是,酿酒酵母产乙醇也是可以对其进行控制得,Shimizu 等采用一个复杂的流加系统,将酵母的生长速率控制在 $0.3h^{-1}$,使乙醇的生成量最小,可有效提高谷胱甘肽的产量。

2. 其他培养方式的高密度发酵工艺

细胞循环发酵(cyclic fermentation of cell)是利用一种切向流或中空纤维过滤器从发酵液

中分离细胞,细胞返回容器,无细胞发酵液则以给定速率连续转移,同时以新鲜培养基代之。利用细胞循环技术,可使细胞保留在反应器中并达到高细胞密度,而毒性产物和细胞外产物则不断转移,这可以延迟或防止由细胞生长或产物形成引起的反馈抑制。细胞循环发酵能够适用于多种机体和生产系统,但它应用的局限性也比较多,主要包括:①作用于进入过滤单元的细胞的剪应力过大;②系统的放大有一定的难度。稀释率(流速/体积)和循环速率(指通过过滤系统的培养基速率)是细胞循环发酵时必须考虑两个主要因素。稀释率的大小会对细胞的生长速率造成一定的影响,不同的实验目的对稀释率的要求不同;高的循环速率可使组分混合均匀,特别适用于细胞容易凝聚或成团的情况,但循环速率过高会使作用在细胞上的剪切力过大,会导致过滤单元膜的过快损伤。因此,很难同时确定合适的稀释率与循环速率,这也是限制细胞循环技术广泛应用的因素。细胞循环技术有望获得高的体积生产率,这有利于对产物的提取。近年来循环发酵技术已广泛用于生产细胞代谢物,如燃料乙醇、丁酸及 2,3-丁二醇等。Lee 和 Chang 采用细胞循环发酵技术,使重组大肠杆菌细胞的干重达到 145g/L,其重组青霉素酰化酶生产率比分批培养提高了近 10 倍。对于发酵产品是菌体本身的发酵而言,细胞循环发酵可发挥重要作用。如在食品工业中,为生产牛奶、奶酪和酸乳酪,需培养不同的乳杆菌,采用细胞循环发酵可以很容易地提高菌体的密度。

在基因工程菌发酵领域也会使用到透析培养(dialysis cultivation)和固定化培养(immobilized cultivation)技术。透析培养通过半透性膜将代谢产物和培养液进行分离,从而解除培养液中代谢产物对菌体生长的抑制。固定化培养利用固定化材料的物理结构和化学性质改善质粒的稳定性,并将细胞进行区域化分布,从而实现高密度发酵。

(三)基因工程菌株发酵产品的提取和精制

基因工程发酵产品在提取和精制方面比传统发酵产品后期处理的难度要相对大一些,之所以会有这种情况发生主要是因为:

①基因工程产品多是蛋白质或多肽等大分子,必要数据缺乏,没有一成不变的方法,而传统发酵产品多为小分子,其理化性能如平衡关系等数据都已知,因此放大比较有根据。

②基因工程产品大多处于细胞内,提取前需将细胞破碎。破碎后的细胞会释放大量的杂蛋白,同时细胞内的核酸、多糖和脂类等大分子都进入到细胞破碎液中,在一定程度上增加了分离难度。而且目的产物在破碎液中含量低一般为 $5 \sim 50 \text{g/mL}$,杂质又多,加上一般大分子较小分子不稳定(如对剪切力),故提取较困难。

③基因工程产品的纯度要求较高,杂蛋白含量大多要求低于 1%,因此,需利用高分辨力精制方法如色谱分离等。

基因工程菌的细胞破碎通常包括机械破碎法和非机械破碎法。可以根据生产规模和活性蛋白质在细胞中的位置,确定使用哪种方法来实现。常用的方法是机械破碎法,速度快,处理量较大,不会带入其他化学物质;但在处理过程中要产生热量,必要时要采取冷却措施,以防止目的产物失活。常用方法有:高压匀浆法、超声破碎法、高速珠磨法、高压挤压法等。非机械破碎法包括酶溶法、化学渗透法、热处理法、渗透压冲击法等。有些方法常会给样品带来新的杂质。细胞碎片分离的复杂度和难度都比较高,可以用离心、膜过滤或双水相分配的方法,使细胞碎片分配在一相(通常为下相)而分离,也能起到部分纯化作用。离心沉淀是对基因工程菌细胞破碎液进行固液分离的主要手段,包括高速离心和超速离心。常用于基因工程菌株发酵后处理中的膜过滤技术,主要包括有:微滤、超滤、纳滤和反渗透等。基因工程菌株发酵产品的精制主要依赖色谱分离（chromatographic separation）方法,通过离子交换色谱、疏水色谱、反相色谱、亲和色谱、凝胶过滤色谱、高压液相色谱等技术进行精制。该类方法的优点是具有多种分离机制,设备简单便于自动化控制,分离过程中无发热等不良效应发生。

五、基因工程菌的不稳定性及对策

(一)基因工程菌不稳定性的表现

基因工程菌不稳定的结果导致预期的目的基因产物(或其产量)无法获取。工程菌的不稳定包括质粒的不稳定及其表达产物的不稳定两个方面。具体表现为下列三种形式:质粒的丢失、重组质粒发生 DNA 片段脱落和表达产物不稳定。

由于某种环境因素或生理、遗传学上的原因,质粒从某些宿主细胞中丢失(又称消除),环境、宿主、质粒结构的不同决定了其丢失率的不同。由于质粒的丢失,工程菌的发酵过程实际上是两种菌的混合物同时生长繁殖的过程。在非选择条件下,含有重组质粒的工程菌的比生长速率(μ^+)往往小于不含重组质粒的宿主菌的比生长速率(μ^-)。

宿主细胞的生长优势不利于工程菌的发酵,Imanaka 等从理论上分析了质粒丢失速率及克隆菌与宿主菌比生长速率之间的差异对工程菌发酵生产的影响,假设开始时培养液中全部为含质粒的细胞,生长对数期的细胞每代间内质粒丢失率为 ρ,μ^- 与 μ^+ 之比为 α,则经过 25 代(F_{25})后,含有重组质粒的细胞数占总细胞数的分数 F_{25} 与 ρ、α 之间的关系可用图 9-1 表示。

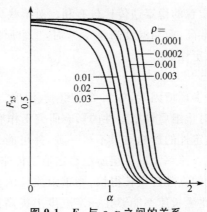

图 9-1 F_{25} 与 ρ、α 之间的关系

从图 9-1 中可以看出,如果宿主细胞具有生长优势,那么即使质粒丢失率很小,在经过数代后大量的无质粒细胞也可产生。例如当 $\alpha=1$,$\rho=0.001$ 时,$F_{25}=99.8\%$;而当 $\alpha=2$,$\rho=0.0001$ 时,$F_{25}=0.01\%$。当接入的种子含有无质粒细胞时引起的后果就更严重。

有时质粒不稳定并非由于质粒丢失的缘故,重组质粒上一部分片段脱落也会造成这种情况的发生,具体表现为质粒变小或某些遗传信息发生变化甚至丧失。有人曾将 E. coli 中的质粒 pBR322 与 B. subtilis 中的质粒 pUB110 重组为一种可在这两种宿主中都能复制的穿梭型载体,发现此新组建的穿梭质粒在传代中出现不稳定性,丢失的竟是 pUB110 原有结构。

(二)基因工程菌不稳定的原因及对策

1. 基因工程菌不稳定的原因

重组质粒引入宿主后,引起宿主细胞和重组质粒之间的相互作用,基因工程菌所处的环境条件对质粒的稳定性和表达效率影响很大,对一个已经构建完成的克隆菌来说,进行工业化生产的关键步骤就是最合适培养条件的选择。环境因素对质粒稳定性的影响机制错综复杂,多尚未得知。在众多的环境因素中,培养基的组成、培养温度、菌体比生长速率三个方面尤为重要。

(1)培养基的组成

微生物在不同的培养基中进行的代谢活动也是不同的。对基因工程菌来说,培养基组分可能通过各种途径对质粒稳定地遗传造成影响。Imanaka 等研究了两种培养基对克隆菌稳定性的影响,发现质粒在丰富培养基中比在最低限培养基 MM 中更不稳定,其不稳定的类型也不相同。培养基引起质粒 RSF2124-trp 结构性不稳定,而对质粒 pSC101-trp 来说,则是分配性不稳定。

(2)培养温度

重组质粒引入细胞后,引起细胞发生一系列生理变化。含有重组质粒的克隆菌的比生长速率往往比宿主细胞小。同样,有报道说重组质粒引起宿主细胞生长温度范围的变化:B. stearothermophilus 的生长温度范围是 $40℃\sim63℃$,由于重组质粒的导入,降低了工程菌生长温度的上限。

通常情况下,低温对重组质粒的稳定遗传比较有利。对某些克隆菌而言,当培养温度低于 $50℃$ 时,重组质粒的稳定性非常高,而当温度高于 $50℃$ 时,重组质粒在间歇培养的对数生长后期和连续培养时均表现出不稳定性。

(3)菌体比生长速率

菌体比生长速率反映了许多环境因素,如培养基组成、温度、pH、氧传递等对菌体代谢的影响,因而就菌体比生长速率对重组质粒稳定性的影响研究工作有许多报道。

比生长速率对重组质粒稳定性的影响结果不尽一致,并可能与工程菌本身和培养条件有关。例如,在酵母系统中,比生长速率大对重组质粒稳定地遗传非常有利。如果不含重组质粒的宿主细胞没有含有重组质粒的克隆菌生长得快,则重组质粒的丢失也不会导致非常严重的后果。因此,调整这两种菌的比生长速率能够在一定程度上提高重组质粒的稳定性。但这往往难于达到,因为大多数环境条件同时提高或降低这两种菌的比生长速率。在某些情况下,可以利用分解代谢物效应控制菌的比生长速率降低 α 值,使重组质粒的稳定性得以提高。

2. 针对基因工程菌不稳定的对策

在影响重组质粒稳定性的诸多因素中,宿主细胞的遗传稳定性、重组质粒的组成和工程菌所处的环境条件这三方面至关重要。目前在尚未彻底明了影响质粒稳定原因的情况下,下述的几点措施是根据已有的研究结果提出的。

①在质粒构建时,插入一段特殊的 DNA 片段或基因以使宿主细胞分裂时,质粒能够稳定地遗传到子代细胞中。

②在质粒构建时,插入一段能改良宿主细胞生长速率的特殊的 DNA 片断,也能起到稳

定质粒的效果。

③由于可转移性因子能促进插入和丢失的出现,因此,所使用的质粒不应带有这样的可转移性因子。

④应尽可能地除去质粒上不需要的 DNA 部分,因为冗长的 DNA 对宿主细胞既是一种负担,也会增加在体内进行 DNA 重排的可能性。

⑤适当施加环境选择压力。如将含有抗药基因的质粒转入不耐药的宿主细胞后,克隆菌株也获得了抗药性。因此,在克隆菌株发酵时,于培养基中加入适量的相应抗生素就可阻止丢失了重组质粒的非生产菌的生长。例如,在研究重组大肠杆菌 MS174(pTZ18U-PHB)质粒稳定性时发现,为了保证细胞正常生长及表达,在种子培养基中必须添加氨苄青霉素(Amp),但是接种时种子带入的 $10mg_{Amp}/L$ 足以杀死丢失了质粒的细胞,因而在发酵阶段无需再添加 Amp。另外,在连续培养中抗生素的添加采用周期性添加(只在无质粒细胞生长占优势时添加)则经济得多。有时使用由系统内部产生选择压力的培养是一种新的方法,通过偏利共栖和抑制来保护含质粒细胞已在实验室实现。

⑥温度敏感型质粒当其从低温培养转至高温培养时能增加质粒拷贝数。重组质粒的丢失频率可通过培养温度的提高得以降低,进而保证了质粒的稳定性。

⑦控制基因的过量表达。在许多研究中发现,外源基因的表达水平越高,重组质粒的稳定性就越差。如果外源基因的表达受到抑制,则重组质粒不可能丢失。因此可使用温度诱导型质粒或宿主表达系统,即在发酵前期让菌株生长在正常温度下以阻遏外源基因的表达,使重组质粒稳定地遗传,到后期通过提高温度使外源基因去阻遏而得到高效表达。

⑧采用营养缺陷型方法。通过诱变使宿主细胞染色体缺失生长所必需的某一基因,而将该基因插入到重组质粒中,然后选择适当组成的培养基使失去重组质粒的细胞不能存活,而只有含重组质粒的细胞才能生长。

⑨根据最终的产物,选择具有最佳拷贝数的质粒是很有必要的。实践证明,构建的高拷贝数的杂合质粒的稳定性往往不是特别理想;反之,低拷贝数的质粒往往比较稳定。

⑩选择适当的宿主。宿主细胞遗传特性在很大程度上决定了重组质粒的稳定性。目前已经研究开发的微生物宿主系统有大肠杆菌系统、芽孢杆菌系统、放线菌系统、棒状杆菌系统、酵母系统和霉菌系统。

⑪培养方式的优化。发酵的环境条件,如温度、溶氧水平、pH、NH_4^+ 的供应、营养浓度控制等都至关重要,对于一个已经构建完成的克隆菌株来说,选择最适的培养方式是进行工业化生产的关键步骤,如流加操作、连续培养、固定化培养等。Castet 等对卡那胶固定化 B. Subtilis 工程菌连续培养生长条件和质粒稳定性进行研究,显示是一卡那胶微囊内的 B. Subtilis,在无选择压力下连续培养,可以提高细胞密度和质粒稳定性,在最初 80h 未测到无质粒细胞,而在游离细胞系统中,质粒丢失在很短时间内发生,发现卡那胶固定化重组菌质粒稳定性的提高是由于细胞分裂数目受到胶内孔洞物理结构的限制。

第二节　动植物细胞大规模培养

一、动物细胞大规模培养

(一)动物细胞的形态

根据离体细胞在体外生长时是否贴壁的性质,离体细胞可以分为贴壁型细胞和悬浮型细胞两种。贴壁型细胞根据细胞在支持物上贴附生长时的形态,又可以分为以下四种类型。

(1)上皮细胞型

上皮细胞型(epithelium cell type)细胞呈扁平不规则多角形,圆形胞核存在于中央位置,彼此紧密连接,呈单层生长状态。起源于外胚层和内胚层的细胞,如皮肤表皮及衍生物(汗腺、皮脂腺等)、肝、胰和肺泡上皮细胞培养时皆呈上皮型,具体如图 9-2a 所示。

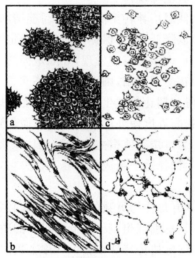

图 9-2　贴壁性细胞类型

(2)成纤维细胞型

成纤维细胞型(fibroblast)细胞贴壁后呈梭形或不规则三角形,圆形胞核存在于中央位置,胞质向外伸出 2～3 个长短不同的突起。细胞群常借助原生质突连接成网,生长时呈放射状、漩涡或火焰状走行。起源于中胚层的细胞,如心肌、平滑肌、成骨细胞等在体外培养时,多呈现成纤维细胞形态,具体如图 9-2b 所示。

(3)游走细胞型

游走细胞型(wondering cell type)细胞质常伸出伪足或突起,呈活跃的游走和变形运动,贴附在支持物上生长,一般不连接成片。此型细胞的稳定性不是特别好,有时和其他细胞的区别也是有难度的。在一定条件下,如培养基化学性质变动等,它们也可能变为成纤维细胞型。单核细胞、巨噬细胞及某些肿瘤细胞在体外培养时往往会呈现此种形态,具体如图 9-2c 所示。

（4）多形型细胞型

多形型细胞型（polymorphic cell type）生长时像神经细胞那样呈多角形，并伸出较长的神经纤维，其形状确定的难度比较大，因而我们将此类细胞称为多形型细胞。体外培养时常见的多形型细胞是神经元和神经胶质细胞，具体如图 9-2d 所示。

（5）悬浮型细胞

悬浮型细胞（suspend cell）常呈圆形，不贴附在支持物上，呈现悬浮状态生长。如血液细胞、淋巴组织细胞及肿瘤细胞。由于悬浮细胞在瓶皿内生长时不贴壁，生存空间大，能大量繁殖。培养这类细胞可采用微生物培养的方法进行悬浮培养。大规模培养可采用改造过之后的培养微生物的发酵罐，如将搅拌转速减缓、搅拌叶改用螺旋桨式，通气装置通过硅胶管扩散等方式。

（二）动物细胞培养基的组成及制备

1. 培养基的组成

动物细胞培养的培养基分为天然培养基和合成培养基两大类。天然培养基使用最早，营养成分高，效果也比较理想。但成分复杂，个体差异大，来源不够充足，因而使用受到限制。合成培养基是根据天然培养基的成分，用化学物质模拟合成的，具有一定的组成。这种培养基在很多方面有天然培养基无法相比的优点，如它给细胞提供了一个近似体内生存环境，又便于控制和标准化的体外生存环境。目前所有细胞培养室都已采用经标准化生产、组分和含量都相对固定的各种合成培养基，如 Eagle 基本培养基和更复杂的 NCTC109，TC199，HEM，DME，RPMI1640，McCoy5A，HAMF12 等。尽管现代的合成培养基成分和含量已经较为复杂，但仍然无法满足体外培养细胞生长的需要。在合成培养基中都或多或少地要加入一定比例的天然培养基加以补充，目前，胎牛血清、小牛血清、马血清等使用的比较多。合成培养基的种类虽多，但氨基酸、维生素、糖类、无机盐和一些其他辅助性成分都一般包含在内。

目前合成培养基的配方都已相对固定，并形成配制好的干粉型商品。其成分趋于简单化，以能维持细胞生长的最低需求，将一些不必要的成分去除。同时为适应某些特殊培养的需要补加一些新的成分，如培养杂交瘤细胞时采用 DMEM 培养基需补加丙酮酸钠和 2-硫基乙醇；为增加细胞转化和 DNA 合成，有时补加植物血凝素（PHA）等。这些变化需要根据实验和细胞的具体要求来确定。

2. 培养基制备

绝大多数合成培养基的生产都已标准化、商品化，常用的培养基市场上很容易买得到。这种干粉型培养基性质稳定，便于储存、运输，价格便宜，给使用和配制合成培养基带来很大方便。一般的特殊需求也多可在现有合成培养基基础上补加或调整某些成分予以满足。以往实验室自购各个组分，称量后再按一定顺序进行溶解配制的老方法，一方面需购置大量各种各样的成分，而且每种成分的用量非常少，控制和统一起来的难度非常大；另一方面要精确称量，顺序溶解，步骤繁琐，就无法保证培养基的质量。除了因特殊需要而专门配制一些特殊培养基外，大部分已不再使用。

在制备培养基时，通常要考虑以下因素。

①pH。多数细胞系在 pH 7.4 下生长得很好。尽管各细胞株之间细胞生长最佳 pH 变化

很小,但一些正常的成纤维细胞系以 pH 7.4～7.7 最好,转化细胞以 pH 7.0～7.4 更合适。据报道,上皮细胞以 pH 5.5 合适。最佳 pH 的确定最好是做一个简单的生长实验或特殊功能分析。

②缓冲能力。碳酸盐缓冲系统由于毒性小、成本低、对培养物有营养作用,因此比其他缓冲系统用得多。在生理 pH 条件下的缓冲能力差。

③渗透压。多数培养细胞对渗透压的耐受范围都非常宽,一般常用冰点降低或蒸汽压升高测定。如果自己配培养基,可通过测定渗透压防止称量和稀释等造成的误差。

④黏度。培养基的黏度主要受血清含量的影响,在多数情况下,对细胞生长几乎不会造成任何影响。在搅拌条件下,用羧甲基纤维素增加培养基的黏度,细胞的损害就会在一定程度上得以减少。这对在低血清浓度或无血清条件下培养细胞显得尤为重要。

(三)动物细胞的培养方法和操作方式

1. 动物细胞培养方法

(1)贴壁培养

成纤维细胞和上皮细胞等贴壁型细胞在培养中要贴于壁上。原来是圆形的细胞一经贴壁就能够在短时间内铺展开来,然后开始有丝分裂,并能够在短时间内进入对数生长期。一般在数天后铺满生长表面,形成致密的细胞单层。培养贴壁型细胞,最初采用滚瓶系统,其结构简单、投资少、技术成熟、重复性好,放大只是简单地增加滚瓶数。但是滚瓶系统劳动强度大,单位体积提供细胞生长的表面积小,占用空间大,按体积计算细胞产率低,环境条件的监测和控制会有一定的局限性。

(2)悬浮培养

悬浮培养是指动物细胞在培养器中自由悬浮生长的过程,在非贴壁型细胞培养中使用的比较多。动物细胞的悬浮培养是在微生物发酵的基础上发展起来的,由于动物细胞没有细胞壁保护,不能对其进行剧烈的搅拌和通气,因此在许多方面和经典的发酵又有不同之处。贴壁型细胞不能悬浮培养。

(3)固定化细胞培养

无论是非贴壁型细胞还是贴壁型细胞都可以采用包埋法进行固定化细胞培养。固定化细胞生长密度高,抗剪应力和抗污染能力强。非贴壁型细胞一般用海藻酸钙包埋,贴壁型细胞一般用胶原包埋。

吸附、包埋、离子共价交联、共价贴附以及微囊法等是常用的制备固定化细胞的方法。

①吸附法:在适当的条件下,将细胞和支持物混合,细胞贴附在支持物表面。由于细胞位于支持物表面,细胞没有抗剪应力的保护,但有利于细胞的扩散。此方法的缺点主要是负荷能力低,有细胞脱落的危险。吸附的一个特例就是微载体培养贴壁型细胞;

②包埋法:把细胞和高聚物或单体混合,随着凝胶的形成,细胞嵌入到高聚物的网络中。如果选择的高聚物合适的话,可以使细胞处于活性状态。此法步骤简单,条件温和,负荷量大,细胞泄漏少,高聚物网络能保护细胞抗机械剪切。其缺点是限制了细胞的扩散,并非所有细胞都能处于最佳基质浓度中,而且大分子基质不能渗透高聚物网络,往往有一些物质被排斥在外;

③离子共价交联法:采用聚合物(聚胺等)处理细胞悬液,使细胞之间形成桥而絮结。此法得到的细胞活性高,但机械稳定性不是特别理想,发生泄漏的可能性比较大,并常常导致一些细胞死亡和产生扩散限制。目前,想要增加机械稳定性的话可通过使用戊二醛来实现;

④共价贴附:细胞和支持物通过化学键结合,减少了细胞泄漏,但需化学试剂处理,会影响到细胞的活性。由于是贴附,扩散限制小,但细胞不能得到保护;

⑤微囊法:微囊法是用亲水性的半透膜将酶、辅酶、蛋白质等生物分子或动物细胞包裹在珠状的微囊里,从而使酶等生物大分子和细胞不能从微囊里逸出,而小分子物质、培养基中的营养物质可自由出入半透膜,达到催化或培养的目的。动物细胞微囊化后,和游离细胞比起来,培养时对细胞的剪应力得到了有效的降低。微囊里实际上是一种微小的培养环境,类似于液体培养,因而能使细胞生长良好。在培养过程中,微囊化也能提供很高的细胞密度,使细胞产物浓度增加,纯度提高。动物细胞微囊化的成功,克服了大规模细胞培养的一些缺点,具有的应用前景比较广阔。

2. 动物细胞培养的操作方式

动物细胞无论是贴壁培养或是悬浮培养,均可分为分批式、流加式、半连续式、连续式等多种操作方式。

(1)分批式操作

将动物细胞和培养液一次性装入反应器内培养,待产物形成和细胞增长到适当时间,终止培养,对细胞、产物进行收获。分批式培养操作简单、培养周期短、污染和细胞突变的风险小,是早期阶段动物细胞大规模培养发展进程中采用的方式,其他操作方式也是在该方式的基础上实现的。但在分批式培养中,细胞不是总处在最优条件下,细胞密度也受到培养基浓度的限制,因此这种操作方式不是最理想的操作方式。

(2)流加式操作

先将一定的培养液装入反应器,在适宜的条件下接种细胞,进行培养,使细胞不断生长,产物能够持续不断地形成。在此过程中随着营养物质的不断消耗,不断地向系统中补充新的营养成分,使细胞进一步生长代谢,直到整个培养结束后取出产物。流加式操作是当前动物细胞培养工艺中占有主流优势的培养工艺,也是近年来动物细胞大规模培养技术研究的热点。与单纯的分批式操作相比,流加式操作对培养的控制更为细致,保证细胞在比较好的环境下繁殖和产生目的产物,在该方式的基础上可实现高密度的培养。

(3)半连续式操作

半连续式操作是在分批式操作的基础上,将分批培养的培养液部分取出,并重新补充加入等量的新鲜培养基,从而使反应器内培养液的总体积保持不变的操作方式。由于该操作方式具有操作简便,生产效率高,可长期进行生产,反复收获产品等优点,目前在动物细胞培养中得到了广泛的应用。但此方式只适于悬浮细胞培养体系,不适合贴壁细胞的培养。

(4)连续式操作

连续式操作是指将细胞种子和培养液一起加入反应器内进行培养,一方面新鲜培养液不断加入反应器内,另一方面又将反应液连续不断地取出,使反应条件处于一种恒定状态。不同于分批式操作,连续式操作可以使细胞所处环境条件能够在较长时间内保持稳定,使细胞保持在最优化的状态下,促进细胞的生长和产物的形成。但是,连续式操作下实现细胞的高密度培养的难度非常大,生产效率也不是特别高;由于是开放式操作,易造成污染;生产周期长,细胞容易变异。所以连续式操作不一定是很好的生产方式,但对于细胞生理代谢规律、工艺研究、动力学研究,连续式培养仍然是一种重要手段。

(四)动物细胞大规模培养技术

虽然大多数动物细胞都是贴壁依赖型细胞,但是经过一定的技术处理后,仍然能够像微生物菌体一样进行悬浮培养,下面主要介绍动物细胞大规模培养技术。

1. 无血清培养技术

血清对哺乳动物细胞在体外的生长增殖具有重要的作用,它能给细胞提供生长增殖所需的激素、生长因子、转移蛋白和其他营养物质。但是,由于其复杂的不明成分,使含血清培养基存在潜在的细胞毒性作用、细胞培养的标准化和终产品纯化难度大、外源病毒和致病因子污染、异种血清残留的过敏反应等重大缺陷。因此,传统的含血清培养基对动物细胞表达重组蛋白药物往往不够适合,无血清培养技术(serum-free culture technique)已成为目前动物细胞大规模培养技术的发展方向和应用趋势。

无血清培养的核心技术主要包括无血清培养基的筛选、工程细胞株的构建与驯化技术以及细胞生物反应器技术这三个方面。无血清培养基是指在基础培养基(合成培养基)中添加血清替代成分的培养基。无血清培养基的发展历程如表 9-1 所示。目前,虽然已有一些第四代培养基开发成功,但前三代培养基也没有全部抛弃仍然在使用中。无血清培养基中基础培养基一般为与培养细胞相应的合成培养基,是按细胞生长需要由一定比例的氨基酸、维生素、无机盐、葡萄糖等组成的。对不同的细胞可根据需要对基础培养基和某些组分进行相应的调整。

表 9-1　无血清培养基的发展过程

阶段	成分	特点
第一代	不含血清,但含大量动、植物蛋白和激素	蛋白质含量高(低于有血清培养基),不利于目标蛋白的分离纯化,成本高
第二代	不含动物蛋白或动物衍生蛋白	降低生产成本,加快报批的速度(目前市面上销售的主要产品)
第三代	完全没有蛋白质或含量极低	化学成分确知,细胞培养与生产容易做到恒定,分离纯化容易,成本低,管理容易。但其对培养的细胞有很高的特异性
第四代	无血清、无蛋白质	适合多种不同细胞生长并可高温消毒的全能型培养基

无血清培养基中血清替代成分又称补充因子,包括激素、生长因子、结合蛋白和贴壁因子等。其中,胰岛素、生长激素、胰高血糖素、孕酮、氢化可的松、雌二醇等是常见激素,表皮生长因子、成纤维细胞生长因子等是常见生长因子,转铁蛋白、白蛋白等是结合蛋白常见种类,纤连蛋白、软骨纤连蛋白等是常见贴壁因子,亚硒酸钠、维生素、脂类、酶抑制剂等是其他常见的补充因子。在所有补充因子种类中,胰岛素、转铁蛋白和亚硒酸钠是几乎所有的细胞株在无血清培养基中生长时都需要的,一般被认为是必需补充因子。若采用动物源的补充因子,如激素、生长因子和转铁蛋白,同样存在与血清一样的安全隐患,因此,建议使用基因工程菌表达的补

充因子,这样便可避免安全隐患。

目前普遍认为,大多数导入目的基因的原细胞株一般还只能适应在含血清的培养基中贴壁生长,且细胞密度小、蛋白质表达水平低。如果要建立符合规模化药物生产需要的工程细胞株,一方面要构建和筛选生长性能好、蛋白质表达水平高的优质单克隆细胞株,另一方面还要进行工程细胞株的无血清驯化,使之能很好地在无血清培养基上进行大规模培养。目前无血清驯化一般有直接适应驯化和连续适应驯化两种方法。前者是直接将含血清培养基更换为无血清培养基进行长期的自适应进化,而后者则是采取逐步降低培养基中的血清含量和逐渐增加无血清培养基成分进行长期的自适应进化,该驯化方法比较温和。

2. 微载体培养技术

由于大部分哺乳动物细胞是锚地依赖性细胞(锚地依赖性细胞需要附着于带适量电荷的固定或半固体表面才能够生长,大多数动物细胞包括非淋巴组织细胞和许多异倍体体系的细胞都属于这一类型),需要贴壁培养。经历了由实验室方瓶到工业规模转瓶这样的发展过程。从前面介绍可知,转瓶培养具有其特有的一系列缺点,动物细胞大规模培养无需考虑此种方法。为了克服转瓶的缺点,1967 年,Van Wazel 等提出了用 DEAE-Sephadex A-50 作为微载体(microcarrier)进行动物细胞培养。这样锚地依赖性细胞既能贴附在微载体固体表面进行生长,又可将已贴附细胞的微载体投入到动物细胞大规模培养用的生物反应器(如搅拌式生物反应器、气升式生物反应器等)中,像非锚地依赖性细胞(非锚地依赖性细胞无需黏附于固相表面即可生长,血液、淋巴组织细胞、许多肿瘤细胞(包括杂交瘤细胞)和某些转化细胞属于这一类型的细胞,体外培养这类细胞时可采用类似微生物细胞的培养方法)一样进行大规模的悬浮培养。起初微载体在培养液中浓度不能太高。1977 年 Levine 等报道在 DEAE-Sephadex 的表面电荷密度合适时,动物细胞可生长在高浓度的微载体上。自此微载体培养技术作为锚地依赖性细胞培养的有效手段得到了迅速发展。

微载体是指直径在 $60\sim250\mu m$,能适用于贴壁细胞生长的微株。一般是由天然葡聚糖或者各种合成的聚合物组成了微载体。采用微载体培养具有以下优点:

①表面积与体积比(S/V)大,单位体积培养液的细胞产率高。

②由于采用均匀悬浮培养,把悬浮培养和贴壁培养融合在一起,具有两种培养方式的优点。

③可用显微镜观察细胞在微珠表面的生长情况。

④培养基利用率高。

⑤易放大,国外已有公司以 1000L 规模培养人体二倍体细胞来生产 β-干扰素。

⑥劳动强度小。

⑦细胞收获过程简单易操作。

⑧培养系统占地面积和空间小。

因此,微载体培养技术是目前公认的最有发展前途的一种动物细胞大规模培养技术。

(1)动物细胞在微载体表面的贴壁生长机理

锚地依赖性细胞在微载体表面上的增殖要经历以下三个阶段:黏附和贴壁、生长、扩展成单层。细胞在微载体表面的黏附主要靠静电引力和范德华力。能否在微载体表面黏附,是由细胞与微载体的接触概率和细胞与微载体的相融性决定的。想要提高细胞与微载体的接触概率,理论上可采用提高搅拌转速,以提高两者的碰撞频率来实现。实际上,由于动物细胞无细胞壁,对剪切力敏感,同时即使在高转速下能提高两者的接触概率,也会干扰到细胞贴壁过程,导致细胞来不及贴壁即被湍流带走,此方法是不可取的。通常的操作方式是在贴壁期采用低搅拌转速,时搅时停,经数小时后,待细胞附着于微载体表面时,维持设定的低转速,即可进入培养阶段。细胞与微载体的相融性与微载体表面的物理化学性质有关。一般动物细胞在生理pH下表面都带负电荷。控制细胞贴壁的基本因素是电荷密度而不是电荷性质。若微载体带正电荷,则细胞的贴壁速度的加快可借助于静电引力来实现。但若电荷密度过大,则反而产生"毒性"效应。若微载体带负电荷,因静电斥力而使细胞难于黏附和贴壁,如培养液中溶有或微载体表面吸附着二价阳离子作为媒介,则带负电荷的细胞也能贴附于带负电的微载体上。用血清蛋白(主要是一些糖蛋白起作用)或合成蛋白如纤维粘连蛋白(fibronetin)、多聚赖氨酸(polylysine)涂覆微载体表面,可以促进细胞的贴壁。接种细胞前,预先用含血清的培养液浸泡微载体或用这类蛋白包被微载体表面,通过这种方法,细胞的贴壁速度得以有效加快。

细胞在微载体表面的生长与生长环境有关。如所处条件最优,则细胞生长快,反之生长速率慢。细胞扩展成单层还与微载体表面有关。微载体表面光滑时细胞扩展快,表面多孔则扩展慢。

(2)微载体的主要特性

微载体的大小、密度、电荷等特性参数对微载体的选用是非常重要的。

①微载体大小,增大单位体积内表面积(S/F)有利于细胞的生长,这就要求微载体的颗粒直径尽可能地小,但是,微载体颗粒太小,要求接种密度较高,同时不利于高密度细胞的培养,因此,通常微载体直径控制在 $100 \sim 200 \mu m$ 之间。

②微载体密度,为了避免细胞损伤、减少泡沫同时降低能耗,动物细胞大规模培养要求在低搅拌转速下进行,一般整个培养过程搅拌转速控制在 $40 \sim 50 r/min$,因此,为了使微载体在慢搅拌下能很好地悬浮于培养液中,要求微载体密度比较小,一般为 $1.03 \sim 1.05 g/cm^3$,但是,随着细胞的贴附及生长,微载体密度将逐渐增大。

③微载体电荷,细胞既能在正电荷微载体上生长,也能在负电荷的微载体上生长,控制细胞黏附和贴壁的决定因素并不是电荷的性质,电荷密度才是关键问题,如果电荷密度太低,细胞贴附不充分,如果电荷密度太高,将会出现"毒性"作用进而影响到细胞的生长。

(3)制备微载体的材料

制备微载体的材料按其来源可分为两大类:人工合成聚合物和天然合成聚合物及其衍生物。早期微载体多采用人工合成聚合物,如聚甲基丙烯酸-2-羟乙酯(PHEMA)、聚苯乙烯、聚丙烯酰胺、聚氨酯泡沫、葡聚糖、低聚合度聚乙烯醇等制备。合成聚合物制备的微载体重复性和力学性能可以达到较高水平,但缺乏细胞识别位点,细胞在其表面的黏附、生长会受到一定的影响。天然聚合物及其衍生物因其取材方便、生物相容性好且价格低廉,已成为微载体制备材料的首选。常用的有明胶、胶原、纤维素、甲壳质及其衍生物及海藻酸盐等。

①明胶。明胶是胶原蛋白经温和、不可逆降解的产物。生物相容性好,价格相对低廉。明胶中的角蛋白、弹性硬蛋白、黑素和软骨素等对细胞黏附生长有一定的促进作用。为了提高载体的生物相容性,许多由其他基质制成的微载体,如 Cytodex3、CT23 等,往往都包裹一层明胶。

②胶原。胶原是一类可用于引导组织再生的生物材料。无抗原性,生物相容性好,可参与组织愈合过程。变性胶原多肽一级结构的某些特定位点可与培养液中纤黏素结合,形成胶原-纤黏素的复合物,对细胞的黏附与生长非常有帮助,这正是胶原在制备微载体方面倍受青睐的原因。在动物细胞培养中得到广泛应用的 Cytodex 3(Pharmacia)和多孔 Micmsphere(Verax)就是以胶原为基材制备的。也有将胶原用于微载体表面包覆材料的报道,如 Hillegas 等在聚苯乙烯微球表面包覆一层胶原后表现出很好的效果。但胶原的缺点是能吸附培养液中的营养成分,尤其是血清。

③纤维素。是由以 1,4-葡萄糖苷键连接的 β-D-吡喃葡萄糖元组成的一种均聚多糖。商品化的纤维素微载体有大孔的 Cellsnow 和 Cytopore 等。其优点是机械强度高,可回收使用。

④壳聚糖。壳聚糖是甲壳质脱乙酰后的产物。许多氢键存在于其分子链之间,分子中 β-1,4-糖苷键为其提供刚性和稳定性,氨基提供弱正电性,乙酰基提供疏水性,羟基具有良好的亲水性,但又不溶解于水。

⑤海藻酸盐。海藻酸盐是带有二价阴离子的天然线性多糖,由 1-4(直链型键合)的 α-L-古洛糖醛酸(G 单元)和 β-D-甘露糖醛酸(M 单元)残基组成的共聚物。它可以被生物体完全吸收,无不良反应。

(4)微载体种类

根据物理特性,微载体主要分为固体微载体和液体微载体两大类。前者更为常用,又分为实心微载体和大孔/多孔微载体。

①实心微载体。实心微载体易于细胞在微球表面贴壁、铺展和病毒生产时的细胞感染。实心微载体(dextranbased microcarrier)的比表面积小于空心微载体,可获得的细胞浓度较小,细胞易受搅拌、球间碰撞、流动剪切力等动力学因素破坏。Cytodex 系列是当前应用较为广泛的一种。实心微载体的制备多采用悬浮聚合的方法。

• Cytodex 1 微载体。为 DEAE-交联葡聚糖微载体,其结构为 Dextran-O-CH$_2$-CH$_2$-N$^+$(C$_2$H$_5$)$_2$。其电荷密度为 1.5～2.0meq/g(干),整个基质都带有正电荷。该微载体是当前用途最广的一种,对血清有较强的吸附作用是尚且需要改善的地方,而且其 pK 值为 9.2。

• Cytodex 2 微载体。结构为 Dextran-O-CH$_2$-CH(OH)-CH$_2$-N$^+$(CH$_3$)$_3$,是一种季胺结构的微载体,它仅在微载体表面带有正电荷,且电荷密度要低得多[0.6meq/g(干)],基本上培养基中营养成分及代谢物都不会被其吸附。特别适合于生产病毒和从原代细胞或纤维形二倍体细胞生产生物制品。

• Dormacell 微载体。结构为 Dextran-O-CH$_2$-CH$_2$-N$^+$(C$_2$H$_5$)-CH$_2$-CH$_2$-N$^+$H(C$_2$H$_5$)$_2$。其 pK 值为 6.5,非常适合动物细胞培养的 pH 要求。仅在微载体表面带有正电荷,其电荷密度也比 Cytodex 1 低,对培养基中营养成分和代谢物的吸附能力较低。

• Cytodex 3 微载体。结构为 Dextran-O-CH$_2$-CH(OH)-CH$_2$-NH-胶原。是交联葡聚糖包被胶原而成的一类微载体。因微载体表面包被了变性胶原,对细胞具有良好的亲和性,特别对上皮形态细胞的贴壁培养更有其独到之处,对于其他类型细胞如肝细胞、软骨细胞、表皮细胞、肌细胞等也已有用这种微载体进行培养的报道。经水解蛋白酶特别是胶原酶消化后,容易收获细胞,剥落过程细胞不受损伤,活细胞收获量高。Gebb 等研究发现,利用该微载体培养牛胚胎肾细胞,细胞贴壁量及细胞产率都比 Cytodex 1 高,是迄今公认的最优秀的一种实心微载体。

②大孔/多孔微载体。为了克服实心微载体比表面积和可获得细胞浓度小的缺陷,1985年由 Verax 公司开创了具有完全连通沟回的大孔微载体(Verax 系列大孔加重胶原珠),在此之后,又出现了多种大孔微载体。有学者预言大孔微载体培养技术将成为动物细胞的普遍培养方式,在未来的动物细胞培养领域中将发挥重要作用。制孔是大孔微载体制备的关键,成孔剂析出法和气体发泡法是常见的制孔方法。成孔剂有盐、糖类、冰晶等。后者常用的气体为 CO_2。

由于大孔微载体将细胞固定在孔内生长,因而与其他培养方法相比,具有以下优点:①比表面积大,是实心微载体的几倍至几十倍;②细胞在孔内生长,受到保护,剪切损伤小;③与包埋法相比,传质(尤其是传氧)效果比较理想;④适用于所有细胞;⑤细胞三维生长,细胞密度是实心微载体的 10 倍以上,有的可达 $1×10^8$ 个/mL;⑥放大潜力大;⑦适用于长期维持培养,如在 Verax 流化床系统维持培养 100 多天,细胞的生长情况依然良好;⑧最适合蛋白质生产和产物分泌;⑨微载体浓度高,实心微载体在培养液中浓度增大到一定时,细胞密度反而会下降,而大孔微载体在浓度较高时,表面碰撞增加,能促使细胞在孔内生长;⑩培养规模和单位细胞密度都能够在很大程度上得以提高。但它在空间上阻碍了氧等营养成分的传递和病毒对细胞的感染,使代谢废物在其中累积。自 Verax 系列大孔微载体开发成功以来,已不断涌现出一些新的大孔微载体产品,其中最常见的见表 9-2 所示。

表 9-2　商品大孔微载体

商品名及厂家	基质	高压热灭菌	粒径/μm	质量密度/(g·cm⁻³)	孔径/μm
Cultispher GL (Percell Biolytica)	明胶	可	170~270	1.04	10~20
Cultispher GD (Percell Biolytica)	加重明胶	可	300~500	—	10~20
Cultispher GL (Percell Biolytica)	明胶	可	170~270	1.04	50~70
Cultispher GP (Percell Biolytica)	明胶/钛	可	170~270	—	50~70
Verax VX-100(Verax)	加重明胶	否	500	1.6~1.7	20~40
Microsphere(Verax)	明胶	否	500~600	—	20~40
Informatrix(Biomat)	明胶/氨基葡聚糖	否	40~800	1.002	20~60
Siran(Scebart Glass Work)	玻璃	否	300~5000	—	10~400

表 9-3 是广泛使用的 Verax 流化床系统与常规传统大规模培养结果的比较。不难得出 Verax 系统的细胞密度和体积产率都比相应的常规培养高。

表 9-3 Verax 流化床/微载体培养操作

培养类型	细胞类型	细胞密度/(个·mL^{-1})	体积产率/(ng·mL^{-1}·h^{-1})
流化床/微载体(大孔)	杂交瘤	0.3×10^8	30
流化床/微载体(大孔)	贴壁细胞	1.3×10^8	1.2
恒化悬浮培养	杂交瘤	2×10^6	2
微载体/搅拌罐	贴壁细胞	2×10^6	0.02

③液膜微载体。固体微载体不能重复使用,细胞容易脱落,而且收获细胞时因使用胰蛋白酶消化会使细胞受到损伤。针对固体微载体存在的不足之处,Keese 等将氟碳化合物液体与聚赖氨酸的碱溶液搅拌混合,则可制得含直径 $100\sim500\mu m$ 微液珠(droplet)的稳定的乳浊液。一层聚赖氨酸存在于微液珠表面。这些微液珠可被加到富含血清的培养液中,动物细胞即贴附于微液珠表面生长和扩展。培养结束时停止搅拌,将培养液离心,重相氟碳化合物液体下沉,水相在上面,在两相的交界处是中等密度的细胞,因此细胞的收获几乎是没有难度的。该工艺去除了胰蛋白酶消化程序,同时氟碳化合物经洗涤后可重复使用。Keese 等报道了用液膜微载体培养鼠 L 细胞和人二倍体纤维细胞。但是这种微载体也有一些缺点,如由于所形成的微液珠的大小不均匀,导致每个微液珠表面所贴附的细胞数量不一致,进而影响到细胞的产率。另外由于采用了离心分相技术来收集菌体,在一定程度上增加了放大培养过程的难度。

(5)微载体的选择

是由所用细胞种类和培养目的来决定了微载体的选择。对生长力旺盛的构建细胞系,采用葡聚糖微载体比较合适。葡聚糖微载体也广泛地应用于疫苗、干扰素等生物制品的大规模生产中。在这类生产中,不必从微载体中收获和分离细胞,而且产物可从培养液中提取。如果细胞产物被吸附,可考虑采用只是表面带电荷的葡聚糖微载体(如 Cytodex 2 和 Dormacell)。

对逐步放大培养操作,需要将前次规模培养的细胞从微载体上剥落下来作为下次规模培养的种子,因而需要采用胰蛋白酶和 EDTA 处理微载体,以剥落细胞。因此,凡是需要剥落细胞的培养最好采用玻璃或变性胶原微载体。此类微载体在对原代细胞培养中也用得到。

3. 灌注培养技术

灌注培养(perfusion culture)是指细胞接种后进行培养,一方面新鲜培养基不断地加入反应器内,另一方面又连续不断地取出培养液,但细胞留在反应器内,使细胞处于不断的营养状态中。灌注培养与连续培养虽然培养液都是以一定速度流入反应器中同时又以相同速度从反应器中流出,但是它们之间存在根本区别。即连续培养时细胞随培养液一起从反应器内流出,而灌注培养时细胞则被截留在反应器内而不随培养液一起流出。

当高密度培养动物细胞时,必须确保补充给细胞以足够的营养并去除有毒的代谢废物。虽然半连续培养也可达到补充营养的目的,但是在细胞密度达到一定量时,废代谢物的浓度可能在换液前就达到了产生抑制的程度。灌注技术是降低废代谢物抑制作用的有效方法。通过调节灌注速度,把培养过程保持在稳定的、废代谢物低于抑制水平的状态。一般分批培养中细胞密度为$(2\sim4)\times10^6$ 个/mL,而灌注培养可达$(2\sim5)\times10^7$ 个/mL。灌注技术已成功应用于许多不同的培养系统,规模从几升到几百升。

采用灌注培养优越性不仅在于提高了培养的细胞密度,而且对产物的表达和纯化也非常有帮助。例如,Prior 等以基因工程 CHO 细胞生产人组织型纤维蛋白溶酶原激活剂(tPA)的研究时,对分批培养、半连续培养、灌注培养进行了详细的研究,结果表明灌注培养不仅能提高细胞密度而且能提高 tPA 的产量和质量(如表 9-4 所示)。其原因在于分批培养时培养基中的 tPA 长时间处于培养温度(37℃)下,可能产生降解、聚合等多种形式的变化,会对得率和生物活性造成一定的影响。而当采用灌注培养时,tPA 在罐内的停留时间大大缩短,相对于分批培养时的数天一般可缩短至数小时。另外,可以在灌注系统中配有冷藏罐,把取出的反应液及时贮存在 4℃左右的冷藏罐中,使 tPA 的生物活性得到保护。

表 9-4　不同培养工艺对 tPA 的产量和活性的影响

培养工艺	分批培养	半连续培养	灌注培养
纯化得率(%)	8	21	65
纯化物质的相对产量	1	1.33	7.74
比活性/$(IU \cdot mg^{-1})$	114.4	391.3	392.6

(五)动物细胞大规模培养装置

培养装置类似于微生物,但有些特殊考虑,具有代表性的是以下几点:

①搅拌桨叶的形状和搅拌转速要有特殊设计。动物细胞膜薄而脆弱,受不了强烈机械搅拌。搅拌桨叶以 3 片叶轮为好,也可用塑料纤维制的风帆式桨叶。转速要慢,一般是 8～20r/min。悬浮培养可加挡板,微载体培养以不装为好。

②培养系统必须保持长期无菌状态。因动物细胞生长缓慢,抗杂菌污染能力不是特别好,故务必要保证系统具有良好的密封性。最好用磁力搅拌,采用机械搅拌要有防止污染措施。培养初期可加少量抗生素(如青霉素、链霉素等),但细胞长成致密单层时应避免加入,因抗生素可使细胞从微载体表面脱落下来。

③培养罐、配管的材质必须要对培养的细胞无毒害作用,通常都采用含钛的不锈钢。所用橡皮垫圈或橡胶衬垫必须事先经过热水浸泡,否则,橡胶中的增塑剂或添加物就会因蒸汽加热而溶出,对细胞产生毒害作用,进而影响到细胞的正常生长。

和动物细胞的培养方法相对应,培养装置可分为悬浮培养器、贴壁培养器和微载体悬浮培养器三种形式。

1. 动物细胞悬浮培养器

有少数动物细胞如杂交瘤细胞、肿瘤细胞可以像微生物那样在通气搅拌反应器内悬浮培养。图 9-3 是一种实验室内用于液体悬浮培养的培养瓶,容积为 0.1～0.2L,培养液依靠磁力驱动的搅拌器低转速搅拌,而借助于液体上的空气表面曝气溶氧能够有效扩散,瓶内空气混有 5% 的二氧化碳,作为

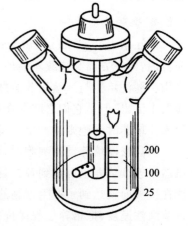

图 9-3　液体悬浮培养瓶

调节培养液酸碱度之用。

图 9-4 也是一种实验室规模的培养装置。容器规模为 4～40L,该生物反应器的特点是搅拌桨是用尼龙丝编织带制成船帆形,搅拌轴也用磁力驱动旋转,转速为 20～50r/min,氧气通过插入溶液中的硅胶管扩散到培养液内。该装置采用新鲜培养液连续流加,而流出的培养液则通过旋转过滤器分离细胞后被排出,所以这种培养系统也称为灌注系统。

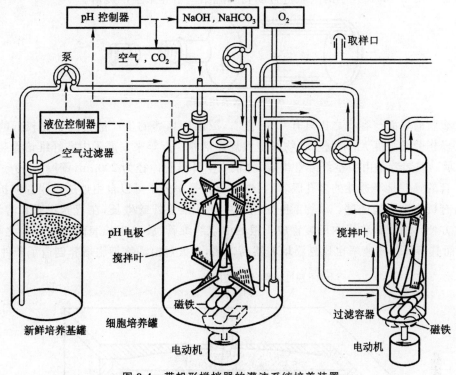

图 9-4 带帆形搅拌器的灌注系统培养装置

经过改进后的常规发酵罐也可用于动物细胞的悬浮培养,搅拌桨和通气装置的改进是其关键所在,通常可用螺旋桨搅拌器取代圆盘涡轮式搅拌器,以减少液体搅动时的剪切力。用扩散渗透通气装置来取代传统的通气管,搅拌转速控制在每分钟数十转,在这样低的转速下,可去掉培养罐的挡板。图 9-5 是工业规模装置的示意图。

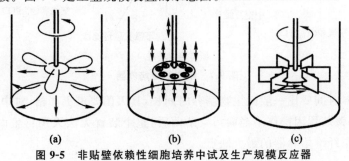

图 9-5 非贴壁依赖性细胞培养中试及生产规模反应器

(a)桨叶搅拌;(b)振动混合;(c)涡轮搅拌

2. 动物细胞贴壁培养器

大部分动物细胞需附着在固体或半固体表面才能生长,细胞在载体表面上生长并扩展成一单层,传统的培养装置是采用滚瓶培养,图 9-6 所示的滚瓶装入培养基并接种后,放在一个装置上,使瓶缓慢旋转,动物细胞在滚瓶壁贴壁生长繁殖,到一定时候将细胞收获。目前很多生物制品工厂用 4～30L 大小的滚瓶进行动物细胞贴壁培养来生产疫苗。

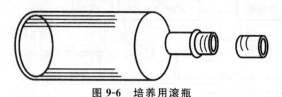

图 9-6　培养用滚瓶

由于滚瓶的表面与容积之比只有 0.35 左右,故滚瓶培养的生产能力处于比较低的水平,而且手工操作劳动强度大,限制了动物细胞大规模培养。近年来发展了中空纤维培养装置(如图 9-7 所示),该装置是由中空纤维管组成,每根中空纤维管内径为 $200\mu m$,壁厚为 $50～75\mu m$,中空纤维管的管壁是半透性的多孔膜,氧与二氧化碳等小分子可以自由地透过膜双向扩散,而大分子的有机物则不能透过。动物细胞贴附在中空纤维管外壁生长,在营养物质和溶氧的获取上非常方便。由于该装置内可装置成千根的中空纤维管,故其生长表面积与容积之比可达 40 余倍,而其溶氧传质速率也比悬浮培养器高 3 倍,为大规模动物细胞培养创造了条件。

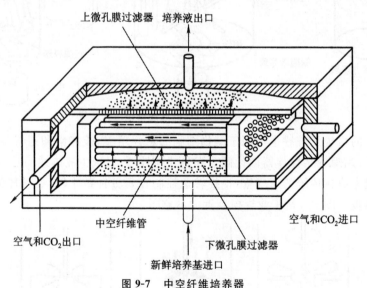

图 9-7　中空纤维培养器

动物细胞培养时间要比一般微生物培养时间长,其灭菌要求更严格,对中空纤维培养器来讲至关重要,如果该装置因操作不当而污染杂菌后,整个装置无法灭菌再生而报废,经济损失就较大。这是中空纤维培养器的最大缺点。

3. 动物细胞微载体悬浮培养器

用微珠作载体,使单层动物细胞生长于微珠表面,可在培养液中进行悬浮培养,这种培养方式将单层培养和悬浮培养结合起来,是大规模动物细胞培养技术最有前途的方法。

　　贴壁培养动物细胞的载体微珠称为微载体。可用交换当量低的葡聚糖凝胶、聚丙烯酰胺、明胶或甲壳质等来制造该微珠,微载体球径为 $40\sim120\mu m$,经生理盐水溶胀后,其直径为 $60\sim280\mu m$ 。用于动物细胞培养时,要求球径较为均匀,径差小于 $25\mu m$ 。溶胀后的微载体密度稍大于培养液的密度,一般要求密度在 $1.03\sim1.05g/mL$,以便在反应器内经缓慢搅拌后,微载体能悬浮起来。

　　图 9-8 是用中空纤维来作通气装置的微载体悬浮培养反应器,培养液通过下层螺旋桨搅拌器被缓慢地搅动循环,转速可在 $0\sim80r/min$ 之间调节,使微载体在培养液中保持悬浮状态。该反应器最大的特点是用直径为 2.5mm 的聚四氟乙烯中空纤维管作为通气供氧装置。空气在管内,氧分子通过半透性的管壁溶透到培养液中,供给动物细胞生长。采用此通气供氧方式,在培养液中不会产生气泡,动物细胞也就不会受到损坏。

　　图 9-9 为一种带气腔的动物细胞反应器。其外壳是一个圆锥形筒体,锥筒体内装有一个可旋转的塑料丝网气腔,在气腔的尖端部带有一螺旋桨搅拌器,靠螺旋桨的翻动,使培养液循环流动,也使微载体悬浮于培养液中。有一圈气体鼓泡管存在于塑料丝网气腔内,可对通入的4 种气体(氧、氮、二氧化碳和空气)通过配比调节来控制培养液的 pH 和溶氧浓度,以满足动物细胞生长所要求的条件。

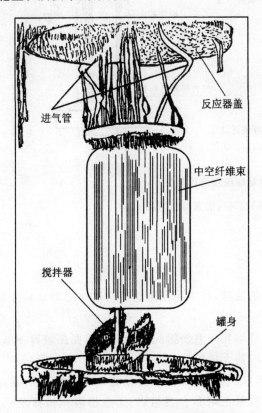

图 9-8　带中空纤维束的动物细胞微载体悬浮培养反应

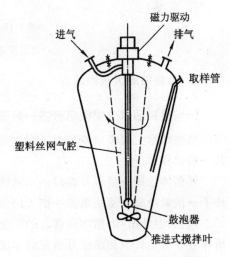

图 9-9　锥形动物细胞培养反应器

　　另一类型的动物细胞微载体悬液培养反应器如图 9-10 所示。反应器内只有一个旋转圆筒,在圆筒上部有 3~5 个中空的导向搅拌桨叶,在圆筒外壁上用 200 目不锈钢丝网焊成一个环状气腔,气腔下面有一圈气体分布管。反应器运转时,圆筒由轴联动一起以 $0\sim50r/min$ 的转速旋转,培养液由于中空导向桨叶的搅动作用,由圆筒下部吸入液体与微载体的悬浮液,从中空导向桨叶流出,循环流动得以形成。在气腔内气体由分布管鼓泡,气体溶于液体中,依靠气腔丝网外液体的循环流动及扩散作用,使溶于液体中的气体成分均匀地分布到反应器内。使用 200 目丝网的作用是保证微载体不进入到气腔,而气泡也不流入到培养悬浮液中,气泡就无法直接与动物细胞的接触。该反应器还带一个进入气腔的混合气体(氧、氮、二氧化碳和空气)调气系统,用来自动控制溶氧和 pH。该反应器操作较方便,转速控制稳定。

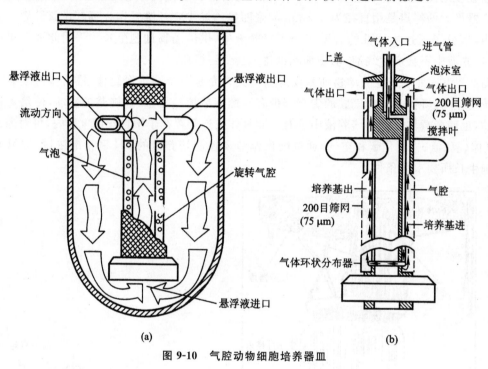

图 9-10　气腔动物细胞培养器皿

(a)培养反应器;(b)旋转气腔装置示意图

二、植物细胞大规模培养

(一)植物细胞大规模培养的一般流程

植物细胞大规模培养类似于微生物细胞的发酵,可采用发酵罐进行液体培养基悬浮培养。其一般流程如下:

外植体选择→消毒并切口→半固体培养基培养→愈伤组织三角瓶液体振荡培养→单细胞种子→液氮冷藏→复活培养→扩大培养→反应器大规模培养

包括:①外植体(植物体器官的一部分)选取;②用次氯酸钠等消毒液对外植体消毒;③外植体置于含生长素和细胞分裂素的半固体培养基上培养愈伤组织;④愈伤组织转移至三角瓶振荡培养游离单细胞种子液;⑤所得种子冷藏于液氮中;⑥需要时从液氮中取出一部分解冻,进行复活培养;⑦最后接入大规模培养生物反应器;⑧收集细胞,将产物提取并纯化。

(二)植物细胞的特性

植物细胞培养的特性有：①植物细胞比微生物细胞大得多，有纤维素细胞壁，细胞耐拉不耐扭，抵抗剪切力差；②培养过程生长速度缓慢，易受微生物污染，需用抗生素；③细胞生长的中期及对数期，易凝聚为直径达 $350\sim400\mu m$ 的团块，悬浮培养较难；④培养时需供氧，培养液黏度大，不能耐受强力通风搅拌；⑤具有群体效应，无锚地依赖性及接触抑制性；⑥培养细胞产物滞留于细胞内，且产量较低；⑦培养过程具有结构与功能全能性。

(三)植物细胞培养基的组成

植物细胞培养和动物细胞培养比起来，植物细胞能够在简单的合成培养基上生长是其最大的优点。植物细胞大规模培养目的是生产细胞、初级代谢产物、次级代谢产物、疫苗或用于生物转化，迄今虽有几种已知成分培养基为人们普遍采用，但不同培养基的培养结果有一定的差异。因此，需要根据不同培养对象、培养目的及培养条件探索适宜培养基。无论培养目标设计是针对细胞生长还是针对代谢产物的积累，其培养基的成分由碳源、有机氮源、无机盐类、维生素、植物生长激素和有机酸等物质组成。

(1)碳源

蔗糖或葡萄糖是常用的碳源，果糖比前二者差。其他的糖类不适合作为单一的碳源。通常增加培养基中蔗糖的含量，能够在一定程度上增加培养细胞的次生代谢产物量。

(2)有机氮源

通常采用的有机氮源有蛋白质水解物(包括酪蛋白水解物)、谷氨酰胺或氨基酸混合物。有机氮源对细胞的初级培养的早期生长阶段非常有帮助。L-谷氨酰胺可代替或补充某种蛋白质水解物。

(3)无机盐类

对于不同的培养形式，无机盐的最佳浓度有一定的差异。通常在培养基中无机盐的浓度应在 25mmol/L 左右。硝酸盐浓度一般采用 $25\sim40$mmol/L，虽然硝酸盐可以单独成为无机氮源，但铵盐的加入有利于细胞的生长。如果添加一些琥珀酸或其他有机酸，铵盐也能单独成为氮源。培养基中必须添加钾元素，其浓度为 20mmol/L，磷、镁、钙和硫元素的浓度为 $1\sim3$mmol/L。

(4)植物生长激素

天然的和合成的植物生长激素存在于大多数植物细胞培养基中。植物生长激素分成两类：生长素和分裂素。生长素在植物细胞和组织培养中可促使根的形成，吲哚丁酸(IBA)、吲哚乙酸和萘乙酸是最有效且最常用的。分裂素通常是腺嘌呤衍生物。使用最多的是 6-苄氨基嘌呤(BA)和玉米素(Z)。分裂素和生长素通常一起使用，促使细胞分裂、生长。其使用量为 $0.1\sim10$mg/L，根据不同细胞株而异。

(5)有机酸

加入丙酮酸或者三羧酸循环中间产物如柠檬酸、琥珀酸、苹果酸，能够保证植物细胞在以铵盐作为单一氮源的培养基上生长，并且耐受钾盐的能力至少提高到 10mmol。三羧酸循环中间产物，也能够在一定程度上提高接种量的细胞和原生质体的生长。

(6)复合物质

通常作为细胞的生长调节剂如酵母抽提液、麦芽抽提液、椰子汁和水果汁。目前这些物质已被已知成分的营养物质所替代。在许多例子中还发现,有些抽提液对细胞有毒性。目前仍在广泛使用的是椰子汁,在培养基中浓度是 $1\sim15\mathrm{mmol/L}$。

目前,M_s、B_5、E_1、N_6、NN 和 L_2 等是应用最广泛的基础培养基。

(四)植物细胞培养方法

单倍体培养、原生质体培养、固体培养、液体培养、悬浮培养和固定化细胞培养是常用的植物细胞培养方法。大规模植物细胞培养一般都采用生物反应器悬浮培养。

1. 单倍体细胞培养

主要是指花药培养(anther culture)。将花药在人工培养基上进行培养,可以从小孢子(雄性生殖细胞)直接发育成胚状体,然后长成单倍体植株,或者是通过组织诱导分化出芽和根,最终长成植株。

2. 原生质体培养

原生质体培养(protoplast culture)是植物的体细胞(二倍体细胞)经过纤维素酶处理后可去掉细胞壁,获得的除去细胞壁的细胞称为原生质体。在良好的无菌培养基中,该原生质体可以生长、分裂,最终可以长成植株。实际过程中,也可以用不同植物的原生质体进行融合与体细胞杂交,由此可获得细胞杂交的植株。

3. 固体培养

固体培养是在微生物培养的基础上发展起来的植物细胞培养方法。固体培养基的凝固剂除去特殊研究外,基本上都使用的是琼脂,浓度一般为 $2\%\sim3\%$,细胞在培养基表面生长。原生质体固体培养则需混入培养基内进行嵌合培养,或者使原生质体在固体-液体之间进行双相培养。

4. 液体培养

液体培养也是在微生物培养的基础上发展起来的植物细胞培养方法,液体培养可分为静止培养和振荡培养等两类。静止培养不需要任何设备,适合于某些原生质体的培养。振荡培养需要摇床,使培养物和培养基保持充分混合以利于气体交换。

5. 悬浮培养

植物细胞的悬浮培养(cell suspension culture)是一种使组织培养物分离或单细胞不断扩增的方法。在进行细胞培养时,需要提供容易破裂的愈伤组织进行液体振荡培养,愈伤组织经过悬浮培养可以产生比较纯一的单细胞。用于悬浮培养的愈伤组织应该是易碎的,这样在液体培养条件下,分散的单细胞即可有效获得,而紧密不易碎的愈伤组织就不能达到上述目的。和固体培养比起来,悬浮培养具有以下三个优点:

①增加培养细胞与培养液的接触面,改善营养供应。

②可带走培养物产生的有害代谢产物,避免有害代谢产物局部浓度过高等问题。

③保证了氧的充分供给。

6. 固定化细胞培养

固定化细胞培养是在微生物和酶的固定化培养基础上发展起来的植物细胞培养方法。该法类似于固定化酶或微生物细胞,应用最广泛的、能够保持细胞活性的固定化方法是将细胞包埋于海藻酸盐或卡拉胶中。由于固定化细胞比自由悬浮细胞培养有较好的机械性、较高的产率、更长的产物合成期,所以特别适合细胞培养产生活性代谢产物。因此,固定化培养技术是植物细胞大规模培养的发展方向。

7. 大规模生物反应器悬浮培养

与发酵工程一样,按照操作方式,植物细胞的大规模生物反应器悬浮培养有以下三种培养方式。

(1)分批培养

一次性添加培养液培养,期间不更换培养液,其细胞生长动态成典型的 S 型生长曲线。为了达到大量积累产物的目的,近年来又发展了补料分批培养。当培养进入产物合成阶段时添加一定量的有利与产物合成的培养基,使产物的积累量得以提高。分批培养的培养装置和操作简单,培养周期短,但培养过程中细胞生长、产物积累、培养基物理状态随时间的变化而变化,培养检测的难度比较大。

(2)连续培养

连续地以一定速度添加培养液或营养盐,同时将旧的培养液有效排除,总培养液体积维持不变。连续培养可以延长细胞培养周期,延长了产物积累的时间,增加了产量。同时,细胞密度、基质及产物浓度等趋于恒定,方便了系统检测。但连续培养装置要复杂一些。

(3)半连续培养

在培养过程中,每隔一定时间更换一部分培养液或者添加营养成分。这种培养方式可以节省种子培养成本,但保留细胞的状态差异较大,特别是衰老细胞不能及时淘汰,从而会对下一培养周期细胞生长的一致性造成一定的影响。

需要说明的是,由于不同植物细胞的生长和产物代谢存在较大差异,因此,植物细胞培养除了上述基本方式外,常根据不同的要求进行相应改进。如当细胞生长和产物合成需要不同的培养基时,就需要采用两步法建立培养体系,先在细胞生长培养基中培养大量细胞,当细胞生长进入合成产物阶段后,再将其转入到产物合成培养基(生产培养基)中培养,在产物合成阶段又可采用连续培养方式以延长细胞生产时间。

(五)植物细胞大规模培养条件控制

植物细胞中不同物质产生于代谢过程不同阶段,故用植物细胞培养生产次生物质时受到多种外界因素影响,其中主要包括:

1. 光照影响

植物细胞培养中,光照时间长短、光质及光的强度对次生物产率会有一定的影响,如在连续红光或远红光作用下,玫瑰细胞培养物形成的挥发油成分类似于连续黑暗培养者,而用蓝光和白色荧光照射 15h 或 24h 所形成的成分相似,但区别于暗培养者;此外,有时光照对某些次生物质的合成亦有抑制作用,如烟草 NC2512 细胞培养物连续暗处理,其尼古丁含量高于连续光照处理;有些植物细胞次生物产率不受光照影响,如橙叶鸡血藤细胞培养物的蒽醌产率及烟草细胞培养物的泛醌产率均不受光照影响。由此可知,植物细胞培养过程,光照影响是复杂的,故需根据培养对象的不同采取不同的光处理措施。

2. 温度影响

植物细胞的培养会受温度的影响,如烟草 NC2512 细胞在 20℃ 及 25℃ 时细胞生长速度均良好,但尼古丁产率在 25℃ 时达到最高;又如甘薯悬浮细胞培养物从 30℃ 和 32℃ 向 25℃ 转移后,对培养基中蔗糖及氨利用率下降,细胞生长速度减慢。由此可知,温度对植物细胞培养有影响,但无一定规律可循。

3. 培养基成分的影响

培养基中无机物、有机碳源、生长调节物质及 pH 的改变对细胞生物量的增长率及次生物产率均有很大影响,如适当增加培养基中氮、磷及钾含量通常能够在一定程度上提高细胞生物量的增长率,2,4-D 可抑制烟草细胞尼古丁产量,NAA 却可提高橙叶鸡血藤悬浮细胞培养物中蒽醌产量;一般植物细胞培养基以 pH 5~6 为宜,如甘薯细胞培养时,维持其 pH 为 6.3,次生物产量较不控制 pH 高 1 倍,当 pH 降至 4.8 时,就会抑制色氨酸的积累;此外,植物细胞内的复杂酶系可催化多种反应,故在植物细胞培养基中添加某些前体物可提高次生物产率。因此,改变培养基成分对植物细胞培养有较大影响,工业上应根据培养对象的具体情况改变培养基组成。

4. 搅拌与通气的影响

细胞生长过程需维持其正常呼吸作用,悬浮细胞及固定化细胞培养时供氧方式是有明显区别的,前者可采用搅拌和通气方式,后者仅能采用通气方式,搅拌速度通常为 150r/min,速度过快的话就会破坏细胞;通气过程,一般用含 5% CO_2 的洁净空气为佳,通气量应适当,供氧量过多或过少均会对细胞的生长及次生物的产量造成一定的影响。

5. 培养设备

对大多数植物细胞培养而言,常用间歇式反应器来进行培养。通常使用的摇瓶、通用式发酵罐、鼓泡式、气升式和旋转圆筒式的生物反应器都可用于植物细胞培养。植物细胞培养反应器已从实验室规模的 1~30L 放大到工业性试验规模 130~20000L。常见的植物细胞培养器具体如图 9-11 和图 9-12 所示。

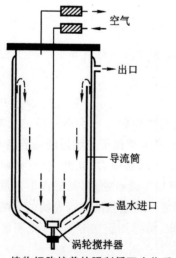

图 9-11 植物细胞培养的强制循环生物反应器

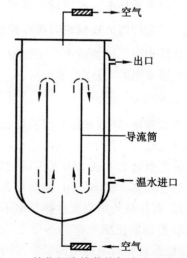

图 9-12 植物细胞培养的气升式环流反应器

　　总之,植物细胞培养过程,影响细胞生物量及次生物产量的因素很多,有时不同因素之间尚有相互制约作用,且无一定规律可循,最适宜培养条件需要根据具体培养材料进行反复试验。

第十章　发酵工业清洁生产与环境保护

第一节　清洁生产技术

在人类历史的长河中,工业革命标志着人类的进步,给人类带来巨大财富的同时也在高速消耗着地球上的资源,在向大自然无止境地排放着危害人类健康和破坏生态环境的各种污染物。自 20 世纪中叶人们开始关注由于工业飞速发展带来的一系列环境问题,世界各国针对工业排出的污染物进行治理,然而末端治理随着工业迅速发展显示出一定的局限性,不能有效地遏制环境的恶化和根本解决污染问题。人们寻求一种节约资源、能源、排污少和经济效益最佳的生产方式,探索一条既落实环境保护基本国策、实施可持续发展战略,又使经济、社会、环境、资源协调发展的新途径。

一、清洁生产的概念和主要内容

(一)清洁生产的概念

清洁生产(cleaner production)是指将综合预防的环境策略持续地应用于生产过程和产品中,在一定程度上减少对人类和环境的风险性。对生产过程而言,清洁生产包括节约原材料和能源,淘汰有毒原材料并在全部排放物和废物离开生产过程以前减少它的数量和毒性;对产品而言,清洁生产策略旨在减少产品在整个生产周期过程中(包括从原料提炼到产品的最终处理)中对人类和环境的不利影响。末端治理技术不包括在清洁生产中,如空气污染控制、废水处理、固体废弃物焚烧或填埋,通过应用专门技术、改进工艺技术和改变管理态度来实现。这是区别于传统生产模式和传统环境保护模式的一种全新的模式。

(二)清洁生产的目的和内容

清洁生产也被称为"无废工艺"、"废物减量化"、"污染预防"等,它的提出是环境保护战略由被动转向主动的新潮流。是时代的要求,是世界工业发展的一种大趋势,是相对于粗放的传统生产模式的一种方式,概括地说就是:低消耗、低污染、高产出,是实现经济效益、社会效益与环境效益相统一的 21 世纪工业生产的基本模式。

1. 清洁生产的目的

①通过资源和能源的综合利用,短缺资源的代用,二次资源和能源的利用,以及节能、减耗、节水、节地、合理利用和循环利用自然资源,减缓资源的耗竭,保持生态的平衡;

②减少废物和污染物的产生与排放,促进和完善工业产品的生产和消费过程,使之与环境相容,减少和防止工业活动对人类和环境带来的危害。

综合上述,清洁生产从狭义上说,是一种具体的技术(方法),节能、降耗、节水、安全、无污染等内容均包括在内;从广义上讲,是一种包括哲学、经济学、环境科学、企业管理学、生产工艺学等方面的综合科学,是实现经济可持续发展的一种新模式。

2. 清洁生产的内容

①清洁的原材料:少用或不用有毒有害及稀缺原料。采用高效、少废和无废生产技术和工艺,减少原材料和物料消耗,减少副产品生成,提高产品质量。现场循环利用物料、废弃物等;

②清洁的能源:包括节约能源、新能源开发、可再生能源利用、现有能源的清洁利用以及对常规能源(如煤)采取清洁利用的方法,如城市煤气化、乡村沼气利用、各种节能技术等;

③清洁的生产过程:生产中产出无毒、无害的中间产品,减少副产品;改进装置和设备,或采用新装置、新设备,使污染物的排放降到最低;选用少废、无废工艺,开发和采用闭路循环技术,其核心在于将生产工艺过程产生的污染物最大限度地加以回收利用和循环利用,以最大限度地减少生产过程中排出的三废数量;减少生产过程中的危险因素(如高温、高压、易燃、易爆、强噪声、强振动声),合理安排生产进度;培养高素质人才,使用简便可靠的操作和控制方法,完善管理,树立良好的企业形象等;

④清洁的产品:产品设计应考虑节约原材料和能源,昂贵、短缺及有害有毒的原料要尽可能地少用或不用,改变产品品种结构,使之达到高质量、低消耗、少(或无)污染。产品在消费使用过程中和使用后,不会对人体健康和生态环境产生不良影响;产品的包装安全、合理,在使用后易于回收、重复使用和再生,产品的使用功能和寿命合理;

⑤清洁的后处理:有效处理和综合利用生产和消费过程中副产物或废弃物的排出是避免不了的,使之减少或消除对人类和环境的危害。研究开发和利用低耗、节能、高效的三废治理技术,强化管理,使最后必须排放的污染物对环境的污染及对人类的危害达到许可范围或最低限度。

二、发酵行业开展清洁生产的重要意义和必要性

现代发酵工业以大规模的液体深层发酵为主要特征。一家发酵工厂日产发酵液有几百吨甚至几千吨,而产品在发酵液中所占比例都处于比较低的水平,大多集中在10%以下,许多高价值或大分子产品浓度更低,有的甚至低于1%,所以,发酵过程中大量有机废液就无法避免。按目前情况,生产1t产品要排放15～20t高浓度有机废水(COD通常在5×10^4 mg/L以上),因而大量的发酵废液如果没有切实可行的、经济效益和环境效益俱佳的先进技术进行处理的话,给环境造成严重污染是一定的。

发酵工业的废水污染源主要是高浓度有机废水,如味精生产中的等电结晶母液、酒精生产中的蒸馏废液、柠檬酸发酵液中的废糖水等。这些高浓度有机废水有以下一些共同特点,一是浓度高,COD通常在$4 \sim 8 \times 10^4$ mg/L;二是排放量大,一般在$15 \sim 20 \mathrm{m}^3/\mathrm{t}$产品;三是无毒且富含营养物质,如味精生产中的等电母液COD为$5 \sim 8 \times 10^4$ mg/L,固形物含量8%～10%,母液中谷氨酸含量1.2%～1.5%、硫酸根含量3.5%～4.0%、菌体蛋白含量1.0%、铵根含量1.0%以及其他一些氨基酸、有机酸、残糖和无机盐等。这些物质都是宝贵的资源、流入江河则造成水体的富营养化,给环境造成很大的危害。若能综合利用,在消除污染的同时还可以获得巨大的经济效益。

大量研究证明,实施清洁生产可以节约资源、削减污染、降低污染治理设施的建设和运行费用、提高企业经济效益和竞争能力;实施清洁生产,可以将污染物消除在源头和生产过程中,污染转移问题得到了有效的解决;可以挽救一大批因污染严重而濒临关闭的发酵工厂,缓解就业压力和矛盾;因经济快速发展给环境造成的巨大压力还可以得到根本上的减轻,降低生产活动对环境的破坏,实现经济发展和环境保护的"双赢",并为探索和发展"循环经济"奠定良好的基础。

三、清洁生产技术的特点及其关键

(一)清洁生产技术的特点

清洁生产包含从原料选取、加工、提炼、产出、使用到报废处置及产品开发、规划、设计、建设生产到运营管理的全过程所产生污染的控制。其特点如下:

(1)清洁生产是一项系统工程

清洁生产是一项系统工程,是对生产全过程以及产品的整个生命周期采取污染预防的综合措施。需要企业建立一个预防污染、保护资源所必需的组织机构来推行清洁生产,要明确职责并进行科学的规划,制定发展战略、政策、法规。是包括产品设计、能源与原材料的更新与替代、开发少废无废清洁工艺、排放污染物处置及物料循环等一项复杂的系统工程。

(2)清洁生产的经济性良好

在技术可靠前提下执行清洁生产、预防污染的方案,进行社会、经济、环境效益分析,使生产体系运行最优化,即产品具备的质量价格是最佳的。

(3)清洁生产与企业发展相适应

清洁生产结合企业产品特点和工艺生产要求,使其目标符合企业生产经营发展的需要。环境保护工作要考虑不同经济发展阶段的要求和企业经济的支撑能力,这样清洁生产不仅推进企业生产的发展而且保护了生态环境和自然资源。

(4)清洁生产的关键在于预防和有效性

清洁生产是对产品生产过程产生的污染进行综合预防,以预防为主,通过污染物产生源的削减和回收利用,使废物减至最少,使污染物的产生得以有效防止。

(二)清洁生产技术的关键

一项清洁生产技术要能够实施,首先必须技术上可行;其次要达到节能、降耗、减污的目标,满足环境保护法规的要求;第三是在经济上能够获利,使经济效益、社会效益的高度统一得以充分体现。对于每个实施清洁生产的企业来说,清洁生产涉及产品的研究开发、设计、生产、使用和最终处置全过程。

1. 清洁生产实施的途径

①在产品设计和原料选择时以保护环境为目标,不生产有毒有害的产品,不使用有毒有害的原料,以防止原料及产品对环境的危害。

原材料是产品生产的第一步,其选择与生产过程中污染物的产生量的相关性非常大。原材料的质量同样会对生产的产出率和废弃物的产生量造成一定的影响。对原材料的选择应减少有毒有害物料使用,减少生产过程中危险因素,使用可回收利用的包装材料,合理包装产品,采用可降解和易处置的原材料,合理利用产品功能,延长产品使用寿命。

②改革生产工艺,更新生产设备,尽最大可能提高每一道工序的原材料和能源的利用率,减少生产过程中资源的浪费和污染物的排放。

落后的生产设备和工艺路线要及时地被取代,合理循环利用能源、原材料、水资源,提高生产自动化的管理水平,提高原材料和能源的利用率,减少废弃物的产生。

③建立生产闭合圈,废物循环利用:生产过程中物料输送、加热中挥发、沉淀、跑冒滴漏、误操作等都会造成物料的流失,实行清洁生产要求必须回收流失的物料,返回到流程中或经适当的处理后作为原料回用,建立从原料投入到废物循环回收利用的生产闭合圈,使工业生产不对环境构成任何危害。或将废料经处理后作为其他生产过程的原料应用或作为副产品回收。

④加强科学管理:强化管理能削减40%污染物的产生。可通过以下几个方面来加强管理:安装必要的高质量检测仪表,加强计量监督,及时发现问题;加强设备检查维护、维修,杜绝跑、冒、滴、漏;建立有环境考核指标的岗位责任制与管理职责,防止生产事故;使统计和审核得以完善;产品的全面质量管理,有效的生产调度,合理安排批量生产日程;改进操作方法,实现技术革新,节约用水、用电;原材料合理购进、贮存与妥善保管;成品的合理销售、贮存与运输;加强人员培训,提高职工素质;建立激励机制和公平的奖惩制度;组织安全文明生产。

2. 企业实行清洁生产的程序

清洁生产是以节能、降耗、减少污染物排放为目的,以科学管理、技术进步为手段,达到保护人类健康和生态环境的目的。企业在实行清洁生产过程中,包括准备、审计、制订方案、实施方案、编制清洁生产报告五个步骤,具体如图10-1所示。

表10-1是常见的生产清洁方案。

表10-1 常见的生产清洁方案

项目	实施清洁生产方案内容
原料	订购高质量、不易破损、有效期长、易购、存、搬运、包装成型的原料。进厂原料要无破损、漏失,贮罐要安装液位计,贮槽应有封闭装置,要保证管道输送原料的封闭性。准确计量原材料投入量,严格按规定的质量、数量投料
产品	产品的贮存、输送、搬运、控制、处置应符合企业规定的要求。产品包装要用便于回收及易于处置的材料,要有规范的产品出厂和搬运制度
能耗、物耗	采用先进的节能节水措施,杜绝跑、冒、滴、漏,检查废物收集、贮存措施,减少废物混合,实现清、污水分流 对回收废物采取净化后利用,要沉淀和过滤液体废料,固体废料要清洗、筛选,废蒸汽要冷凝回收 采用闭合管道装置进行循环利用
生产工艺、设备维修	定期检查、维修、清洗所有设备,增添必要的仪器仪表及自动监测装置,建立严格的监测制度,建立临时出现事故的报警系统 合理调整工艺流程和管线布局,使之科学有序,建立严格的生产量与配料比的因果关系,控制和规范助剂、添加剂的投入
生产管理	操作人员严守岗位,按操作规程作业,确保生产正常、稳定,减少停产。保证水、气、热正常供应。定期对不同层次人员进行培训、考核,不断进行素质教育

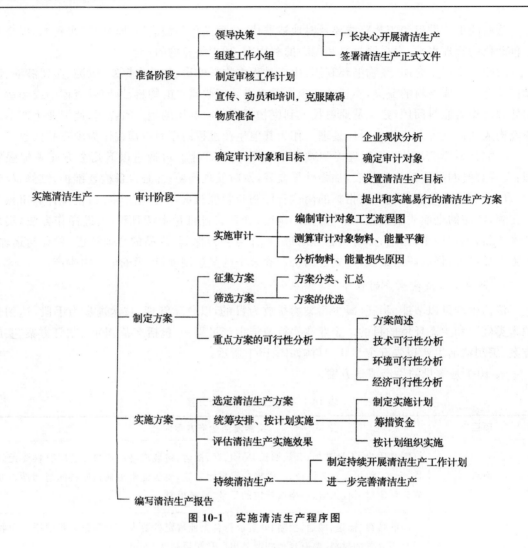

图 10-1　实施清洁生产程序图

第二节　有机废水的微生物处理

水体的污染物因稀释、水解、氧化、光分解和微生物作用而具有自净能力,但水体自净有一定限度。当污染负荷超过自净容量时,必须施以人工净化措施,即污水处理。待水质达到一定标准,方可排入天然水体或直接供生产或生活之用。发酵工业所排放污水的污染程度,需要通过总固体(Total Solids,TS)、悬浮物(Suspended Solids,SS)、pH 值、生化需氧量(Biochemical Oxygen Demand,BOD)、和化学需氧量(Chemical Oxygen Demand,COD)等指标来检测。在污水处理中,广泛应用 BOD 作为有机污染物含量指标。对于难降解的工业废水,为了较好地反映水中有机质量,在测定 BOD 时可以采取接种相应经过训育微生物的办法,或选用 COD、TOD(全需氧量)、TOC(总有机碳量)等其他指标。

依处理过程中氧的状况,污水的生物处理技术可分为好氧处理法与厌氧处理法。

一、好氧处理

好氧生物处理(aerobic treatment)是指在空气或氧的存在下,由好氧微生物将主要有机物质氧化分解的过程。在处理过程中,废水中的溶解性有机物质,被细胞所吸收;固体的、胶体的有机物先附着在细菌体外,由细菌所分泌的胞外酶将其分解为溶解性物质,再渗入细胞,通过细胞自身的生命活动——氧化、还原、合成等过程,把一部分被吸收的有机物质氧化成简单的无机物,并放出细菌生长活动所需的能量,而把另一部分有机物转化为生物体所必需的营养物,组成新的细胞物质,使细胞生长繁殖。采用好氧生物法处理污水,处理周期短,臭气产生的很少几乎没有,其 BOD 去除率一般可达 $80\%\sim90\%$,有时高达 95% 以上。

好氧生物处理法以微生物生长形式不同分为两种:一种是活性污泥法,另一种是生物膜法。

(一)活性污泥法

活性污泥法是利用含大量需氧性微生物的活性污泥,在强力通气条件下使污水净化的生物方法。活性污泥法在国内外污水处理技术中占据首要地位,它不仅用于处理生活污水。而且在纺织、印染、炼油、焦化、石油化工、农药、绝缘材料、合成纤维、合成橡胶、电影胶片、洗印、造纸、炸药等许多工业废水处理中,取得的净化效果都比较理想。

活性污泥指具有活性的微生物菌胶团或絮状的微生物群体。活性污泥是一种绒絮状小泥粒,它是由需氧菌为主体的微型生物群体,以及有机性或无机性胶体、悬浮物等组成的一种肉眼可见的细粒。它具有的吸附和分解有机质的能力非常强。它对 pH 值有较强的缓冲能力,当静置时,能立即凝聚成较大的绒粒而沉降。

1. 活性污泥的生物组成

活性污泥的生物组成十分复杂,除了大量细菌外,原生动物、霉菌、酵母菌、单胞藻类、病毒等微生物也包括在内。也可见后生动物轮虫和线虫。其中主要是细菌和原生动物。

细菌起主导作用,是去除有机污染物的主力军。其中好氧的化能异养细菌最多。活性污泥中优势细菌一般为:动胶杆菌属、大肠杆菌属、无色杆菌属、假单胞杆菌属、产碱杆菌属、芽孢杆菌属、黄杆菌属、棒杆菌属、不动杆菌属、球衣菌属、诺卡氏菌属、短杆菌属、微球菌属、八叠球菌属、螺菌属等。其中以革兰氏阴性细菌为主。

原生动物大约 225 种以上,以纤毛虫为主约 10 种,主要聚集在活性污泥的表面,需氧性生物,以摄食细菌等固体有机物作为营养。其作用是分泌黏液,促进生物絮凝作用;吞食游离细菌和微小污泥,改善水质;作为污水净化的指示生物,一般认为当曝气池中出现大量钟虫等固型纤毛虫时,说明污水处理运转正常,效果良好,当出现大量鞭毛虫、根足虫等时,说明运转不正常,这时就不得不采取一些调节措施了。

2. 活性污泥的功能

①吸附。废水与活性污泥在曝气池中充分接触,形成悬浊混合液,废水中的污染物被比表面积巨大的而且表面上含有糖被的菌胶团吸附和黏附。

②凝聚与沉淀。活性污泥的另一特点就是具有絮凝性,在沉淀池中活性污泥能形成大的絮凝体,从而从混合液中沉淀下来,达到泥水分离的目的。

③微生物的代谢。呈胶态的大分子有机物被吸附后,首先在微生物分泌的胞外酶作用下,分解成小分子的溶解有机物,再被微生物吸收到细胞内,各种代谢反应将其降解,一部分成为细胞组成部分,另一部分则被氧化成为 CO_2 和水等。

3. 活性污泥的主要类型及工艺参数

活性污泥法 1914 年在英国应用以来,随着对其净化机制的广泛深入研究,以及在生产实践中的不断改进和完善,使其得到迅速发展,多种工艺流程相继出现,应用范围逐渐扩大,处理效果得到了明显提高。活性污泥法已成为城市污水、有机工业废水生物处理的主要方法之一。

(1)传统活性污泥法(conventional activated sludge process)

属于连续推进式的处理系统,曝气池一般为长条的矩形池,废水从一端进入,另一端流入沉淀池。在曝气池中活性污泥与废水混合,曝气装置多为鼓风式,在池内通过各种充氧设备均匀地通入空气,具体如图 10-2 所示。

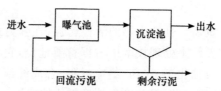

图 10-2　标准活性污泥法流程图

优点:BOD_5 去除率高,出水水质好。

缺点:氧利用率低,曝气时间长,适应水质能力差。

(2)完全混合式活性污泥法(completely mixed activated sludge process)

它是指废水一进入曝气池(方形或圆形)就迅速与池内已有的混合液充分混匀,曝气池中各处水质处于同等水平,具体如图 10-3 所示。水质 BOD 较高和水质不稳定的废水处理可参考此法。其特点:微生物处于同一生长期内便于控制;另外,整个池中耗氧速率均匀。

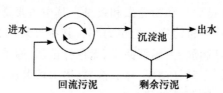

图 10-3　完全混合活性污泥法流程图

(3)渐减曝气法(step serration process)

它是在推流式的曝气池中,随着水流方向,曝气量逐渐减少,从而使曝气池汇总溶解氧的浓度保持一致,避免传统活性污泥法中进水口溶解氧低而出水口溶解氧高的现象,对微生物的代谢活动非常有利,同时降低能耗,具体如图 10-4 所示。

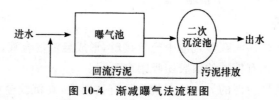

图 10-4　渐减曝气法流程图

（4）高速活性污泥法（high rate activated sludge process）

它是采用高速的有机负荷，短的停留时间处理有机废水，出水 BOD$_5$ 和悬浮物处于较高的水平，主要用于两段活性污泥法处理废水中的前段处理。

（5）接触氧化稳定法（contact stabilization process）

适合处理以悬浮物或胶体形式存在的 BOD$_5$，他们短时间内被曝气池中活性污泥吸附。吸附了有机物的活性污泥在再生池中进行好氧活化，使吸附的有机物被氧化分解，活性污泥恢复吸附有机物的能力，然后再回流到曝气池中，具体如图 10-5 所示。

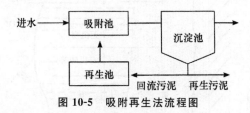

图 10-5　吸附再生法流程图

（6）纯氧活性污泥法（pure oxygen activated sludge process）

利用纯氧代替常规的空气进行曝气，使混合液中溶解氧浓度在很大程度上得到了明显提高，使废水处理的过程得以加快。运行费用较高，具体如图 10-6 所示。

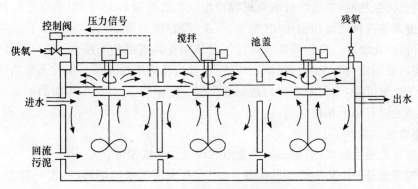

图 10-6　纯氧活性污泥法流程图

（7）延时曝气法（extended aeration process）

其曝气时间特别长，剩余污泥量少，出水的 BOD$_5$ 和氨氮的浓度低。

（8）膜生物反应器（membrane bioreactor）

膜生物反应器是近几年发展起来的，将高效膜分离技术与传统活性污泥法相结合的新型水处理技术。它只改革了泥水分离系统，采用膜过滤取代传统的二沉池和沙滤池，提高了泥水分离效率，出水质量高，无悬浮物，无需消毒，并且由于曝气池中活性污泥浓度增大，生化反应效率得以明显提高。其广泛应用的因分离膜的污染和堵塞而受到影响。

（二）生物膜法

生物膜法是指以生长在固体（称为载体或填料）表面的生物膜（biological film 或 biofilm）为净化主体的生物处理法。生物膜是由多种多样的好氧微生物和兼性厌氧微生物黏附在生物滤池滤料或生物转盘盘片上的一层带黏性、薄膜状的微生物混合群体。如图 10-7 所示，一薄层废水总是吸附在生物膜的表面，称之为"附着水"，其外层为能自由流动的污水，称"运动水"。

当附着水中的有机物被生物膜中的微生物吸附并氧化分解时,附着水层中有机物浓度随之降低,而运动水层中浓度较高,因而发生传质过程。

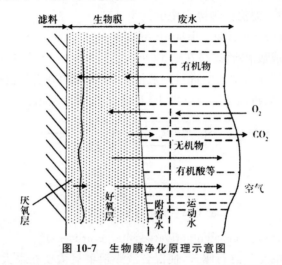

图 10-7 生物膜净化原理示意图

废水中的有机物不断转移进去,并被微生物分解。微生物所消耗的氧,沿着空气、运动水层、吸附水层进入生物膜;微生物分解有机物产生的无机物和 CO_2 等,沿相反方向释放。老化的生物膜和游离细菌被滤池扫除生物(轮虫、线虫、颗粒体虫等)吞食,通过以上微生物化学和吞食作用,可以净化废水。生物膜法与活性污泥法相比具有生物密度大、耐污染力强、动力消耗较小、无需污泥回流与不发生污泥膨胀等特点,其运转管理较方便。但它不如活性污泥法中的絮状体易于凝聚沉降,会使处理水的透明度受到一定影响,这是生物膜法的不足之处。生物膜反应器类型主要有以下几种。

(1)生物滤池

生物滤池有普通生物滤池、塔式生物滤池和曝气生物滤池等。

普通生物滤池是一个长方形或圆形池,池中放有表面粗糙的填料,厚度一般为 1.5~2m,填料一般是粒径为 30~40mm 的碎石、卵石和炉渣等。池底填料颗粒较大,粒径为 50~70mm,厚度约 0.2m。普通生物滤池示意图如图 10-8 所示。

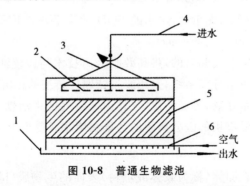

图 10-8 普通生物滤池

1—出水收集槽;2—布水槽;3—旋转轴;4—进水管;5—填料层;6—空气分布器

塔式生物滤池是近 40 多年发展起来的新型生物滤池。一般高达 8~24m,直径 1~5m,径高比在 1:(6~8)。通常分为数层,滤料(如图 10-9 所示)是由格栅来承受的。与普通生物滤池相比,塔滤效率较高的主要原因是:生物膜与污水接触时间较长,在不同的塔高处存在着不同的生物相,废水可受到不同的微生物作用。塔滤构筑物的污水需用泵提升,这就增加了运转费。

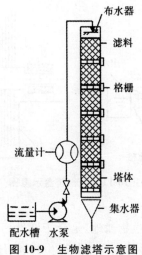

图 10-9　生物滤塔示意图

　　曝气生物滤池的结构类似于普通生物滤池的结构,但需进行人工曝气,废水的流向可以是自上而下(下流式),也可以是自下而上(上流式)。下流式曝气生物滤池(如图 10-10 所示)的废水从滤池的上部流入,通过填料进入排水系统。

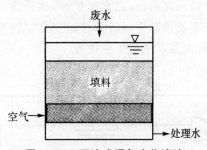

图 10-10　下流式曝气生物滤池

　　空气从排水系统上方进入滤池,由于废水流向与空气的流向相反,氧的传递速率和充氧效率得到了有效提高。溶解性的有机物通过生物降解,而悬浮物通过滤层的过滤被去除,因此去除效果比较理想。滤池需定期进行反冲洗以去除截留在滤层中的悬浮物,维持较高的生物活性。上流式曝气生物滤池的废水从滤池的底部流入,滤池内水的流动性好,不易堵塞。

　　(2)生物转盘

　　生物转盘又称为浸没式生物滤池,是生物膜法处理废水技术的一种,由一系列平行的旋转圆盘、转动横轴、动力及减速装置和氧化池组成(具体如图 10-11 所示)。该法主要特点是:由于微生物浓度高,使得运行效率高,并且具有的抗冲击能力比较强;生物相分级,具有硝化和反硝化功能;污泥产生量少且易沉淀;无需曝气和污泥回流装置,动力消耗低。对水质及负荷较为敏感是其主要缺点。对于负荷和运行条件的变化,在运行条件上的灵活性要相对差一些。高的有机负荷可引起生物膜的过分生长,使介质和轴在结构上出现超重。生物转盘对冲击负荷的适应能力与生物滤池一样是比较差的。冲击负荷不会造成转盘运行失效,但转盘不具有富余的处理能力去抵御冲击负荷,会导致出水水质变差。

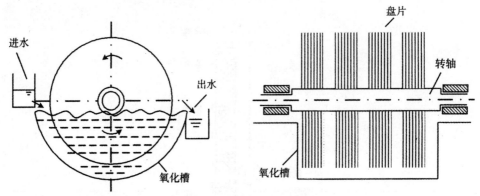

图 10-11　生物转盘示意图

(3)生物接触氧化池

生物接触氧化池又称为淹没式生物滤池,是介于活性污泥法和生物滤池之间的一种生物膜法。接触氧化池内设有填料,填料的表面生长有生物膜,还有一部分微生物以絮状污泥的形式生长于水中,因此该方法同时具有活性污泥法和生物滤池法两者的特点(具体如图 10-12 所示)。生物接触氧化池的特点是体积负荷高,处理时间短,节约占地面积,其 BOD 负荷要比活性污泥法和普通及塔式生物滤池高一些,一般为 $1.5\sim6kg \cdot m^{-3} \cdot d^{-1}$;生物活性高;有较高的微生物浓度;污泥产量低,不需污泥回流;出水水质好,水质稳定;动力消耗低;挂膜方便;不存在污泥膨胀等现象。缺点是不能借助于运转条件的变化来调节生物量和装置的效能;需要有负荷界限和必要的防堵措施;大量产生后生生物等。

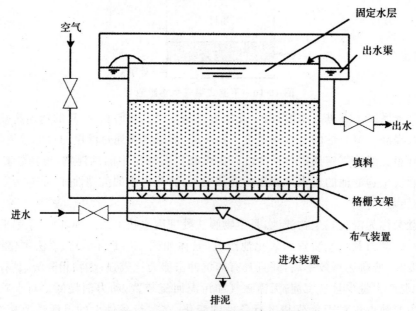

图 10-12　生物接触氧化池基本构造

二、厌氧处理

厌氧处理法是在缺氧的条件下,利用厌氧性微生物(兼性微生物)分解污水中有机质的方法,也称厌氧消化(anaerobic digestion)或厌氧发酵法。其中,沼气发酵(甲烷发酵)是最受重视的。因为其既可以消除环境污染又可开发生物能源,所以应用广泛。厌氧处理法不仅能处理高浓度的有机废水,而且中低浓度的废水也能够被处理,因此在食品、酿造、有机化工和制糖等工业中得到广泛应用。甲烷杆菌属、甲烷八叠球菌属和甲烷球菌属是常见的甲烷细菌。它们在自然界中分布广泛,在厌氧污泥、粪便及动物肠道中比较常见,属自养微生物。厌氧处理主要方法如下。

(1)普通厌氧反应器(anaerobic digester)

普通厌氧反应器或称普通消化池,最常用的厌氧消化池,污水、污泥定期或连续加入消化池,消化后的污泥和污水分别经过消化池底部和上部排出。产生的沼气由顶部排出。为了使污水与微生物充分接触,消化池设搅拌装置,定时搅拌池中物。水力停留时间长(6~30d),反应器容积大。

(2)厌氧接触反应器(anaerobic contact process)

排出的混合液在沉淀池中分离再回流到反应器中。与普通消化池比,不需要很长的水力停留时间或很大的反应器容积。污泥的沉淀性能和污泥的分离效率是有效处理的关键所在。水力停留时间(1~5d),适合于 BOD_5 大于 1500mg/L 的废水,出水的 BOD_5 在 200~1000mg/L,运行温度为常温。

(3)厌氧污泥床反应器(anaerobic sludge blanket reactor)

该反应器中没有载体,絮状污泥在上升水流和气泡的作用下处于悬浮状态,反应器中水流均匀分布,避免进水短流。上流式厌氧污泥床反应器(upflow anaerobic sludge blanket reactor UASB),是应用最广泛的厌氧反应器之一,已在许多废水处理厂中应用。其有机负荷为 15kg(COD)/(m³·d),COD 去除率达 90%,最高负荷可达 30~50kg(COD)/(m³·d)以上。20 世纪 80 年代后期我国开发的垂直折流厌氧污泥床,是在厌氧污泥床反应器中添加垂直分隔板,增加污水与污泥接触机会,便于施工,被广泛应用于处理酿酒、柠檬酸、味精、淀粉、乳品、制糖、豆制品、屠宰等农牧产品加工业废水。

(4)厌氧固定膜反应器(anaerobic fixed-film reactor)

厌氧固定膜反应器也称厌氧过滤器,是一种装有固定填料的反应器。在填料表面附着的与填料截留的大量厌氧微生物作用下,进水中的有机物转化为甲烷和二氧化碳等。根据进水方向将厌氧固定膜反应器分为上流式、下流式和平流式 3 种。根据填料填充的程度分为全充填型和部分充填型。厌氧固定膜反应器有大量的附着生物膜,微生物停留时间长(可超 100d)不易流失,因此方便了运行管理。其有机负荷为 3~10kg(COD)/(m³·d),COD 去除率达 80%,特别适用于处理低浓度的溶解性有机废水。缺点:容易发生堵塞,特别是底部,进水悬浮物含量一般不超过 200mg/L。

(5)厌氧流化床反应器(anaerobic fluidized bed reactor)

厌氧流化床反应器是一种填有比表面积大的惰性载体颗粒的反应器,它的一部分出水回流,与进水混合后进入池内向上流动,使载体颗粒在整个反应器内分布均匀。其特点是:流体与微颗粒之间接触时间长,液膜扩散阻力小,固定床中产生的沟流、堵塞、短路等问题在此处是不存在的；其生物量大、污泥龄长。对处理有毒物质如苯酚的效果比较好。厌氧流化床反应器的微生物浓度可大于 $30g/L$，有机负荷一般 $5\sim20kg(COD)/(m^3\cdot d)$，水力停留时间为 $5\sim10h$，COD 去除率达 $80\%\sim85\%$。

第三节　有机固体废弃物的微生物处理

有机固体废弃物也就是垃圾，它是人们生产或生活过程中，丢弃的一些固体或泥状物。随着人类大规模地开发和利用资源，以及城市人口剧增，工业固体废弃物与城市生活垃圾数量逐年增大，已成为社会的一种负担。固体废弃物具有两重性：一方面占用大量土地、污染环境；另一方面其含有多种有用物质，又是一种资源。20 世纪 70 年代前，世界各国对固体废弃物的认识只停留在处理和防止污染上；70 年代以后，由于能源和资源的短缺，以及对环境问题认识的逐渐加深，人们已由消极的处理转向废物资源化。对可被微生物分解利用的有机废物，已越来越多地采用微生物方法处理。

微生物处理固体废弃物的途径主要有培养微生物和制成有机肥料两种途径：培养微生物，使废弃物转化成含蛋白质、氨基酸、糖类、维生素或抗生素等有益物质的产品；制成有机肥料，增进农业生产。

堆肥法处理技术是固体有机废弃物处理的三大技术之一（卫生填埋、堆肥、焚烧），通过堆肥处理，其中的有机可腐物能够被转化为土壤可接受且迫切需要的有机营养土，不仅能有效地解决固体废弃物的出路，解决环境污染和垃圾无害化问题，同时也为农业生产提供了适用的腐殖土，从而维持自然界良性的物质循环。堆肥法就是依靠自然界广泛分布的细菌、放线菌、真菌等微生物，有控制地促进可被微生物降解的有机物向稳定的腐殖质转化的生物化学过程。

堆肥法是一种古老的微生物处理有机固体废弃物的方法，俗称"堆肥（compost）"。堆肥法虽然是 20 世纪才发展起来的科学技术，但原始的堆肥方式在很早以前就已经出现，在我国和印度等东方国家历史尤其悠久。根据处理过程中起作用的微生物对氧气要求的不同，堆肥可分为好氧堆肥法（高温堆肥）和厌氧堆肥法两种。

一、好氧堆肥

好氧堆肥法（aerobic compost）是在有氧的条件下，通过好氧微生物的作用使有机废弃物达到稳定化，转变为有利于作物吸收生长的有机物的方法。在堆肥过程中，废弃物中溶解性有机物透过微生物的细胞壁和细胞膜被微生物吸收，固体和胶体的有机物先附着在微生物体外，由生物所分泌的胞外酶分解为溶解性物质，再渗入细胞。微生物通过自身一系列的生命活动，把一部分被吸收的有机物氧化成简单的无机物质，并释放出生物生长活动所需要的能量；而把另一部分有机物转化为生物体自身的细胞物质，用于微生物的生长繁殖，进而产生了更多的微生物体。

(一)好氧堆肥原理和过程

好氧堆肥是在有氧条件下，好氧细菌对废物进行吸收、氧化、分解。微生物通过自身的生命活动，把一部分被吸收的有机物氧化成简单的无机物，同时释放出可供微生物生长活动所需的能量，而另一部分有机物则被合成新的细胞质，使微生物不断生长繁殖，产生出更多的生物体的过程。在有机物生化降解的同时，也会有能量产生，因堆肥工艺中该热能不会全部散发到环境中,就必然造成堆肥物料的温度升高,这样就会使一些不耐高温的微生物死亡,耐高温的细菌快速繁殖。生态动力学表明,好氧分解中发挥主要作用的是菌体硕大、性能活泼的嗜热细菌群。该菌群在大量氧分子存在下将有机物氧化分解,与此同时,大量的能量被释放出来。据此好氧堆肥过程应伴随着两次升温,将其分成三个阶段:起始阶段、高温阶段和熟化阶段。

(1)起始阶段

不耐高温的细菌分解有机物中易降解的碳水化合物、脂肪等,同时放出热量使温度上升,温度可达15℃~40℃。

(2)高温阶段

耐高温细菌迅速繁殖,在有氧条件下,大部分较难降解的蛋白质、纤维等继续被氧化分解,同时大量热能得以释放出来,使温度上升至60℃~70℃。一般认为,堆温在50℃~60℃,持续6~7d,可达到较好的杀死虫卵和病原菌的效果。

(3)降温和腐熟保肥阶段

当高温持续一段时间以后,易于分解或较易分解的有机物(包括纤维素等)已大部分分解,剩下的是木质素等较难分解的有机物以及新形成的腐殖质。这时,好热性微生物活动减弱,产热量减少,温度逐渐下降,中温性微生物又渐渐成为优势菌群,残余物质进一步分解,腐殖质继续不断地积累,堆肥进入了腐熟阶段。为了保存腐殖质和氮素等植物养料,可采取压实肥堆的措施,造成其厌氧状态,在一定程度上降低有机质的矿化作用。尽可能地保持肥力。

(二)好氧堆肥工艺的控制参数

机械化好氧堆肥过程的关键,就是如何选择和控制堆肥条件,促使微生物降解的过程能快速顺利进行,一般来说好氧堆肥要求控制的参数包括以下几个方面:

(1)通风

对于好氧堆肥而言,氧气是微生物赖以生存的物质条件,供氧不足会造成大量微生物死亡,使分解速度减慢;但供冷空气量过大又会使温度降低,对耐高温菌的氧化分解过程造成恶劣影响,因此供氧量要适当,一般为0.1~0.2m³/min,供氧方式是靠强制通风,因此保持物料间一定的空隙率至关重要,物料颗粒太大使空隙率减小,颗粒太小其结构强度小,一旦受压会发生倾塌压缩而导致实际空隙减小。因此,可视物料组成性质来确定颗粒的大小。

(2)湿度

在堆肥工艺中,堆肥原料的含水率对发酵过程影响很大,水的作用一是溶解有机物,参与微生物的新陈代谢;二是可以调节堆肥温度,当温度过高时可通过水分的蒸发,带走一部分热量。水分太低妨碍微生物的繁殖,使分解速度缓慢,甚至导致分解反应停止。水分过高则会导致原料内部空隙被水充满,使空气量减少,造成向有机物供氧不足,形成厌氧状态。同时因过多的水分蒸发,而带走大部分热量,使堆肥过程达不到要求的高温阶段,高温菌的降解活性就会有所降低,最终影响堆肥的效果。实践证明堆肥原料的水分在40%~60%为宜。

(3)发酵温度

一般堆肥时,2~3d后温度可升至60℃,最高温度可达73℃~75℃,这样可以杀灭病原菌、寄生虫卵及苍蝇卵。堆肥发酵过程中,温度应维持50℃~70℃。

(4)垃圾原料的营养配比

C/N在(25~30):1发酵最好,过低,超过微生物所需的氮,细菌就将其转化为氨而损失掉;过高,则影响堆肥成品质量,施肥后引起土壤氮饥饿。C/P宜维持在75~150。

(5)pH值

整个发酵过程中pH值范围为5.5~8.5,能自身调节,好氧发酵的前几天由于产生有机酸,pH值为4.5~5.0;随温度升高氨基酸分解产生氨,一次发酵完毕,pH值上升至8.0~8.5;二次发酵氧化氨产生硝酸盐,pH值下降至7.5为中偏碱性肥料。由此看出,在整个发酵过程中,无需添加其他物质来调节pH值。

(三)好氧堆肥工艺

20世纪70年代以前我国垃圾堆肥,主要采用的是一次性发酵工艺,80年代开始,更多的城市采用二次性发酵工艺。这两种工艺是在静态条件下进行的发酵,称之为"静态发酵"。随着城市气化率的提高和人民生活水平的提高,垃圾组成中有机质含量有了明显的提高,导致含水率提高而影响到通风的进行。因此,高有机质含量组成的城市生活垃圾不能采用静态发酵,而必须采用动态发酵工艺,堆肥在连续翻动或间歇翻动的情况下,对孔隙形成和水分的蒸发、物料的均匀、发酵周期的缩短非常有帮助。我国在1987年前后开始了动态堆肥的研究。现在常用的堆肥工艺有:静态堆肥工艺、高温动态二次堆肥工艺、立仓式堆肥工艺、滚筒式堆肥工艺等。

(1)静态堆肥工艺

静态堆肥工艺如图10-13所示。该工艺简单,设备少,处理成本低,但占用土地多。易滋生蝇蛆,产生恶臭。发酵周期50d。用人工翻动,在第2、7、12天各翻堆一次,过后35d的腐熟阶段每周翻动一次,蒸发的水分可在翻动的同时可喷洒适量水来得到补充。

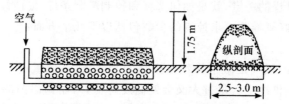

图10-13 静态堆肥工业简图

(2)高温动态二次堆肥工艺

高温动态二次堆肥分两个阶段。前5~7d为动态发酵机械搅拌。通入充足空气。好氧菌活性强。温度高,快速分解有机物。发酵7d绝大部分致病菌死亡。7d后用皮带将发酵半成品输送到另一车间进行静态二次发酵,垃圾进一步降解稳定,20~25d全腐熟。其工艺如图10-14所示。

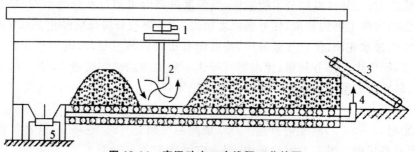

图10-14 高温动态二次堆肥工艺简图

1—吊车;2—抛料翻堆车;3—进料皮带运输机;4—供气管;5—出料皮带运输机

（3）滚筒式堆肥工艺

滚筒式堆肥工艺称为达诺生物稳定法，如图 10-15 所示。滚筒直径 2～4m。长度 15～30m，滚筒转速 0.4～2.0r/min。滚筒横卧稍倾斜。经分选、粉碎的垃圾送入滚筒，旋转滚筒垃圾随着翻动并向滚筒尾部移动。在旋转过程中，有机物生物降解、升温、杀菌等得以完成。5～7d 出料。

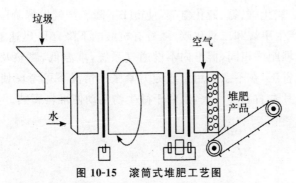

图 10-15　滚筒式堆肥工艺图

（4）立仓式堆肥工艺

立式发酵仓高 11～15m，分隔 6 格，如图 10-16 所示。经分选、破碎后的垃圾由皮带输送至仓顶一格。在重力和栅板的共同作用下，逐日下降至下一格。一周全下降至底部，出料运送到二次发酵车间继续发酵使之腐熟稳定。从顶部至以下五格均通入空气，从顶部补充适量水，温度高，发酵过程极迅速，24h 温度上升到 50℃以上，70℃可维持 3d。之后温度逐渐下降。

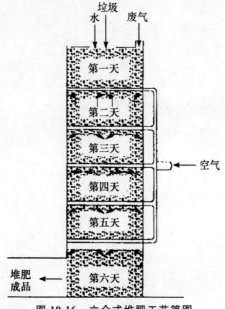

图 10-16　立仓式堆肥工艺简图

立仓式堆肥工艺优点：占地少，升温快，垃圾分解彻底，运行费用低，缺点：水分分布不均匀。

二、厌氧堆肥

在不通气的条件下,将有机废弃物(包括城市垃圾、人畜粪便、植物秸秆、污水处理厂的剩余污泥等)进行厌氧发酵,制成有机肥料,使固体废弃物无害化的过程。在厌氧堆肥过程中,主要经历了酸性发酵阶段和产气发酵阶段这两个阶段。在酸性发酵阶段中,产酸细菌分解有机物,产生有机酸、醇、二氧化碳、氨、硫化氢等,使 pH 下降。产气发酵阶段中主要是由产甲烷细菌分解有机酸和醇,产生甲烷和二氧化碳,随着有机酸的下降,pH 迅速上升。

堆肥方式与好氧堆肥法相同,但堆内不设通气系统,堆温低,腐熟及无害化耗时较长。然而,厌氧堆肥法简便、省工,在不急需用肥或劳力紧张的情况下可考虑使用该方法。一般厌氧堆肥要求封堆后一个月左右翻堆一次,以利于微生物活动使堆料腐熟。

参考文献

[1]陈坚,堵国成．发酵工程原理与技术．北京:化学工业出版社,2012.

[2]宋存江．发酵工程原理与技术．北京:高等教育出版社,2014.

[3]韩北忠．发酵工程．北京:中国轻工业出版社,2013.

[4]蒋新龙．发酵工程．杭州:浙江大学出版社,2011.

[5]刘东,张学仁．发酵工程．北京:高等教育出版社,2007.

[6]韦宏革,杨祥．发酵工程．北京:科学出版社,2008.

[7]杨生玉,张建新．发酵工程．北京:科学出版社,2013.

[8]李玉英．发酵工程．北京:中国农业大学出版社,2009.

[9]黄方一,程爱芳．发酵工程(第三版).武汉:华中师范大学出版社,2013.

[10]韩德权．发酵工程．哈尔滨:黑龙江大学出版社,2008.

[11]余龙江．发酵工程原理与技术应用．北京:化学工业出版社,2006.

[12]许赣荣,胡鹏刚．发酵工程．北京:科学出版社,2013.

[13]魏银萍,吴旭乾,刘颖．发酵工程技术．武汉:华中师范大学出版社,2013.

[14]欧阳平凯．发酵工程关键技术及其应用．北京:化学工业出版社,2005.

[15]王立群．微生物工程．北京:中国农业出版社,2007.

[16]陈坚等．发酵过程优化原理与实践．北京:化学工业出版社,2001.

[17]岑沛霖,蔡谨．工业微生物学．北京:化学工业出版社,2008.

[18]梅乐和等．生化生产工艺．北京:科学出版社,2007.

[19]谭天伟．生物分离技术．北京:化学工业出版社,2007.

[20]陈代杰．微生物药物学．北京:化学工业出版社,2008.

[21]姚汝华等．微生物工程工艺原理．广州:华南理工大学出版社,2005.

[22]翟礼嘉等．现代生物技术．北京:高等教育出版社,2004.

[23]刘子宇等．微生物高密度培养的研究进展．中国乳业,2005,12:47～51.